模範領導

[從自我領導開始，
掌握五大實務要領、十大承諾，
讓團隊成員願意主動
成就非常之事]

THE
LEADERSHIP
CHALLENGE

How to Make Extraordinary Things Happen in Organizations

JAMES M. KOUZES & BARRY Z. POSNER

詹姆士・庫塞基＆貝瑞・波斯納 ───── 著　高子梅 ───── 譯

企畫叢書 FP2282

模範領導：

從自我領導開始，掌握五大實務要領、十大承諾，讓團隊成員願意主動成就
非常之事（最新增訂第六版）

作　　　者	James M. Kouzes & Barry Z. Posner
譯　　　者	高子梅
編 輯 總 監	劉麗真
主　　　編	謝至平

發 行 人	涂玉雲
總 經 理	陳逸瑛
出　　版	臉譜出版

　　　　　城邦文化事業股份有限公司

　　　　　臺北市中山區民生東路二段141號5樓

　　　　　電話：886-2-25007696　傳真：886-2-25001952

發　　行　英屬蓋曼群島商家庭傳媒股份有限公司城邦分公司

　　　　　臺北市中山區民生東路二段141號11樓

　　　　　客服專線：02-25007718；25007719

　　　　　24小時傳真專線：02-25001990；25001991

　　　　　服務時間：週一至週五上午09:30-12:00；下午13:30-17:00

　　　　　劃撥帳號：19863813　戶名：書虫股份有限公司

　　　　　讀者服務信箱：service@readingclub.com.tw

　　　　　城邦網址：http://www.cite.com.tw

香港發行所　城邦（香港）出版集團有限公司

　　　　　香港灣仔駱克道193號東超商業中心1樓

　　　　　電話：852-25086231或25086217　傳真：852-25789337

　　　　　電子信箱：hkcite@biznetvigator.com

新馬發行所　城邦（新、馬）出版集團

　　　　　Cite（M）Sdn. Bhd.（458372U）

　　　　　41, Jalan Radin Anum, Bandar Baru Sri Petaling,

　　　　　57000 Kuala Lumpur, MalaysFia.

　　　　　電話：603-90578822　傳真：603-90576622

　　　　　電子信箱：cite@cite.com.my

一版一刷　2022年5月

城邦讀書花園
www.cite.com.tw

ISBN 978-626-315-102-4

售價　NT$ 480

國家圖書館出版品預行編目資料

模範領導：從自我領導開始，掌握五大實務要
領、十大承諾，讓團隊成員願意主動成就非常之
事（最新增訂第六版）James M. Kouzes, Barry Z.
Posner著；高子梅譯. 一版. 臺北市：臉譜，城邦
文化出版；家庭傳媒城邦分公司發行，2022.05
面；　公分. --（企畫叢書；FP2282）
譯自：The leadership challenge : how to make
　　　extraordinary things happen in organizations.

ISBN 978-626-315-102-4（平裝）

1.CST: 領導論　2.CST: 組織管理

494.2　　　　　　　　　　　　　　111003760

▶ 各界推薦

第六版的《模範領導》之所以禁得起時間考驗，是有充分理由的 —— 它不僅是你讀過最好的領導類書籍之一，也是一本必讀之作。」

—— 肯・布蘭查（Ken Blanchard）
《新一分鐘經理人》（*The New One Minute Manager*）
和《Leading at a Higher Level》合著作者

怎麼會有一本書出版了三十年，在市場上仍有重要的一席之地？很簡單！因為這兩位作者從不停止成長，向共事的客戶以及讀過的文獻學習，也向彼此學習。他們不斷把最佳故事、案例和令人難忘的所學課題放進書裡。對剛進入領導領域或三十年前讀過這本書的人來說，它都是最佳的資源。」

—— 貝弗莉・凱依（Beverly Kaye）
國際事業系統（Career Systems International）創辦人
《Love 'Em or Lose 'Em, Help Them Grow or Watch Them Go》合著作者

無論你是正要展開領導旅程，還是你是一位經驗豐富的執行長或領導學教授，這本永不過時的領導經典值得你隨時拿起來閱讀。」

　　　　　　　　　—— 小哈里・克雷默（Harry Kraemer Jr.,）

百特國際公司（Baxter International）前任董事長兼執行長

西北大學凱洛管理學院管理學和策略學教授

（Northwestern University's Kellogg School of Management）

　　《模範領導》這本書不只對你的事業有幫助，更重要的是，它也是一個工具，可以讓你有更好的生活。庫塞基和波斯納整合出偉大的領導見地，每位領導者都應該充分利用這份禮物。

　　　　　　　　　—— 霍華德・畢哈（Howard Behar）

星巴克咖啡前總裁

　　我愛《模範領導》！這是一本我會向所有客戶推薦的領導書。第六版提供了最菁華的內容：第一，書裡有永不過時的智慧，那是庫塞基和波斯納超過二十五年的經驗所得出的智慧 —— 在我們這個領域裡始終是經典；第二，透過版本更新來證明他們永不過時的領導概念，可以如何靈活運用在今天這個瞬息萬變的世界裡。」

　　　　　　　　　—— 馬歇爾・葛史密斯（Marshall Goldsmith）

暢銷書《Up學》（*What Got You Here Won't Get You There*）、

《MOJO》和《練習改變》（*Triggers*）作者

　　我一直是《模範領導》的書迷和追隨者，時間幾乎長達二十五年，書裡的各種原則直到今天都像當初一樣受用。在這本領導經典裡，庫塞基和波斯納找到極為寶貴的實務要領，為它們注入生命，不僅實用，而且很有深度。」

—— 派屈克・藍奇歐尼（Patrick Lencioni）

圓桌集團（The Table Group）創辦人

暢銷書《團隊領導的五大障礙》（*The Five Dysfunctions of a Team*）和

《對手偷不走的優勢》（*The Advantage*）作者

沒有任何一本書在領導統御實務的敘述上做得比《模範領導》還要好。這本更新版，精巧地勾勒出成為二十一世紀傑出領導者的方法。」

—— 奇普・康利（Chip Conley）

《紐約時報》暢銷書《Emotional Equations》作者

Airbnb 酒店管理和策略組織（Hospitality and Strategy）全球負責人

《模範領導》是一本富有見地、令人信服的經典之作。所有領導職務都有各自的挑戰得面對，但不是所有領導者都知道如何找到處理的方式。如果你想成為傑出的領導者，需要的是容易理解和中立的建言：庫塞基和波斯納的《模範領導》正是那本為你準備好的書。它不只能幫助你成為偉大的領導者，也能幫忙動員你的團隊成員成就非常之事。買下這本書，讀完這本書，活出這本書。再購買這本書送給那些真正在乎領導統御的人。」

—— 洛麗・達絲卡（Lolly Daskal）

從心領導顧問公司（Lead From within）創辦人

《領導者的光與影》（*The Leadership Gap: What Gets Between You and Your Greatness*）作者

　　如果要我從數萬本領導著作中推薦一本，《模範領導》絕對是我的首選，而且大幅領先其他書籍。第六版顯然會是最後一個版本，但還是很有庫塞基和波斯納的風格 —— 內容本質雖然繁雜，卻精簡得非常高明，設計也務實。《模範領導》是有史以來最管用的一本領導著作。我每一版都有，而且每一版都比前一版更好。」

—— 托瑪斯・柯迪茲（Thomas A. Kolditz）博士

萊斯大學（Rice University）

新領袖杜爾學院（Doerr Institute for New Leaders）總監

　　《模範領導》的重要性更甚以往。庫塞基和波斯納持續提供令人信服的證據和各種領導範例，具體呈現出我們的人性本質，以及與他人緊密合作的能力。更重要的是，這本書使我們堅信無論當下環境如何混亂，機構體制內仍然有無窮的可能。我高度推薦這本書。」

—— 彼得・布洛克（Peter Block）

《Flawless Consulting》和《The Empowered Manager》作者

　　領導統御不是庫塞基和波斯納兩人發明的，但有時候看起來還真像是他們發明的。這就像愛莉絲・華特斯（Alice Waters）跟烹飪的關係或者保羅・麥卡尼（Paul McCartney）跟音樂的關係一樣。庫塞基和波斯納發展出一套有別於他人的領導統御原則和方法，他們在《模範領導》第六版更新了研究案例，為它再度注入生命。《模範領導》第六版不僅能指導我們成就非常之事，本身也是一項非常的成就。」

—— 李察・莫蘭（Richard A. Moran）

曼隆學院（Menlo College）校長，《The Thing About Work: Showing Up and Other Important Matters》作者

　　這二十五年來，《模範領導》始終帶領著我認識自己，成為一位領導者，拿出更出色的成果表現，而且每一次都卓越非凡。新的版本將原本就很出色且經過時間歷練的範本做了改良，強調與團隊和周遭人士協作的重要性以及價值所在。在我身處的行業裡，成為更出色的領導者和培養出新的領導者，都有助於人們及其家屬的身心健康。因為護理師若能更積極投入自己的護理工作，得到實質後援，病患自然更有福！更新版的《模範領導》敦促我去為我們的病人、家屬及社區改善健康狀況。坊間有許多領導書，而這是你需要的唯一一本。」

　　　　　　　　　　　　　　　── 蘿莉・阿姆斯壯（Lori Armstrong）

凱瑟醫療機構聖塔克拉拉醫學中心

（Kaiser Permanente Santa Clara Medical Center）

護理學碩士（MSN）、RN和NEA-BC授證護理師、護理長

　　《模範領導》第六版最吸引我的地方，是它對領導藝術及實務要領的純粹熱情。領導的藝術涉及到你必須為共同志業來集合大家，而領導的實務要領則需要你矢志為共同利益付諸行動。兩者用說得都很簡單，執行卻很難。在最新的版本中，庫塞基和波斯納提供了真實世界裡的建言，再佐以扎實的研究為我們指正方向。真是好樣的！」

　　　　　　　　　　　　　　　　　　── 約翰・巴多尼（John Baldoni）

巴多尼顧問公司（Baldoni Consulting LLC）總裁

《Lead with Purpose》、《當上中階主管的備忘錄》（*Lead Your Boss*）、

《以身作則的領導》（*Lead by Example*）作者

　　《模範領導》是寫給那些想在醫療業最混亂的時刻，幫組織轉型的領導者看的。五大實務要領和十大領導承諾裡的個案研究與調查，提出了相當務實的方法來教我們如何放遠視野、如何創新合作，以及如何協作員工。每位護理師都是領導者 —— 從病床邊到會議室裡 —— 都應該在《模範領導》的鍛鍊下成為有能力的領導者。我要向所有護理師推薦它！」

　　　　　　　　　　　　—— 蘇珊・赫爾曼（Susan Herman）

DNP、MSN、RN、NEA-BC、CENP授證護理師

加州護理領導者協會（Assoc. of CA Nurse Leaders）二〇一五年會長

基督復臨醫療系統/聖華金郡社區醫院

（San Joaquin Community Hospital/Adventist Health）

病患照護服務副總兼護理執行長

　　《模範領導》不是理論，它的見地是建立在嚴格和廣泛的研究調查上。對我來說，其中最深刻的一個洞察也是最簡單的一個觀念，那就是界定你的個人價值觀，讓你的領導風格與你的價值觀相通，這一點很重要。身為大型組織領導者的我，曾親眼看到言行一致的領導對各個層面的影響非常大。

　　　　　　　　　　　　—— 馬克・馬吉特（Mark Madgett）

紐約人壽公司（New York Life）資深副總裁暨機構負責人

目　次

實務要領2／喚起共同願景

實務要領3／向舊習挑戰

▶ 前言　為組織成就非常之事

　　本書談的是領導者如何動員他人，為組織成就非常之事。它談到領導者如何化價值觀為具體行動，化願景為事實，化阻礙為創新，化散沙為團結，化風險為報酬等各種務實辦法。也談到什麼樣的領導統御才能在工作場域裡發揮正面影響力，營造氛圍，讓身處其中的人化危機為轉機，脫穎而出。

　　《模範領導》第六版，是本書出版以來悠悠過了三十年後的另一個印記。我們花了近四十年的時間一起調查、商議、傳授和書寫領導者在傾全力拿出最佳表現時都做了什麼，以及大家要如何學習成為更優秀的領導者。我們很榮幸在專業市場和商業市場上都得到熱烈的回響，也有幸無論學生、教育工作者還是從業人員，不斷發現到《模範領導》在概念上和實務上的實用之處。

　　一九八二年，我們展開模範領導的深入探索之旅時，曾提出一個問題：在你的個人最佳領導經驗裡，你曾做了什麼？直到今天，我們都還在提問這個問題。我們曾跟來自世界各地各類型組織裡各階層、各職能的男男女女、老老少少都談過。正是他們的故事以及他們所描述的作為及行動，造就出這本書的模範領導五大實務要領（the Five Practices of Exemplary Leadership®）。當領導者全力以赴地拿出自己最出色的表現時，他們會以身作則、喚起共同願景、向舊習挑戰、促

使他人行動、鼓舞人心。

《模範領導》以實證為基礎，分析過數千個案例及數百萬份問卷後，才形構出五大實務要領的架構。書裡數百個真人真事案例，都在在證明了這個模式的實用性。而且每一章都會提供領導者作為對參與度及成果表現的影響數據。

隨著每次版本的更新，我們越來越清楚什麼樣的領導作為才能真正發揮作用。我們會重申那些仍然重要的事情，摒棄不再重要的，並添加新的素材。我們將架構調整得更合乎時代所需，也重新爬梳語言和視角，使這本書煥然一新，不會與現狀脫節。因此在領導者的最佳實務要領上，也能更權威地做出描述。我們對領導統御做的研究越多，寫的文章越多，就越有自信領導統御是每個人都能做到的事。大家都有機會擔任領導者，而且機會無窮，不分國界。

隨著每次新版的問世，我們都有新的讀者要面對，有時候甚至是正在崛起的新一代領導者。這樣也激勵我們去蒐集更多新的案例，檢視新的研究發現，聽取更多人的意見，也鼓勵我們回頭檢視以前的成果：這種領導模式仍有意義嗎？如果重新開始，我們會找到新的領導統御實務要領嗎？我們會剔除任何實務要領嗎？在這方面，線上版的**領導統御實務要領量表**（Leadership Practices Inventory®，簡稱 LPI），持續提供的經驗數據給了我們很大的幫助。這份用來評估五大實務要領的量表，每年可提供四十多萬份的問卷回覆，隨時警惕我們要精準找出具有決定性作用的行動與作為。

我們知道你們都面臨到一些煩人的問題，這些問題不只使領導統御這門功課變得刻不容緩，需要你以更慎重和一絲不苟的態度撐起領導者的角色。團隊裡的其他人也都仰望你能協助他們弄清楚自己該做

的事情，以及如何自我培養成為領導者，所以你的責任不只是盡力成為最佳的領導者，對你的成員也有責任，他們都期望你拿出最優異的表現。

領導者的實地指南

你要如何成為人們想追隨的領導者？你要如何讓別人靠著他們的自由意志和自由選擇跟你一起展開行動，追求共同願景？你要如何動員別人，讓他們願意為共同的目標奮鬥？這些都只是我們在《模範領導》裡點出的幾個重點。不妨把這本書當成一本實地指南，由它來引領你展開領導之旅；也可以將它當成一本手冊，每當你需要忠告和建言，想知道事情該如何進展時，就回頭來參考。

第一章提供了兩個跟個人最佳領導經驗有關的案例研究。這兩個故事發生在不同的地方和不同的產業，涉及到的職責、人物和作風也都不一樣，但是都在描繪當你接下領導統御的挑戰時，可以如何充分運用五大實務要領。這一章的內容也會為你概述五大實務要領，並從經驗上去說明這些要領的影響力。

請教領導者他們的個人最佳領導經驗，這一點固然重要，但只成功了一半。領導統御指的是領導者和追隨者兩者之間的關係。所以如果你能夠弄明白人們在他們自願追隨的那個人身上究竟尋找的是什麼，才能夠發展出一個比較完整的領導統御藍圖。在第二章，我們將披露人們重視領導者身上的哪些特質，並分享他們的心聲，說明箇中緣由。

接下來我們會用十個章節來描述領導統御的**十大承諾**（Ten

Commitments）── 也就是領導者為了成就非常之事所展現的必要作為 ── 並解釋每一個實務要領背後的理念。我們會提供自家研究調查的證據來證明這些理念，也會藉由別人的研究調查及生活裡的各種真實案例來佐證這些實務要領，並提出明確的建言，教你如何把每一個實務要領變成自身的本領。所有章節的後面都會用一個**行動 Tips** 單元來收尾，建議你需要做哪些事情及抱持何種態度，讓這個實務要領變成你渾然天成的一部分。無論重點是擺在你自身的學習，還是對追隨者的養成上 ── 包括你的下屬、團隊、同儕、經理、社群成員等 ── 都能根據我們的建議立即採取行動。這不需要預算或任何人的許可，只需要你個人的承諾和自律。

在第十三章裡，我們會呼籲每個人擔起自己的責任，成為領導統御的楷模。歷經六次的更新，我們仍然捍衛最初的看法，那就是領導統御人人有責。若要尋找領導統御，第一個該找的地方是你的心。要接受領導挑戰，需要的是省思、練習、謙卑，並抓住每一個機會做出改變。就像我們在每一個版本裡，都會以這句話作為結語：領導統御不是誰來帶頭的問題，而是有沒有那個心。

建議你先讀第一章和第二章，之後就無所謂前後順序了，想讀哪一頁都可以。我們寫這本書的目的是要鼓勵你去自我開發領導潛能。只要記住，每一個領導統御的實務要領和承諾都很重要。雖然你可能採跳躍式閱讀，但絕不會漏掉領導統御裡的任何一項基礎原則。

領導者的舞台在未來。領導者的工作是變革。領導者的最大貢獻並不在於今天的盈虧，而是人員和組織的長遠發展，從而去改造、變革、蓬勃發展和成長。我們希望這本書能對組織的再造、新興企業的

創立、健全社區的更新，以及世界各國的相互尊重與寬容有所貢獻。我們也希望它能豐富你的人生，更豐富你的社群和家庭生活。

領導統御不僅對你的事業和組織很重要，對任何行業、社群和國家來說也同等重要。我們需要更多模範領導者，而且需求比以往更殷切。這世上有這麼多非常任務等著我們去做，我們需要領導者來整合和激勵我們。

迎接領導統御的挑戰，對每個人來說都是一種個人的挑戰 —— 也是每日的挑戰。我們相信如果你有領導的意願和領導的方法，就一定能夠辦到。意願在於你自己，至於方法，我們絕對會盡其所能地提供給你。

二〇一七年四月
詹姆士・庫塞基（James M. Kouzes）寫於
加州奧林達（Orinda, California）
貝瑞・波斯納（Barry Z. Posner）寫於
加州柏克萊（Berkeley, California）

領導者的作為與
團隊成員的期許

1 當領導者拿出最出色的表現時

對布萊恩‧艾林克（Brian Alink）來說，數位革命就跟工業革命一樣影響深遠。[1]組織解決問題、引領創新，並將這些創新快速且有效地向數百萬人拓展的方法，正大幅改變整個職場、市場和社群。這些事情很令他亢奮，除此之外，他最有幹勁的一件事是：有機會在這種新的環境背景下，學習如何當一個更卓越的領導者。[2]

之所以有這個千載難逢的機會，是因為布萊恩被指派去改善第一資本金融公司（Capital One Financial Corporation）信用卡業務所有通路的顧客服務作業。這挑戰跟他以前衝鋒陷陣的其他挑戰完全不同，「因為這牽涉到我們要如何讓整個信用卡業務的相關領導者改變心態，願意採用數位優先的方法來提供服務。它要處理的是那些會令顧客苦惱、焦慮或挫折的真實問題，還有要用什麼方法為他們提供更好的服務」。

當布萊恩擔任信用卡數位通路（Card Digital Channels）的執行副總時，便開始跟新組成的團隊一起合作。「這對我們的工作增加了很多不確定性，」他承認道，因此布萊恩頭幾個禮拜都是在跟執行主管及有相關顧客經驗的領導者碰面，「我只是去傾聽和學習，了解產業背景，讓自己快一點進入狀況。」他也跟直屬團隊展開一對一的會談。這種先從建立關係開始的做法，是他這幾年來始終奉行的領導哲

學。他說：「像這種旅程在一開始的時候，都要先親自去互相了解一下。」

　　就是去認識這些跟我共事的人，了解他們的價值觀，他們的喜好，他們在意的是什麼，他們的立場何在。此外，我也喜歡趁這種機會自我介紹 —— 不是以領導者、策略家、分析師，或任何跟我們現在的工作有關的那種身分 —— 而是純粹以一個真實的人的身分，這個人將陪在他們左右，試圖在生活裡創造出一種更棒的經驗，想把這個世界變得更美好。

　　布萊恩也召集了他的整個領導團隊，進行長達四小時的討論。一開始他先解釋他會如何想辦法建立起一種互信的環境：

　　這種環境會讓我們想成就大事，想要真正發揮影響力，願意全力以赴，想去做一些真正重要的事，對我們個人來說很有意義的事。

　　了解彼此的價值觀，了解彼此的經驗和立場，才能建立信任。為了做到這一點，我們必須曝露出柔軟的那一面，必須保持開放的心態。然後才能在那樣的價值觀和互信基礎上建構起一切。

　　布萊恩從以前就發現到，每次和新團隊展開這樣的對話時，所得到的經驗都很「神奇」。無一例外地，大家都會敞開心房，互相分享曾經有過的個人挑戰。布萊恩領悟到的是，每個人都曾在生活上面臨挑戰，正是這些艱難的時刻形塑出真正的自己和自身的立場。布萊恩說：「我們的前進動力來自於我們想為共同合作的人做一些有意義的

事，幫助他們成長，幫忙周遭的人把事情處理得更完善。我們也想對顧客發揮同樣的影響力。」

透過這些初期會議，布萊恩和他的團隊終於弄清楚他們的共同願景和價值觀。他們開發出核心策略，也決定了作業方法。在這樣的共同努力下，團隊裡每個成員都會覺得這套方法是他們是一起創造出來的，有自己的心血在裡面。

布萊恩和他的領導團隊後來也籌組了一場全體會議，與會者包括他的直屬團隊和信用卡顧客體驗組織（Card Customer Experience）的外圍團隊。他們帶著每個人逐一走過團隊曾經走過的流程，再展開全新計畫，找大家一起參與 —— 包括開發者、軟體工程師、設計師和其他人 —— 了解各自的任務何在。這套方法有助於消除多數的顧慮和歧見，而且就像布萊恩說的，「還能清楚傳遞出這個領導團隊誠懇做出的承諾，大家會互相照應，隨時可以支援整個團隊，並做出一番真正的大事。」

但是他們不希望這場變革只是顧客體驗團隊的優先要務而已。他們要把協助顧客變得更數位化及有更省力的產品體驗，變成是所有信用卡業務的共同願景。他們要每一個人 —— 包括負責產品設計、信貸政策、欺詐、託收、信貸額度、掛失和其他作業的人 —— 都能在這個更大的格局裡看見自己的角色。布萊恩的團隊找來各項業務的主管開會，分享他們的抱負，讓這些主管知道顧客是在哪個地方遇到問題，並提供深度的資料數據，告訴他們可以怎麼一起合作，為顧客創造出無痛式體驗。

布萊恩告訴我們，為你的直屬團隊打造共同願景固然重要，但為你的同儕和不在你直接管轄下的團隊打造願景，也同樣重要：

如果我們能得到周邊領導者的協助，並願意把受助下所得到的成果歸功給他們，這也不會奪走我在領導統御上的貢獻或者團隊的貢獻。這是一種很有力的方法，可以取得更多的情報，吸引更多人注意，也得到更多支援去完成我們必須共同合作的那件大事。這麼做等於是所有人都得勝了。

布萊恩很清楚，找別人合作不是件容易的事，因此，他會先提供自己團隊的技術資源去協助別人，別人也會反過來幫忙他。他是根據一個令人折服的假設性前提在進行這樣的操作：「如果我們幫忙別人贏了，我們才有贏面。我們要先施，才會有受。如果我們能讓整個組織動起來，未來得到的絕對比我們自己單打獨鬥所得到的成果還要大……學會謙卑和先讓別人發光發熱，日後這一切都會不斷地回報在你身上。」布萊恩的團隊會製造機會，讓組織裡其他單位的領導者齊聚一堂展現各自的成果。這些討論可以吹捧他們，表彰他們，使他們的貢獻得到公開的肯定，將功勞歸給他們。

雖然這套收關顧客體驗的領導模式核心是在吹捧他人，將功勞歸給別人，自己卻保持低調，但布萊恩還是會確保那些給予者也能補充到能量，這樣才能繼續給予。他和他的領導團隊有每週例會，討論大家手邊正在進行的工作，並深入探查問題、成功案例、所學教訓，甚至是曾經遇到過的敗筆。在不同地區上班的人也都會透過視訊一起上線開會，領導團隊會趁機當眾表揚一些行為模範，吸引大家的注意。每當領導團隊聽到或看到想凸顯和強調的事情時，就會說：「我們先暫停一下，這裡有個非常好的例子是我們一直努力想要做到的。」當人們看見這個成功的例子並聽見正向的回饋時，就會有動力想要去做

得更好。

「要把一家公司轉型為客戶至上的數位組織，」布萊恩告訴我們，「不如先突破組織架構重新設定領導範疇，這樣的幫助反而更大。因為顧客並不知道自己面對的是組織裡的哪一個單位。所以如果你把領導模式局限在直屬團隊裡，等於大大限制了領導者為顧客改造組織體驗時所能發揮的影響範圍和效率。」

這絕對是一種全新紀元下的領導哲學。它是三百六十度視角的領導統御之道，比多數人過去所經驗的更具包容性也更開放，而且成果卓越。不到一年，這樣的努力就改善了不少顧客使用體驗。舉例來說，拜先進的數位式體驗及顧客接觸點之賜，二〇一六年省下了幾十萬小時的顧客通話時間。顧客來電洽談業務的比率開始呈現穩定下滑趨勢，來到自有測量以來的最低點──這對業務來說是一個重要的效率因子。在此同時，人們對第一資本金融公司的推薦比例也創下歷史新高。

＊　　＊　　＊

安娜・布萊伯恩（Anna Blackburn）進入職場的第一份工作，是在英國的家族企業比弗布魯克斯珠寶公司（Beaverbrooks the Jewellers, Limited），對她來說，之所以加入這個企業，「價值觀的吻合是最大的動力因素」。十八年後，同樣的價值觀驅使她當上執行長──也是這個企業第一位非家族成員和女性執行長。而兌現價值觀正是安娜個人最佳領導經驗的核心所在。[3]

創立於一九一九年的比弗布魯克斯珠寶公司具有備受尊崇的悠久傳統。今天的它旗下有七十家分店，還有不錯的線上業務，員工幾近

九百五十人。這家公司不僅全心致力於上等珠寶和腕錶的消費性買賣，也自豪能投入於「豐富生活」（Enriching Lives）這樣的使命裡。比弗布魯克斯會把稅後利潤的百分之二十捐給慈善機構，並對員工重金投資，因此連續十三年被《週日泰晤士報》（*The Sunday Times*，英國銷售量最大的全國性週日報）遴選為百大最佳雇主（100 Best Companies to Work For）。

安娜是在公司正值動盪紛亂之際被指派擔任執行長。她的前任是這個家族裡的成員，最後離職追求其他事業。當時這家公司有點偏離原本的核心策略和文化，同仁們都不習慣這些新的方法。但是擁有十五年資歷的安娜已經為這個挑戰做好準備。當年她從銷售人員開始做起，幾乎各種工作角色和職務都做過，也在英格蘭和蘇格蘭的各個據點待過，還管理執行團隊五年。

但這些都不代表她自以為知道員工對她的期許是什麼。在她一開始的行動中，第一件事就是先展開調查，請比弗布魯克斯的每個人來告訴她，他們最想在新任執行長身上看到什麼特質。然後安娜在下一年度的經理人會議上，將調查結果拿出來跟大家分享。她說，公司員工希望她誠實、懂得鼓舞人心、在工作上稱職、要有前瞻性、會關心別人、具有企圖心、能當大家的後盾，因此她向大家保證，她會盡其所能地不負期許。

這些行動就像是早期信號在告訴我們，安娜想如何成為一位合作型和包容型的領導者。她接下來的行動更是在鞏固這樣的目標。舉例來說，這些年來，比弗布魯克斯的業務變得越來越複雜和制式化，大家對這家公司不再有歸屬感。因此，安娜不打算引進任何過於激進的全新做法，反而把所有的改革「都建構在我們原有的優勢基礎上」，

她這樣說道。

就是回到我們的初衷,把事情變簡單。策略之所以經常出錯,是因為你跟業務裡頭正在發揮最大作用的人脫節。你必須讓員工買帳,讓他們知道自己所擁有的影響力。

安娜觀察到一個很關鍵的點:雖然比弗布魯克斯年復一年地名列《週日泰晤士報》百大最佳雇主,但利潤始終很低。安娜堅信「一個好的工作場所和一個很棒的工作環境,一定要在盈虧結算上表現出來」,於是她開始著手「證明一個很棒的工作場所也是一個實際會賺錢的地方」。不過她志不在於比弗布魯克斯本身的利潤。她告訴我們:

比弗布魯克斯是一家有良知的事業。我們在財務上越成功,就越能照顧到為我們工作的人,也越能當公眾的後盾。我們越是成功,就可以做越多的善事。

安娜相信有一些事情是必須做的,包括責任的分擔:「我們必須讓每一個人在必要時已經準備好,可以參與這種文化的創建。一個文化的修補、發展或演化,是不能單靠一個人的力量。」由於領導階層得到的意見反饋是他們都太各自為政,跟基層的分店已經脫節,因此安娜引進新的方法來創造出更大的合作空間和協同效應。舉例來說,每月例行的執行團隊會議比較側重於策略,至於逐季召開的資深經理人和總部辦公室會議,則多半在處理經營決策,並對分店的成果表達

謝意。

　　此外，安娜也沿襲董事長馬克・艾達史東（Mark Adlestone）所開創的小組座談會傳統：也就是由工作角色類似的八個人共同參與小組會議。每一年，她都會舉辦十四場小組座談會 —— 六場是業務團隊的，經理、副理、主任和工作小組則各有兩場。會議長達半天，討論哪些作業可以發揮作用，哪些不行，並對個人成就表達謝意。

　　有鑒於小組座談會的意見反饋，安娜於是設計出一種新的架構來討論公司的業務，這是一個被稱之為三根支柱的概念：就像是有三根柱子立在一塊扎實的基地上，上面蓋了一個屋頂。基地上寫的是比弗布魯克斯的目標：「豐富生活」，屋頂上有該公司的名稱。而第一根柱子標的是「顧客服務和銷售」，第二根柱子是「財務亨通」，第三根柱子是「很棒的工作場所」。安娜解釋道，「重點在於這三根柱子必須對齊等高。要是有一根柱子比其他柱子高，屋頂就會撐不住，垮下來。」

　　此外，安娜的另一個倡議是：更新比弗布魯克斯之道（the Beaverbrooks Way），這是一份單頁文件，於一九九八年首度發行，上面載明比弗布魯克斯的目標和價值觀。其實要更新並不是因為價值觀變了，而是這份文件不夠完整和清楚，「文件裡面對身為一個珠寶商這件事隻字未提，也沒有提到這個家族的價值觀。」安娜告訴我們。「除此之外，這些價值觀可任由個人去詮釋，從未說清楚它們在比弗布魯克斯所代表的意義是什麼。」安娜希望能有更多人對比弗布魯克斯之道的修訂提供意見，於是花了十二個月的時間蒐集資料。她會在小組座談會裡提問這方面的問題，也跟見習經理人談到它，甚至把意見回饋表發送給所有分店和百貨公司。

結果她收到很多意見，最後在地區經理的協助下，創作出一份附件，於一年一度的公司會議上提出。在這份三十二頁的冊子裡，安娜的引言是這樣寫的：

我收到很多意見回饋，都是你們想在更新版的比弗布魯克斯之道裡看見的東西。你們要求語言一定要精簡易懂，必須詳加解釋我們的價值觀和行為，而且要更像是一份工作文件。而這份文件就是你們的意見回饋所彙整出來的成果……〔它〕包含了「比弗布魯克斯之道」（我們的本質何在、我們的業務是什麼、我們為什麼存在，以及我們的價值觀），並言簡意賅地強調我們該有的作為。而我們的作為會靠各種實例來定義，它們會讓我們的文化重新活起來。

雖然安娜將重心擺在業務績效的提升上，但也沒忘記她的部屬都渴望有一位懂得關心員工，可以當他們靠山的領導者。她曾分享「我們會盡量利用各種藉口來慶功。我認為最重要的一點是，要讓大家知道他們的努力是被肯定、被獎勵和被重視的。」無論是地區經理每季的業務會報還是私下的同事聚會，安娜都會趁機把焦點轉移到那些把事情做對的人身上。就像他們在比弗布魯克斯之道裡所指出的，「如果我們能肯定那些正在發揮作用、創造佳績的行為，這些行為才比較有可能不斷出現。」這些創造佳績的行為不斷出現，終於有了回報。在《週日泰晤士報》最近的排行榜上，比弗布魯克斯成了排名第一的零售商，利潤也創下歷史新高，證明你可以同時是一個最棒的工作場所，也是一家盈利可觀的企業。

有鑑於自身的經驗，安娜有什麼最重要的領導統御課題想傳授給

正在崛起中的領導者呢?「做出表率絕對是關鍵,」她說道,「這是我在事業生涯裡始終堅信的一件事情,不管是當銷售員,還是執行主管都一樣。如果有些作為對業務績效來說至關重要,而你能在這種作為上做出表率,一定會對員工起很大的鼓舞作用。」

模範領導的五大實務要領

　　布萊恩和安娜在接受領導統御挑戰時,都抓住了機會去改造企業。雖然他們的故事都很精采,但跟其他無數領導者沒有太大不同。過去三十年來,我們一直在全球各地進行原創性研究,結果發現這類成就比比皆是,當我們請教領導者他們的個人最佳領導經驗時——也就是他們自信是個人所創下的最卓越紀錄——就會看到成千上萬個像布萊恩和安娜這樣的例子。這些例子遍布於營利和非營利機構、農業和礦業、製造業和公用事業、銀行業和醫療保健業、政府機關和教育機構、藝術領域和社區服務單位。而這些領導者有的是有員工,有的是志工,他們老老少少、男男女女。領導統御沒有人種或宗教的限制,也沒有種族或文化的界限。領導者存在於每一座城市和每一個國家,也存在於每一種職務和每一個組織裡。放眼望去,到處都找得到模範領導的例子。我們也曾在一些傑出的組織裡找到它,無論頭銜或職位是什麼,每個人都被鼓勵去展現出領導者的作為。在這些組織裡,人們不只相信每個人都能發揮影響力,也會透過各種作為去開發和提升員工的才能,包括他們的領導才能。至於那些會阻礙人們培養領導能力、抑制組織創造領導文化的迷思,他們並不認同。[4]

　　其中一個跟領導統御有關的最大迷思是,有些人天生有「那個

天分」，有些人就是沒有。這種迷思下的必然結果就是，如果你沒有「那個天分」，你就學不會。可是這兩種說法都離經驗事實很遠。很多人在思考過個人最佳領導經驗後，都跟布魯姆能源公司（Bloom Energy）的營收會計師坦維・羅瓦拉（Tanvi Lotwala）有著同樣的結論：「我們都是天生的領導者，我們都有與生俱來的領導特質。我們只需要磨亮它們，把它們扛到第一線。領導者的自我培養是一種不間斷的過程，但除非我們每天都勇於肩負起眼前的領導挑戰，否則很難更上層樓。」

　　一九八〇年代早期，我們第一次請教管理者，在領導統御的個人最佳經驗裡曾經做過哪些事，後來又繼續拿這個問題去請教世界各地的人。結果在分析了成千上萬個這類領導經驗之後，我們發現——而且這種發現沒有中斷過——能帶領他人闖出一條路的人，不分時間或環境背景，都出人意表地遵循著類似的路徑。雖然每個經驗的各自表現都是獨一無二的，但顯然看得出是某些作為和行動在發揮作用。當領導者在為組織成就非常之事時，都會採用我們口中所謂的模範領導五大實務要領：

- 以身作則
- 喚起共同願景
- 向舊習挑戰
- 促使他人行動
- 鼓舞人心

這些實務要領既不是這些受訪者的私有財產，也不專屬於少數名

人。領導統御關乎的不是氣質魅力，而是作為。任何人只要接受領導統御的挑戰 —— 而這挑戰就是把成員和組織帶到他們從來不曾去過的地方 —— 都有資格使用五大實務要領。它是超越平凡，成就不凡的一種挑戰。

　　五大實務要領的架構不是某特殊歷史時刻下的意外產物。它們都經過時間的考驗。儘管多年來領導統御的環境背景已經有了很大的改變，但領導統御的本質內容卻沒有太大變化。領導者的基本作為和行動在根本上還是一樣，就跟當初我們展開模範領導的研究調查的結果一樣。我們是先從數千個個人最佳領導經驗裡的真實面貌開始，再經由數百萬名受訪者和數百位學者的經驗證實之後，才終於為世界各地的領導者建立起有如「作業系統」的模範領導五大實務要領。

　　接下來這一章，我們將逐一介紹每個實務要領，並提供簡單的例子來證明各種環境背景下的領導者 —— 就像布萊恩和安娜一樣 —— 如何利用它們來成就非常之事。你閱讀第三章到第十二章深入探索五大實務要領時，會看到很多接受領導挑戰的真實個案。

以身作則　頭銜是被賦予的，但得靠你的作為才能掙著別人的尊重。當泰利・加拉翰（Terry Gallahan）問道：「我能為你做什麼嗎？」他絕對是出自真心。其中一個例子是，他在擔任不動產方案供應商米勒・瓦倫丁集團（Miller Valentine Group）的副總時，有一次必須在很短時間內為一個重要社區舉辦盛大的開幕儀式，需要所有人都來幫忙。而最令團隊驚訝的是，泰利竟然也脫下西裝，捲起袖子，親自下海，幫忙布置會場。「泰利教會我的是，領導統御跟頭銜、位階無關，」他的一位下屬說道，「反而是跟個人的責任感以及正面榜樣的

樹立有關。」[5]

　　這樣的看法在我們蒐集到的個案裡隨處可見。思科（Cisco）的人力資源經理湯妮・萊哈諾（Toni Lejano）回憶她的個人最佳領導經驗時這樣說道，「說到底，領導統御關乎的是你如何展現出那種能起決定性作用的行為舉止。」模範領導者都知道，如果他們希望大家全心投入，用最高的規格去達成目標，就必須率先成為這樣的行為模範。

　　領導者要真正做到以身作則，就必須先弄清楚你自己的方向原則。你得先找到自己的聲音，闡明價值觀。唯有真正認清自己，了解自己的價值觀，你才能為這些價值觀發聲。誠如西北共同保險公司（Northwestern Mutual）財富管理顧問艾倫・斯皮格曼（Alan Spiegelman）所解釋的，「在你能夠當上別人的領導者之前，必須先清楚自己是誰，你的核心價值觀是什麼。一旦弄清楚了，就能為那些價值觀發聲，而且很自在地與別人分享。」

　　阿爾帕諾・蒂瓦里（Arpana Tiwari）是全球最大電子商務零售商之一的資深經理，她發現到「我越跟別人談到我的價值觀，就對它們越清楚」。但是她也知道她的價值觀不是唯一重要的事情。團隊裡的每個人都有自己的行事準則，身為領導者的你必須幫團隊確認共同的價值觀。而方法就是在價值觀的建立過程中，一定要讓每個人都參與到。阿爾帕諾的觀察是，「這麼做才比較容易形塑出大家都能認同的價值觀」。而且她發現另一個好處，「有人的行事若違反此價值觀，才有正當理由質疑對方。而當價值觀被悖離時，領導者一定要有所行動或開口指正，否則可能會釋出錯誤訊息，讓大家以為這只是件小事。」因此領導者必須樹立榜樣。團隊成員若想確定領導者對自己說

出口的話是否當真，通常都是觀其行甚過於聽其言。所以領導者一定要言行一致。

喚起共同願景　當別人向我們描述他們的個人最佳領導經驗時，都會談到他們對組織的未來所懷抱的美好憧憬。他們視這個夢想為絕對和徹底的個人信仰，自信有能力成就非常之事。任何組織的建立和社會運動的發起，都是先從一個願景開始。它是創造未來的動力。

領導者會藉由想像各種美好的可能來勾勒未來。在你展開任何計畫之前，你必須先對過去有一番理解，也對未來成果有清楚的想像，就像建築師在勾勒建築藍圖或工程師製作模型一樣。如同甲骨文公司（Oracle）的資訊科技（IT）專案經理人阿傑·阿加瓦爾（Ajay Aggrawal）所言，「你勾勒的未來在別人看來必須是有意義的，而且你要創造一種信念讓大家相信可以一起成就大事。不然他們可能會看不出來手邊的工作有何意義，也不覺得自己的付出對這個遠大的目標能有什麼貢獻。」

你不能下令大家都要全心投入，你必須靠激勵的方式。你必須訴諸於共同的抱負，在共同的願景下爭取大家的支持。利茲曼製藥公司（Ritzman Pharmacies）人力資源副總史蒂芬妮·卡普羅（Stephanie Capron）告訴我們，這個超過二十五個據點的家族企業，要求各據點的員工都要打造一塊願景板，寫出他們所看見的未來，再把所有的願景板集合起來，創造出一個新的願景（和新的品牌）。「我們會畫出藍圖，」她說道，「然後讓每個人都看到，這樣一來，他們就會明白很棒的服務看起來是什麼樣子和什麼感覺，他們在其中的角色是什麼。」[6]太多人以為願景的提出是領導者的工作，但事實上大家都想

參與願景的建構，就像利茲曼製藥公司那樣。這種從基層角度切入的方法，會比單單鼓吹一個人的看法來得有效。

在這個快速變遷和不確定的年代裡，人們都想追隨那些能把眼光放遠，勾勒出美好未來的人。誠如SAP軟體公司企業開發部資深總監奧利佛‧維威爾（Oliver Vivell）所言：「你必須讓別人看見自己也在那個願景裡，能對願景有所貢獻，他們才會擁抱它，把它當成自己的成就。」領導者必須告訴追隨者為什麼這是一個共同的夢想，它如何為大家帶來共同的好處，藉此整合目標。

當你表現出你對這個願景充滿熱忱時，也會在其他人身上點燃同樣的熱情。網路多媒體廣播服務供應商ON24的資深顧客成功經理艾咪‧梅特森‧德羅漢（Amy Matson Drohan）在省思個人最佳領導經驗時曾經說：「你不能皈依於一個你無法全心全意相信的願景上。」她直指「領導者的熱情是藏不住的，終將說服團隊這個願景是值得花時間去支持的。」

向舊習挑戰 挑戰是成就大事之前的一種嚴峻考驗。個人最佳領導經驗的個案都涉及到現狀的改變，沒有人是靠維持現狀來成就個人最佳領導經驗。無論具體細節是什麼，都會涉及到困境的克服，以及擁抱各種成長、創新和改進的機會。

領導者都是開路先鋒，願意踏上未知之途。但是他們絕非任何新產品、新服務、新方法的唯一創始者或發起者。創新多半來自於傾聽而非告知，而且常常是從你自身和組織以外的地方去找到新穎和創新的產品、流程及服務。你必須尋找機會，主動出擊，對外尋求創新的改良方法。

　　領導者不會被動等待命運的眷顧，他們是勇於探險的。斯里納特‧蒂爾塔哈爾利‧納加拉杰（Srinath Thurthahalli Nagaraj）回憶他在印度偉創力公司（Flextronics）（第一次）最佳個人領導經驗時，提到了勇於冒險這件事。「當效果不如預期時，」斯里納特解釋道，「我們會繼續實驗下去，挑戰彼此的點子。你必須騰出失敗的空間，更重要的是，給自己機會從失敗中學習。」斯里納特是靠不斷地嘗試，才能推動這個案子。

　　由於創新和變革都涉及到實驗與冒險，因此，領導者主要的工作是打造出一種實驗的氛圍，肯定好的點子，對其他點子給予支持，並勇於挑戰體制。要對付實驗過程裡潛在的風險與失敗是有方法的，那就是不斷製造小贏成果，並從經驗中學習。總部在倫敦的麥肯錫公司（McKinsey and Company）專案經理皮耶法諾西斯科‧隆茲（Pierfrancesco Ronzi），回憶當年如何成功地幫北非一家銀行客戶的信貸業務轉虧為盈，方法是將整套計畫拆解成好幾個部分，以便找出著手改善的切入點，確定哪個部分有效，再看能從這些進展裡學到什麼。「讓他們看見我們能夠做出一番成績，」他說道，「這可以大幅提升他們對這個計畫的自信以及參與的意願。」

　　學習的過程以及領導者用來成就非常之事的方法，這兩者之間的關係密不可分。領導者經常從他們的錯誤和失敗經驗中學習。而生活本身也像是領導者的實驗室，因此模範領導者會利用它來落實各種實驗。奎斯克科技公司（Quisk）資深經理金傑‧沙哈（Kinjal Shah）告訴我們他的個人最佳領導經驗：「失敗教會了我很多。我在很多地方跌倒，而且跌倒很多次，但我都會爬起來，拍拍灰塵，記取教訓，試著在下一次做得更好。我因此學會了很多，這樣的經驗使我成為更優

秀的領導者。」

促使他人行動 偉大的夢想不是靠一個人的行動就能實現。要成就大事，需要團隊合作。它需要的是扎實的互信基礎和經久的互動關係。它也需要群體合作和個人的勇於負責，而且就像隱形科技新創公司（Stealth Technology Startup）共同創辦人蘇詩馬‧博普（Sushma Bhope）所領會的，一開始就要「把權力下放給你身邊的人」。她的結論就跟其他許多回顧個人最佳領導經驗的人一樣，「沒有人可以孤軍奮鬥。重點是對所有點子都抱持開放的態度，讓每個人在決策過程中都有發聲的機會。專案計畫的唯一指導原則就是：團隊大過於團隊裡的任何一個人。」

領導者會建立互信，增進關係，促進合作。你必須讓所有人都參與到，包括那些得讓這個專案計畫發揮功用的人 —— 以及就某方面來說必須承擔最後成果的那些人。美國國防合約管理局（U.S. Defense Contract Management Agency）主任溫蒂‧馬西洛將軍（General Wendy Masiello）在全球培訓會議上（World Wide Training Conference）向六百名領導者清楚表達「一個團隊，一個聲音」這句話的重要性。為了說明這一點，她請與會者中有跟洛克希德馬丁航太製造商（Lockheed Martin）簽約的人站起來，結果有三分之一的在場人士起身。然後她開口說：「請看看場內四周這些在會議期間必須跟你一起合作的人。請你們坐在一塊，大家認識一下，分享彼此的經驗和專業。」她也請那些跟波音公司（Boeing）合作的人站起來，接著是跟諾斯洛普格拉曼軍工生產商（Northrop Grumman）合作的人，再來是跟雷神公司（Raytheon）合作的人，依次類推。她每說一次，都會聽到嘆息聲，

因為大家都意識到他們都沒有做到「一個團隊，一個聲音」這個目標。誠如溫蒂所言，「只有彼此培養出更好的默契和關係時，才有可能做到這一點。」[7]

領導者都知道如果讓從眾自覺很沒用，一切都得靠別人幫忙，或者自覺被孤立，他們就不會拿出最出色的表現，也無法堅持下去。唯有靠自主權的提升和能力的培養來強化他人的分量時，他們才會全力以赴，超越以往的成績。RVision電腦影像庫公司總工程師歐馬·普阿盧安（Omar Pualuan）在省思個人最佳領導經驗時發現，「讓團隊裡的每個成員都對專案計畫有所貢獻，讓它變成是他們共同的傑作，這一點非常重要。」

重視他人的需求，而不是自己的需求，這種領導者才會受到信任。人們越信任自己的領導者，就越信任彼此，也更願意去冒險和做出改變，堅持下去。領導者必須創造出一種環境，就像雀巢公司（Nest）的物料項目經理安娜·薩德森（Ana Sardeson）告訴我們的，在這個環境下，「人們要能很自在地表達自己的意見，這樣一來，整個團隊才會覺得在行動上獲得充分的授權。」她解釋道，「當對話從孤立的空間轉變成開放和合作的空間時，人與人之間的關係就會變得更強韌和更有彈性。」當人們受到信任，擁有更多資訊、更多自由裁量權和更大的權限時，他們會更全力以赴，拿出最出色的表現。

鼓舞人心　攀上頂峰艱鉅又險惡，人們往往會筋疲力竭、心生挫折、幻想破滅，而且常常會想放棄。發自真心的關懷可以鼓舞人們繼續前進，這是凱爾普天然氣和地熱發電公司（Calpine）商貸保險部副總丹妮絲·史特拉卡（Denise Straka）從個人最佳領導經驗裡學到的重要

課題：「人們想要確定經理是相信他們的，也相信他們有能力把工作完成。他們想感覺到自己是受到老闆重視的。因此對他們的成就表達感謝之意，就是證明對方價值的一種好方法。」

領導者對個人的傑出表現表示謝意，肯定對方的貢獻。這可以一對一，也可以一對多進行；可以用很戲劇化的舉措，也可以用簡單的行動；可以透過非正式的管道，也可以透過正規的體系。某全球醫療器材公司的資深臨床助理研究員埃克塔・馬立克（Eakta Malik）發現，很多人都覺得自己沒有被充分賞識，對團隊凝聚力無感，於是她籌畫了一些由公司贊助的歡樂時光活動，「專供團隊放鬆，讓大家私下認識，打造出社群精神。」她在每兩週舉辦一次的會議上公開感謝團隊成員們的辛勞，她說：「這真的能夠幫忙放鬆心情。我以前總以為找總監或經理來讚許專案計畫會比較好，但我現在知道讚許別人不一定得靠頭銜，也一樣很有意義。」

身為一位領導者，必須對人們的貢獻表達謝意，並大力頌揚價值觀和勝利成果，打造社群精神。生物心臟再生醫學公司（BioCardia）營運長安迪・麥肯齊（Andy Mackenzie）從個人最佳領導經驗裡學到的課題是，「一定要讓你和團隊都很開心，當然不是每天都那麼好玩，但如果都很單調乏味，就會讓人很不想起床去工作。」

鼓勵是一門很嚴肅的功課，因為這涉及到你要如何公開地透過行為將成果表現與獎勵連結起來。任何頌揚和儀式只要是真誠且發自內心，就能建立起牢不可破的集體認同感和社群精神，帶領成員走過荊棘險惡。MIC的行銷策略總監迪安娜・李（Deanna Lee）告訴我們：「在完成重要的里程碑之後，將團隊召集起來，這可以強化團結就是力量的概念。在工作環境以外的地方讓大家互相交流，也有助於

增進彼此的情誼,從而建立信任、改善溝通,以及鞏固團隊內部的關係。」

表揚和肯定的方法必須針對個人,而且要迎合對方個性。太平洋老鷹控股公司(Pacific Eagle Holdings)專案總監艾迪·戴(Eddie Tai)領悟到「這不能作假。」他在說到過往經驗談時指出「對任何領導者來說,鼓舞人心搞不好才是最困難的工作,因為它需要的是最誠懇的表現。」而且他堅持這個實務要領「對那些需要被觸動和鼓舞的人所造成的影響,是最顯著也最經久的。」

＊　＊　＊

領導統御的五大實務要領 —— 以身作則、喚起共同願景、向舊習挑戰、促使他人行動、鼓舞人心 —— 為那些拿出最好表現的領導者的行事方法提供了一套作業系統,而且有大量的佐證可以證明這些實務要領的重要性,並有成千上百的研究彙報五大實務要領對人們的參與度和表現,以及組織本身都能發揮正面的影響力。[8] 這一點會在下一個單元說明,後續章節也會提供更多研究來佐證這套作業系統。

五大實務要領的影響力

模範領導者的行為會對人們的承諾度和動機、工作表現,以及組織的成功有極大的正面影響。這是全球近三百萬人利用領導統御實務要領量表,評估領導者施行模範領導五大實務要領後,我們從中分析得到的明確結論。較常使用五大實務要領的領導者,會比不常使用的領導者更能發揮影響力。

　　在這些研究裡，領導者的下屬會填寫LPI，記載他們有多常看到領導者展現出跟五大實務要領有關的具體行為。除此之外，他們也會回答十個問題，這些問題關乎的是（a）他們對自身工作場所的感受度，譬如滿意程度、自豪程度和投入程度，以及（b）他們對領導者的評鑑，像可信度和整體成效都是用來評鑑的根據。誠如圖1.1所示，人們的參與度跟他們多常觀察到領導者使用五大實務要領有關。在參與度最高的下屬中（在分布上屬於前百分之三十），有幾近百分之九十六的人指出，他們的領導者很常或幾乎總是使用五大實務要領。相反的，只有不到百分之五的下屬雖然工作參與度很高，卻指出他們的領導者鮮少使用五大實務要領（頂多偶爾為之）。所以這種差別性影響非常大。

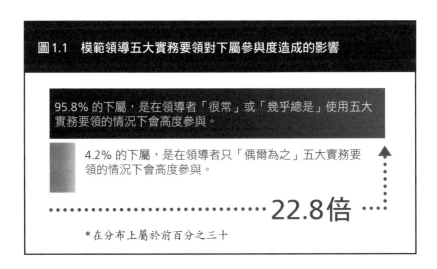

圖1.1　模範領導五大實務要領對下屬參與度造成的影響

95.8% 的下屬，是在領導者「很常」或「幾乎總是」使用五大實務要領的情況下會高度參與。

4.2% 的下屬，是在領導者只「偶爾為之」五大實務要領的情況下會高度參與。

22.8倍

＊在分布上屬於前百分之三十

　　除此之外，受訪者會提供個人的資料和工作組織的背景。而多變量分析（Multivariate analyses）顯示，個人特質和組織環境兩者結合

起來，也只有不到百分之一的人指出他們的參與度很高，而五大實務
要領則占了近百分之四十的差異值。領導者如何在作為上顯著影響參
與度，跟下屬是誰（亦即年齡、性別、種族、教育程度）或他們的環
境如何（亦即職位、任期、知識領域、產業、或國籍）完全無關。重
要的是領導者的行為表現，下屬之所以努力工作、全心投入，對工作
自豪、很有生產力，全是因為那些行為表現。

　　你越是使用模範領導的五大實務要領，就越有可能對他人和組織
發揮正面影響。這是所有數據加總出來的結論：如果你想對人們、組
織和社群有顯著影響，學習那些可讓你成為最佳領導者的行為，將會
是聰明的投資。再者，數據資料也明確顯示，下屬向同事推薦領導者
的強度，與領導者多常使用五大實務要領有直接關聯。

　　很多學者證實，會施行五大實務要領的領導者比不會施行的領導
者更卓有成效。[9]這是真的，而且不分美國境內還是境外，公營還是
私營，抑或在學校、衛生保健組織、工商企業、監獄或教堂等等。以
下是常使用五大實務要領的領導者在影響力方面的例子：

- 打造出績效表現更好的團隊。
- 提升銷售量和顧客滿意度。
- 培養出新的忠誠度，對組織產生更高的認同感。
- 提升努力工作的動機和意願。
- 提高病人的滿意度，更能迎合病人家屬的需求。
- 提升學生和老師在校的參與度。
- 擴大宗教聚會的會眾人數。
- 降低缺席率、人事變動率和退學率。

● 正面影響招聘結果。

　　雖然模範領導的五大實務要領無法完全解釋領導者和他們的組織成功的原因，但不管你是誰或者你在哪裡任職，活用五大實務要領顯然都能發揮相當大的作用。你如何展現領導者的作為，這一點非常重要。再者，下屬和其他人針對領導者所做的成效評鑑，都跟五大實務要領的使用頻率有直接關聯。

　　請從宏觀的層面來看以下這些發現。研究人員檢視多家組織為時五年的同期財務表現，再將被團隊成員評定為資深領導者經常使用五大實務要領的組織，和領導者鮮少使用五大實務要領的組織做比較，得出的結論是：前者淨收益的成長幾乎高出十八倍；比同業更常在領導統御上使用五大實務要領的上市公司，股價成長也幾乎高出三倍。[10]

模範領導的十大承諾

　　放在五大實務要領裡的行為，都是成為模範領導者的行為基礎。我們稱這些行為是模範領導的十大承諾（The Ten Commitments of Exemplary Leadership）（請參考表1.1）。它強調的是你必須自信展現的作為和行動。這十大承諾就像範本一樣，可用來解釋、釐清、領會和學習領導者如何在組織裡成就非常之事。我們會在第三章到第十二章深入探討每一個承諾。在我們深入討論這些承諾之前，先讓我們由團隊成員的立場來審視領導統御。畢竟領導統御是一種人際關係。人們想在領導者身上找到什麼？言聽計從的他們究竟想從領導者那裡獲得什麼？

表1.1 模範領導的五大實務要領和十大承諾

以身作則	找到自己的聲音,確認共同價值觀,藉此闡明價值觀。 在作為上必須吻合共同價值觀,才能樹立榜樣。
喚起共同願景	想像各種美好的可能,勾勒未來。 訴諸於共同抱負,在共同的願景下爭取大家的支持。
向舊習挑戰	尋找機會,主動出擊,對外尋求創新的改良方法。 勇於冒險地進行實驗,不斷製造小贏成果,並從經驗中學習。
促使他人行動	建立信任,增進關係,促進合作。 藉由自主權的提升和能力的培養來強化他人的分量。
鼓舞人心	對個人的傑出表現表達謝意,肯定貢獻。 大力頌揚價值觀和勝利成果,打造社群精神。

▶2 個人信譽是領導統御的基礎

　　在分析成千上萬的個人最佳領導經驗後，得出一個逃無可逃的結論：**每個人都有故事可以說。**而且無論背景脈絡如何，這些經驗在行動、作為和過程上，都是相似甚過於互異。而這個數據顯然挑戰了領導統御只會現身在組織和社會高層，以及只有少數具有領袖魅力的男性和女性才有資格領導這類迷思。所以，只有少數偉大人物才能領導他人成就大事的觀念，根本是錯的。同樣道理，只有大型或小型組織，或者只有很棒的組織或新的組織，抑或只有著名的經濟體或者某些產業、職能或知識領域才會產生領導者的說法，也一樣是錯的。事實上，領導統御是一套可以辨識出來的技巧和能力，適用於每一個人。這是因為有太多領導者 —— 而不是鮮少有領導者 —— 經常在組織裡成就非常之事，尤其是局勢最不確定的時候。

　　除此之外，另一個浮現在各種情境和領導作為裡的不爭事實，就是個人最佳領導經驗從來不是單人表演。領導者絕對沒有辦法單靠自己的力量成就非常之事。領導者會動員眾人，為共同的抱負一起奮鬥，這表示從根本上來說，**領導統御就是一種人際關係。**領導統御是有志於領導的人與選擇追隨的人兩者之間的關係，缺一不可。為了有效領導，你必須徹底理解領導者與團隊成員之間的基本互動。如果領導者與團隊成員的關係是靠恐懼和猜疑構成，就絕對不會產生任何禁

得起時間考驗的價值觀。但如果這段關係是靠互相尊重和信任而構成，便能克服最大的困境，留下最具意義的傳承。

而這正是亞米・杜拉尼（Yamin Durrani）談到他和國家半導體公司（National Semiconductor，現在已經是德州儀器〔Texas Instruments〕的一部分）行銷經理巴比・馬丁普爾（Bobby Matinpour）的共事關係時提到的。巴比在公司大量裁員重整後走馬上任，「公司上下普遍缺乏動力和安全感，不信任感也非常嚴重，每個人都只想到自己，」亞米說道，「我們這個團隊尤其缺乏動力，因為我們不相信彼此。我很怕去公司，畢竟有太多內部鬥爭造成溝通的破裂。」

巴比明白他必須讓人們重新相信彼此。他的第一個主動措施是，跟每一位團隊成員坐下來聊天，了解他們的想法、需求和計畫。光是第一個月，他就花了很多時間去記住和試圖理解每個人想要追求的是什麼、喜歡做什麼。他跟每位團隊成員每週召開一對一的會談，跟他們請益問題，專心聆聽他們的心聲。「他的友善作風和誠實坦率的做法，」亞米說道，「讓團隊成員重新敞開心房，擁抱安全感。他從來不會表現出自己什麼都懂的樣子，反而是虛心向團隊學習新知。巴比很清楚如果他不尊重團隊成員，不給他們在專案上的自主權，就不可能贏得他們的尊重。巴比在團隊裡頭打開了溝通管道，尤其鼓勵面對面的互動溝通。」

在管理會議上，若是有人提問，哪怕巴比自己可以回答，也還是會請其中一位團隊成員回覆，譬如他會這樣說：「亞米是這方面的專家，我請他來回答這個問題。」在數百名員工與會的年度銷售會議上，他會找最資淺的團隊成員代表上台報告，然後整個團隊都會站在講者後方協助回答問題。亞米觀察道：

　　新官上任的巴比很容易踏入陷阱，用專案計畫都是靠他或者在資訊流上把關的方式來強調自己的重要性。但是他卻完全相信團隊成員的專業，在特定專案的舉措上會聽取和借重大家的意見，從來不強迫推銷自己的點子。換言之，「不聽我的就滾蛋」從來不是他的作風。他鼓勵團隊成員主動出擊，自己則在專案計畫上以顧問的角色自居。讓每個團隊成員都覺得這個專案是他們共同的心血。

　　巴比的領導成果很顯著。該單位的營業額增加了百分之二十五，產品線上充斥著各種產品點子。團隊氣勢如日中天，大家都很有參與感，也非常有團隊合作精神。「這是我得到最充分授權和最被信任的一次經驗，」亞米告訴我們。「從這次經驗裡，我才明白偉大的領導者會把他們的追隨者也培養成領導者。」

　　巴比把重心放在別人而非自己身上，他的方式充分證明了無論是在領導統御、工作還是生活上，它們的成功與否都跟人們可以多大程度地一起共事有關。因為領導統御是領導者與團隊成員之間的一種互惠關係，任何有關領導統御的討論都必須先領會這層動態關係。若無法充分理解領導者與團隊成員之間靠的是基本的人性渴望，那麼任何策略、手段、技巧和實務要領都只是空談。

　　以身作則、喚起共同願景、向舊習挑戰、促使他人行動和鼓舞人心，都是從數千件個人最佳領導經驗案例中找到的領導實務要領。但是它們只對眼前發生的事做了部分刻畫，畢竟領導者是不可能單靠自己的力量成就非常之事。而要看清楚整個全貌，其實必須先去了解和領會團隊成員對領導者有什麼樣的期待。要學會領導統御，是要從你想領導的人們身上去學習。人們每天都在選擇自己是否要追隨某人，

是否要把自己的能力、時間和精神都奉獻給對方。所以說到底，誰來領導不是領導者決定，而是由追隨者拍板。

　　領導統御是一種你在跟別人互動中所經驗到的東西。這種經驗因不同的領導者而異，也因不同的團隊成員而異，而且每天都有變化。這世上不會有兩個一模一樣的領導者，也不會有兩個一模一樣的團隊。如果你能盡量了解團隊成員渴望和期待的是什麼，然後在行事方法上遵守他們對模範領導者的要求標準和形象認定，偉大的領導潛能才能被解鎖和發掘出來。領導者說自己想要做什麼是一回事，團隊成員說他們想要得到什麼和領導者能配合到什麼程度又是另一回事。領導者究竟如何建立和維繫這層關係來成就非常之事，若想完成這幅拼圖，唯一的方法就是先去了解人們想從領導者身上得到什麼。

人們想在領導者身上找到什麼，欣賞的是什麼

　　為了把領導統御當成一種人際關係來了解，我們先針對團隊成員對領導者有什麼期待做了一番調查。[1]多年來，我們總是要求受訪者告訴我們，他們想從自願追隨的人身上找到什麼樣的個人特質、特色和屬性，欣賞的是什麼。結果他們的答案證實了我們從個人最佳領導經驗研究調查裡所看見的全貌，而且使它更豐富。

　　我們針對人們對領導者的期許是什麼，展開研究調查，先從查訪數以千計的企業和政府機關主管開始。我們用開放式的問卷請對方回答，他想在自願追隨的人身上找到什麼，結果受訪者給了成千上百種價值觀、特質和特色。[2]然後我們委由數位獨立評審員進行內容分析，再透過進一步的實證分析，將項目縮編成內含二十種屬

性的清單，稱之為受人欣賞的領導者特色（Characteristics of Admired Leaders，簡稱CAL）。

接著我們再拿出CAL，請人們挑出七種「他們在自願追隨的領導者身上最想找到和最欣賞的」特質。而這句話的關鍵詞就是「自願」這兩個字。你有可能是因為自認「沒得選」，只好去追隨某人，但如果你是因為你想要追隨某位領導者而去追隨他，那就另當別論了。人們會對他們追隨的人有什麼期許呢？這裡指的不是他們不得不追隨的領導者，而是他們真心想追隨的。要成為別人想追隨的領導者，而且是熱切和自願地追隨，到底需要什麼條件呢？

全球有超過十萬人對CAL清單做了回覆。驚人的是，得出的結果多年來始終一樣，就像表2.1所列的數據。這就好比一個人必須先通過一些基礎的「人格檢測」，才會有人自願賦予他領導者的頭銜。

雖然每種特色都有得票數，代表它們對某些人來說各有其分量，但最顯而易見又最引人注目的是，這三十多年來只有四種特質始終能得到百分之六十以上的選票（唯一例外的是，一九八七年的「善於激勵」只得到百分之五十八的受訪者支持）。儘管這世上出現了各種巨幅變化，但人們在領導者身上最想找到的東西卻從來沒有變過。

對於多數自願追隨領導者的人來說，他們希望自己相信的領導者具備以下特色：

- 誠實
- 有勝任能力
- 善於激勵
- 具前瞻性

表2.1　受人欣賞的領導者特色（CAL）						
隨著時間推受訪者票選各特色的比例*						
特色	1987	1995	2002	2007	2012	2017
誠實	83	88	88	89	89	84
有勝任能力	67	63	66	68	69	66
善於激勵	58	68	65	69	69	66
具前瞻性	62	75	71	71	71	62
聰明才智	43	40	47	48	45	47
心胸寬大	37	40	40	35	38	40
可靠	33	32	33	34	35	39
能給予支持	32	41	35	35	35	37
公正	40	49	42	39	37	35
坦率	34	33	34	36	32	32
樂意合作	25	28	28	25	27	31
具企圖心	21	13	17	16	21	28
有愛心	26	23	20	22	21	23
果斷	17	17	23	25	26	22
有膽識	27	29	20	25	22	22
忠誠	11	11	14	18	19	18
富想像力	34	28	23	17	16	17
成熟	23	13	21	5	14	17
自我控制能力	13	5	8	10	11	10
獨立	10	5	6	4	5	6
*註：我們請受訪者選出七項特色，所以總數加起來會超過百分之一百。						

　　這四個特質在各個國家的排名也都在前幾名，就像表2.2所示。我們發現這些排名並不會隨著文化、種族、組織功能和階級、性別、教育程度及年齡出現顯著變化（後面會再說明）。

表2.2 全球受人欣賞的領導者特色（CAL）				（按國別排名）
國家	誠實	具前瞻性	善於激勵	有勝任能力
美國	1	2	3	4
澳洲	1	2	3	4
巴西	1	2	4	3
加拿大	1*	1*	3	4
中國	3	2	1	4
日本	1*	1*	4	3
韓國	1*	1*	4	3
馬來西亞	1	2	4	3
墨西哥	1	2	3	4
北歐	3	2	1	4
新加坡	4	2*	1	2*
土耳其	3	1	2	4
阿拉伯聯合大公國	1	2	3	4
*代表排名平分秋色。				

　　在檢視過受人欣賞的領導者特質之後，發現跟我們做過的數百場訪談結果如出一轍，我們是在訪談裡請受訪者形容他們碰過最有可信度的領導者。誠實、勝任能力、前瞻性和善於激勵這幾個特質，在梅琳達・傑克森（Melinda Jackson）的腦海裡留下深刻印象。梅琳達是某跨國科技公司負責招聘的主管，她告訴我們她最欣賞的領導者：「我記得她有很淵博的工作知識，對未來有清楚的願景，非常支持和照顧她身邊的員工，而且她非常真誠，完全相信我們所做的事情，也非常用心地鼓勵幾位生性悲觀的同事，幫助他們跟上腳步。」這類故事和這些受人欣賞的領導者特質，都在在吻合人們在個人最佳領導經

驗裡所描述的作為。模範領導的五大實務要領和受人欣賞的領導者作為，兩者其實是用互補性的視角來說明同樣的主題。領導者的最佳表現不僅在於成果的呈現，也會在作為上呼應團隊成員對他們的期許，這代表領導者與團隊成員之間的關係不只可以用來達成目標，也有助於人心的凝聚。

我們會把誠實、前瞻性、勝任能力和善於激勵，逐一融入後續以五大實務要領為主題的章節中，也會讓你更清楚地看見模範領導者用什麼方法呼應團隊成員的所需。舉例來說，如果領導者必須以身作則，那麼誠實就被認為是最重要的一個環節。而喚起共同願景的這個實務要領，則要求領導者必須具有前瞻性和善於激勵。至於領導者的挑戰舊習，也是在強化領導者是求新求變的這個認知。值得信賴通常是誠實的同義詞，對於領導者要如何促使他人行動，它在中間扮演了很重要的角色，而領導者的勝任能力也一樣重要。同樣的，能對重要貢獻和成就做出肯定和頌揚的領導者 —— 也就是會鼓舞人心的領導者 —— 也會提升團隊成員對共同願景和價值觀的了解程度和承諾度。當領導者示範他們在五大實務要領裡的本事時，也是在告訴大家，他們絕對有能力成就非常之事。

我們先來檢視一下，為什麼自願追隨的人和渴望領導的人之間的永續關係必須靠這些特質來建立。此外，我們也在這個過程中找到了領導者賴以打造永續關係的基礎。

誠實　在我們的每項調查裡，誠實比任何其他領導特質更常被雀屏中選。整體而言，它是領導者－追隨者關係中最重要的一個環節。百分比例雖然會有變化，但最後的排名始終維持第一。所以首先，人們要

的是一個誠實的領導者。

　　顯然在任何地方，若是有誰想自願追隨某位領導者 —— 不管是上戰場或進入會議室，到接待室還是進到生產部 —— 他們都想先確定這個人是值得信任的。他們想知道這個人是不是說真話？有沒有道德？有沒有原則？當人們談到自己欣賞的領導者特質時，通常會使用誠實的同義詞，譬如「正直」和「真誠」。不管環境背景如何，人們都希望能百分之百信任自己的領導者，相信他們的領導者是有骨氣且正直的。超過百分之八十的團隊成員希望他們的領導者誠實至上，這個訊息值得所有領導者謹記在心。「畢竟，」聖荷西的工程師珍妮佛・麥克雷（Jennifer McRae）解釋道，「你怎麼會想追隨一個你懷疑可能正在騙你或耍弄你的人？誠實是信任的基礎，你必須相信領導者的所言或所知都是真的。」

　　人們想在領導者身上找到的特質以及他們欣賞的領導者特質中，誠實都是截至目前為止最貼近個人的一種特質。人們希望他們的領導者是誠實的，因為領導者的誠實也反映出自己的誠實。這是一種最能提升或最能傷害個人名譽的特質。如果你追隨的人被公認是人格無懈可擊的正直人物，你也可能會被認定是正直之人。但如果你自願追隨的人被公認是背信之徒而且沒有道德，你的形像也會跟著受損。此外，也許有一個更微妙的因素，可以解釋誠實為何總是高居榜首。當人們把不誠實的人當領導者追隨時，會發現自己也開始在誠信度上做出讓步，久而久之，不只不再尊重這位領導者，也不再自我尊重。誠如英特爾的資深工程經理阿南德・雷迪（Anand Reddy）所解釋，「誠實這種東西如果破產，會毒害整個團隊，傷害人與人之間的信任，瓦解團隊的凝聚力。再說，沒有人會想跟著一個出爾反爾的領

導者。」

　　誠實和價值觀、道德標準息息相關。人們欣賞的是有原則的領導者，不會想跟在對自身信念沒有任何自信的人身邊。搞不清楚領導者的立場是什麼，會帶來很大的壓力。不了解領導者的信念，可能會助長衝突、變得舉棋不定或帶來政治鬥爭。對於那些不願說出或活出清楚價值觀和道德標準的領導者，人們根本無法相信他們。在你渴望領導的那些人眼裡，只有言行一致的領導者才算是好的領導者。

有勝任能力　人們若要義無反顧地支持他人的理想，便得先相信這個領導者有能力一路帶領他們邁向未來。他們必須認定這個領導者是有能力和成效的。「勝任能力很重要，」普華永道國際會計師事務所（PricewaterhouseCoopers LLP）審計助理凱文・舒爾茨（Kevin Schultz）解釋道，「畢竟要你全心全意地追隨一個對自己在做什麼都不知道的人，那也未免太難了。」如果人們懷疑領導者的能力，他們就不會欣然接受徵召。研究指出，當人們認定自己的領導者無能時，他們就會抵制對方，也連帶抵制對方的職務。[3]

　　領導統御的勝任能力是指領導者的過去紀錄和成事能力。這種勝任能力會帶來自信 —— 領導者將能夠帶領整個組織（無論大小）往對的方向前進。另一個好處就像地方政府預算分析師麗貝卡・桑切斯（Rebecca Sanchez）所指出，「我成了一個更熱忱的追隨者，因為我有自信我的領導者知道自己在說什麼，也知道她在要求我們做什麼。」

　　但是就像火箭燃料公司（Rocket Fuel）的財務經理布萊恩・達爾頓（Brian Dalton）所提的，「你不能期待領導者是萬事通，因為如果

是的話，他們幹嘛還需要追隨者？但你可以期待一個領導者對這個組織有足夠的了解，徵召得到人才，也懂得向各個領域的專家請教建設性和洞察力的問題。」當人們談到一個有勝任能力的領導者時，他們指的不是領導者必須具有核心技術的作業能力，但是會要求領導者必須對產業、市場或專業服務環境等有一定程度的了解與經驗。他們不會期待領導者一步步爬上組織高層後，在專業技術上也要很厲害。組織本身是很複雜的，功能項目千百種，所以絕對不可能什麼都會。

　　對勝任能力的要求是會隨著領導者的職位和組織狀況而改變。舉例來說，你會期待那些頭銜是「某某長」的領導者，具有策略規畫和政策制訂的能力。但在生產線上的領導者或在第一線面對顧客／客戶的領導者，通常比較少參與客服或產品製造的領導者更具備本業方面的技術能力。一家高科技公司裡卓然有成的領導者不見得是大師級的程式設計師，但一定要懂得電子數據交換、電腦網路、雲端運算、國際互聯網對產業的影響。

　　人們要對領導者的勝任能力有自信，就得先相信這個人很了解這門行業，很懂目前的作業方式，也懂這裡的文化，在公司裡頭有很熟的人脈。他們必須知道這個領導者經驗豐富能夠帶領大家迎接組織面臨的各種挑戰。這也是為什麼領導高層會比事業剛起步的領導者，在職責、市場、海外國家和產業文化上有更豐富的經驗。經驗越豐富，就越有可能橫跨組織和產業，獲取成功。

善於激勵　人們都希望自己的領導者熱情洋溢、活力充沛、對未來樂觀以對。一個對未來的各種可能抱持熱忱和熱情的人，相較於沒什麼熱情或無動於衷的人更容易感染別人，讓別人也相信這樣的未來。人

們之所以相信你說的話，最有可能是因為他們察覺到你真心相信自己所說的話。美信集成產品公司（Maxim Integrated）的行銷專員安柏‧威利茲（Amber Willits）說，「就我的經驗來說，最糟糕的一種『領導者』，是站在一群人或一個人面前，卻沒有為自己的夢想注入任何生命和活力。這種訊號的後面透露的是絕望和消極。如果領導者的言詞裡沒有鼓勵、沒有樂觀、也沒有活力，怎麼會有人受到鼓舞，拿出最出色的表現？」

　　所以領導者光有夢想還不夠，還必須設法將願景傳達出來，鼓勵其他人一塊努力。對擔任護理長的艾倫‧瓦爾加斯（Ellen Vargas）來說，要做到這一點，方法是「你的熱忱要有感染性」。「我會用我的熱情去感染每個人，」艾倫說道，「只要我對這套新的作業流程會如何改變眼前生活感到非常有興趣，其他人也會紛紛跟進。」人們都希望擁有遠大的目標，想要在日復一日的單調工作裡找到存在的價值。雖然領導者的熱忱、活力和樂觀或許不足以改變工作本質，但絕對可以讓工作本身的意義變得更豐富。不管外在環境如何，只要領導者為夢想和抱負注入生命，人們就會更義無反顧地追隨他。人們需要生活是有意義和目標的，激勵性的領導統御可以滿足這方面的需求。

　　領導者必須為自願嘗試新事物的團隊成員加油打氣，帶給他們希望。熱情是很重要的，因為這代表領導者對夢想追求的承諾。如果連領導者對自己的理想都失去了熱情，別人又怎麼可能會有興趣呢？再說，積極、正面、樂觀都會帶給人們希望，讓他們相信未來會更美好。[4] 無論處在什麼時候，這種態度都非常重要，尤其身處在不確定的年代裡，若能以積極樂觀的態度來面對和領導，絕對能振奮人心，引領人們勇往直前。

　　當人們對於眼前感到焦慮不安、懷憂喪志、驚恐害怕、無所適從時，通常都會奮力地把希望寄託在未來，這時候他們最不需要的就是一個只會填塞負面情緒的領導者。恐懼並無法說服人們可以靠創新和抓住機會來向前推進，反而會害他們畏縮低頭，巴著現狀，置身事外。恐懼可能造成人們的順從，但從來無法讓他們全心投入。所以領導者必須用言語、態度和行動來告訴我們，他們相信任何阻礙都可以被克服，夢想一定會實現。某大學附設醫院的行政協理凱瑟琳・特拉帕尼（Kathryn Trapani）說，「領導者必須靠共同的願景來讓人們深切感受到，只要為這個理想一起奮鬥，他們和其他人的生活都會獲得提升。」情緒是有感染力的，正面情緒會在組織上下產生共鳴，滲入領導者與團隊成員的關係裡。為了在非常時代成就非常之事，領導者必須為各種作業和努力注入正面情緒。

具前瞻性　在最近一次受人欣賞的領導者特質調查中，有百分之六十二的受訪者認為前瞻性是他們最想找到的一種領導者特質。人們希望領導者有方向感，關心組織的未來。年資僅一年的檢察官莎拉・霍爾頓（Sarah Holden）說，「簡而言之，如果領導者想要別人追隨他們，就必須告訴追隨者他們要去哪裡，然後讓每個人都走同樣的方向。」相較於團隊成員所期待的其他領導特質，這個特質更能彰顯出身為領導者的與眾不同，因為這個期許直接呼應到勾勒未來的能力，而這是人們在描述個人最佳領導經驗時都會提到的一點。畢竟如果願景只是維持現狀，那麼要領導者做什麼？領導者不會滿足於今天的現狀，他們看到的是未來應該有的美好。

　　不管你稱那個未來是願景也好、夢想也好、天職也好、目標也

好、使命也好、個人規畫也好，訊息都很明確：如果領導者期待別人自願加入他們的行伍，就必須清楚自己的去向。他們必須先有想法才能為組織勾勒未來，他們必須把這樣的想法跟團隊成員的希望與夢想連結起來。葛蘿莉亞・梁（Gloria Leung）告訴我們，她在香港恒生銀行（Hang Seng Bank）工作時，很欣賞一位有前瞻性的領導者，也因為這樣，「才能讓我們很有自信地朝未來邁進，培養出共同的價值觀，因為我們都知道自己要去哪裡。」你不能把自己埋在一堆細節裡，看不到更大的格局。領導者在要求別人加入行列邁向未知時，必須先在心裡勾勒出一個目標。

　　雖然另外三個領導特質不會隨著職務層級的升高而有變化，但前瞻性卻會，這一點並不令人意外。我們曾做過跟組織高層有關的調查，結果顯示幾近百分之九十五的受訪者都選擇前瞻性，認定它是不可或缺的領導特質，可是這個百分比若是遇到第一線的督導角色，就會掉到百分之六十。對大學生族群來說，這個特質通常排在前七名，而不是前四名。會出現這麼大的差距，顯示這種期許值的落差跟工作的廣度、範圍和時間長短有很大關係。當人們爬上組織高層時，他們看待未來的視角也必須擴大。

　　但是所謂有前瞻性，並不意味人們期待自己的領導者具有預見未來的神奇能力。事實上，大家都很講究實際。人們是希望自己的領導者對未來有明確的方向，也想要他們說清楚在過了六季或六年後達成目標時，組織看起來和感覺起來會變成什麼模樣。他們想知道詳盡的細節，這樣才會知道自己有沒有達成目標，也才能選出一條適當的路徑前往目的地。

不分時間地點、恆久不變　這四個領導統御的先決條件 —— 誠實、勝任能力、善於激勵、前瞻性 —— 已然通過時間和地理上的考驗，即便重心會有些微的變化。舉例來說，誠實一直高居榜首，但不像早期的百分比例那麼高了。誠實這個受人欣賞的領導特質出現了些微的降幅，而這其實跟人們對全球體制裡領導者的信任度普遍下降如出一轍。[5] 人們越來越困惑，到底能對領導者有什麼實際期待。但值得注意的是，誠實仍然是人們想在自願追隨者身上找到的頭號特質。

　　在百分比例上出現最大變化的是前瞻性，人們重視它的百分比下滑了，但即便如此，還是在前四名，跟其他領導特質比起來，重要性仍然遙遙領先。

　　而這些喜好度的些微變化，證實人們對各種私人組織和文化領域裡的領導者的期許大致沒有改變。自從三十五年前第一回蒐集到數據以來，二十個領導特質的數據變化都只是些許的百分比差異而已（不是多一點就是少一點）。人們還是希望他們的領導者是真誠的，知道自己在做什麼和說什麼，會展現出他們的熱忱，態度正面樂觀，而且有方向感。

　　但在此同時，你應該也領會到跟環境背景很有關係，外在環境可能在任何時候、任何特定組織或任何地點，會對人們想在領導者身上找到和欣賞的特質造成影響，也可能對你要如何示範這些重要的領導特質產生影響。而期待值會隨著組織的不同、職能的不同、團體的不同、層級的不同而有變化。

　　舉例來說，在醫療保健組織裡所蒐集到的數據顯示，**具有愛心**這個特質比在其他環境裡來得重要。而取樣軍隊的受訪數據時，**忠誠**這個特質會大幅增加。至於在學術圈裡，**聰明才智**則會得到較高的分

數，而**成熟**也會在老年人的族群裡得到高於標準值的支持率。同樣的，管理階層的人會比非管理階層的人更常選擇**前瞻性**。人力資源專家會比其他職務的人更偏好**給予支持**，至於業務人員則比會計同儕更傾向於選擇**善於激勵**。再者，領導者示範這些特質的方法也可能因不同的文化而有些許差異。理解這些地方性的差異是很重要的，哪怕這四個特質始終是普世通用。

個人信譽是一切的基礎

誠實、勝任能力、善於激勵、前瞻性　是人們想在領導者身上找到的重要特質，他們願意追隨這個人，依他要求的方向邁步前進。在領導者的本領中，這些都算是「可以移動」的東西，你到哪裡都必須帶著它們。這個發現從以前到現在沒有變過，哪怕這三十多年來經歷了經濟成長和衰退、全球資訊網路的誕生、經濟的全球化、新興科技的興起、網路的泡沫化、行動裝置的無障礙化、恐怖主義的崛起、移民和難民危機，以及千變萬化的政治環境。你是否相信領導者能忠於這些價值觀是另一回事，但人們想從領導者身上找到的東西倒是從來沒有改變過。

　　這四點特質本身就很實用，不過我們的研究也透露出更深一層的影響。這些重要特質構成了傳播專家口中所謂的「來源可信度」（source credibility）。在評估資訊來源的可信度時 —— 無論來源是新聞播報員、業務人員、醫生、傳教士，或者是企業主管、軍官、政治家、公民領袖 —— 研究人員都會根據三個標竿來評估：信賴感、專業能力和活力表現，分數越高的人，就越被認定是可信的資訊來源。[6]

　　你應該有注意到這三個標竿很類似人們想從領導者身上找到的基本特質 —— 誠實、勝任能力、善於激勵 —— 也就是我們研究調查裡前四名的其中三項。若將這個理論跟受人欣賞的領導者特質的相關數據連結起來，所得出的驚人結論就是，人們想要追隨的領導者 —— 最重要的是有信譽，信譽是領導統御的基礎。人們必須能夠相信自己的領導者，這一點比什麼都重要。人們必須相信領導者說的話是可以信賴的，他們對自己的工作充滿熱情和熱忱，他們也具備領導的技巧和知識，在這種情況下，人們才會願意追隨他們。

　　除此之外，人們也必須相信他們的領導者知道自己的方向，對未來有願景。**前瞻性**和**懷有願景**，是領導者能在組織裡鶴立雞群的原因。人們期待領導者對未來有一番見解，能清楚表達令人振奮的各種未來可能。唯有當人們確信領導者知道自己的方向，他們才會義無反顧地追隨。

　　挖掘領導者的特性始終都存在而且影響甚廣，所以我們才會開發出庫塞基-波斯納的領導統御第一定律（The Kouzes-Posner First Law of Leadership）。

**　　如果你不相信那位信差，你就不會相信那個訊息。**

　　領導者一定要守住自己的信譽。他們所堅持的立場、對現況的挑戰，以及在新方向的指引上，這些本領都必須值得信賴。領導者絕不能把自己的信譽視為理所當然，任何時候或任何職務都一樣。人們要相信領導者所提出的美好未來，就得先相信這位領導者。如果你想要求別人跟你一起追求某種不確定的未來 —— 甚至是一個在他們有生

之年可能無法實現的未來 —— 又如果這種追求涉及到某種犧牲，那麼相信領導者這件事是絕對必要的。除非追隨者確實相信理當領導的那個人，否則任何領導者培訓計畫、課程、書籍和CD，以及任何部落格和網站所提供的領導訣竅與技巧，都是沒有意義的。

信譽很重要　這個時候，你可能會說：「我就認識一些大權在握的人 —— 也認識一些很有錢的人 —— 但是大家不覺得他們有信譽。信譽真的那麼重要嗎？真的有差嗎？」這問題問得好，有必要說清楚講明白。但為了回答這個問題，我們決定直接請教領導者的下屬 —— 這些人的答案才是最準的，而我們也確實為領導統御的第一定律找到了強大的佐證。我們利用一種信譽行為衡量法（a behavioral measure of credibility），請受訪者回想直屬主管為提升信譽所展現的作為。[7] 結果發現，當下屬覺得直屬主管很有信譽時，他們比較可能：

- 自豪地告訴別人，他們是這個組織的一份子。
- 感受到強烈的團隊精神。
- 覺得自己的價值觀與組織的價值觀吻合。
- 熱愛這個組織，矢志效忠。
- 對這組織有歸屬感。

但另一方面，當人們察覺到直屬主管沒有信譽時，他們很可能：

- 只有在密切監督下才會生產製造。
- 純粹看在錢的分上做事。

- 在人前說組織的好話，私下卻不斷批評。
- 一旦組織面臨問題，就會考慮換工作。
- 自覺沒有後援，不受賞識。

　　領導者的信譽對員工態度和行為造成的重大影響，顯然為組織裡的領導者下了一道通牒：信譽至關重要，領導者必須謹記在心。忠誠、承諾、活力及生產力都得仰仗它。要理解這一點，可以先思索研究人員針對前線戰士所做的研究，他們發現某些原因影響了前線戰士，使他們願意冒著可能受傷甚至死亡的風險去達成部隊的目標。原來是軍人對領導者信譽的認知，決定了領導者可以行使的影響力範圍。[8] 而那是在傳統上講究位階，一個指令一個動作的環境，然後再回頭思索這對你的組織來說代表什麼意思。信譽至上，其他的都是其次。

　　信譽不僅影響員工的態度，也影響到顧客和投資者的忠誠度，還有員工的忠誠度。在一場針對企業忠誠行為經濟價值所做的大規模調查裡，費德烈克・萊克海德（Frederick Reichheld）和他在比恩公司（Bain and Company）的同事們發現，重視顧客、員工和投資客忠誠度的公司，比無所謂忠誠的公司來得表現優異。不忠誠的行為對績效的危害程度高達百分之二十五到五十。[9] 顯然忠誠可以創造出非常的價值。那麼究竟該如何解釋忠誠行為的成因呢？當研究調查人員探查這個問題時，我們的領導統御第一定律就具現在他們的發現裡：「企業忠誠的核心（center of gravity）—— 無論這種忠誠來自顧客、員工、投資者、供應商或經銷商 —— 都取決於高層領導團隊的個人正直度，以及將此原則付諸實現的能力。」[10]

從行為上來說，什麼是信譽？　數據證實誠信是領導統御的基礎。但是什麼是行為上的誠信？當你親眼目睹時，你是怎麼知道的？我們把這問題拿去詢問全球數以萬計的人，得到的答案基本上都一樣，不分公司也不分國家或環境。以下是受訪者親眼看到信譽行為時的說法：

- 「他們會實踐自己所鼓吹的事。」
- 「他們言出必行。」
- 「他們言行一致。」
- 「他們說要把錢用在哪裡，就是在哪裡。」
- 「他們信守承諾。」
- 「他們說到做到。」

最後一句話是最常聽到的答案。說到要怎麼確定領導者可不可信時，人們都會先聽其言，再觀其行。他們會聽他怎麼說，再看他做了什麼。他們會注意聽對方的允諾，再尋找遵守這個允諾的證據。只要言行合一，就被認定是「可信的」。要是看不到言行合一的證據，客氣的說法是，這位領導者不可信賴，難聽的說法則是，根本就是個偽君子。

當領導者能真正實踐自己所鼓吹的事情時，人們才會願意把自己的生計，甚至生命都託付給他。這樣的領悟為領導者建立信譽提供了一個最直接的藥方，那就是庫塞基-波斯納的領導統御第二定律：

你要說到做到。

（Do What Youd Say You Will Do，簡稱DWYSYWD）

　　從常識上的定義來看個人信譽，會發現它直接呼應了模範領導五大實務要領中的一種。DWYSYWD有兩個基本要素：說和做。領導者要在行動上取信於人，就要很清楚了解自己的信念是什麼，他們必須知道自己的立場何在。這是屬於「說」的部分。接下來再把說出來的東西付諸實現：他們必須依據自己的信念行事，放手去「做」。以身作則這個實務要領，跟行為上的信譽定義有非常直接的關係。而這個實務要領包括了闡明價值觀及樹立價值觀的榜樣。這種自始至終都活出價值觀的生活態度，代表真誠無偽，也是用來證明誠實與可靠的一種行為方式。只要領導者言行合一，人們就會願意追隨。

　　要在領導統御上取得和維繫道德權威，根本之道就是以身作則。由於言行一致這件事非常重要，所以我們決定在一開始討論五大實務要領時，就先全面檢視可以展示以身作則的各種原則和行為。

以身作則

- 找到自己的聲音，確認共同價值觀，
  藉此闡明價值觀。

- 在作為上必須吻合共同價值觀，才
  能樹立榜樣。

▶3 闡明價值觀

「你是誰？」這是團隊成員想要你回答他們的第一個問題。當你出發尋找這個答案，而且能夠表達出來的時候，你的領導之旅就展開了。對美國國鐵（Amtrak）的IT策略主任蘇瑪雅・沙基爾（Sumaya Shakir）來說，這是她在前公司個人最佳領導經驗的起點。

蘇瑪雅告訴我們，她第一次與自己的團隊交流時，發現每個人都很有敵意，而且好鬥。他們不尊重人的態度令她大吃一驚。這不是她所期待的迎接方式。但她並不因為這種反應而卻步，反而下定決心要突破那些造成團隊功能失常的種種阻礙，將它改造成一個合作型的明星團隊。她知道不能直接從他們下手，而是得從自身做起。她告訴我們，她用什麼方法來確認什麼東西對她來說是最重要的：

我必須先反問自己：我的立場是什麼，什麼對我來說是重要的，我要遵循什麼方法，我要溝通什麼，還有我的期待是什麼。我必須先用心去了解和相信。有太多事情塞在我的腦袋裡，我必須專注在我的核心價值上。

蘇瑪雅整理出一套基本原則，再把她的價值觀與每位團隊成員分享。她沒有告訴團隊要有什麼表現，反而清楚說明她所堅守的價值觀

是什麼，她給自己的工作標準是什麼。她公開交流自己的價值觀，而且用自己的話來表達，讓她的團隊清楚認識她的為人以及對她的期待。也因為分享和解釋過自己的價值觀，團隊成員才更能理解她行動和決策背後的原因。蘇瑪雅發現，他們知道她的立場和背後原因之後，才有可能去探索自己的價值觀，並公開讓大家知道。她說也因為這樣，「我們才能建立一套共有的價值觀，促使整個團隊有效地合作。」

　　我們蒐集到的個人最佳領導經驗個案，從核心本質來看，都是在講個人的故事，他們都跟蘇瑪雅一樣很清楚自己的個人價值觀，也了解它如何帶給他們勇氣，挺過艱難處境，做出棘手選擇。人們希望看見領導者明白說出自己的價值觀和道德良知。但是要說出口，也得先有東西可說才行。就算要堅守自己的信念，也得先知道你堅守的信念是什麼。而要言出必行，也得先有一番言論，才能據此行動。就算要說到做到，也得先知道你要說的是什麼。

　　你必須對價值觀的闡明做出承諾。在展開你的領導之旅時，你必須先：

- 找到自己的聲音
- 確認共同價值觀

　　要當模範領導者，必須先徹底了解你所堅持的價值觀 —— 包括信念、標準、道德、理想 —— 到底是什麼在驅動你。你必須坦率誠實地確定左右你未來決策和行動的各種原則。你必須把真正的自己表達出來，用最能代表你自己的方法誠懇地溝通你的信念。

再者，你必須明白當領導者談到左右他們行動和決策的價值觀時，其實並不是只在為自己發聲。當領導者對品質、創新、服務或其他核心價值熱情地表達出某種承諾時，不僅在說：「我相信這個。」也是代表整個組織做出承諾。他們說的是：「我們都相信這個。」因此領導者不能只清楚自己的個人原則，也要確保團隊成員對共同價值觀有共識。此外，他們也要讓團隊成員願意為這些價值觀和標準負起責任。

找到自己的聲音

如果有人問你，「你的領導哲學是什麼？」你會怎麼說。你已經做足準備，可以說出你的領導哲學了嗎？如果還沒有，你應該準備一下。如果準備好了，也該每天重新確認一次。

在你能成為一個有信譽的領導者之前 —— 也就是一個能把「你說什麼」跟「你做什麼」連結起來的人 —— 你必須先找到你最真實的聲音，把你是誰誠懇地表達出來。如果你找不到自己的聲音，最後落得只能使用別人的語彙，照執筆人寫的講稿唸，再不然就是模仿其他領導者的說法，但問題是他們跟你一點都不像。如果你說的話不是你自己的，而是別人的，久而久之，你的言行就不再一致，也無法誠信領導。

安捷倫科技策略行銷總監麥可・珍妮絲（Michael Janis）反省自己的領導之旅時領悟到寶貴的課題：「我不斷搜找、尋求和模仿領導者的行為，希望能在過程中神奇地獲得他們的優勢與才能 —— 能有他們一樣的成就，結果只是疲憊不堪，」他解釋道，「我才發現真正

的領導優勢和才能是來自於自己，來自我的本質。」找到個人的價值觀可以定義出自己的領導哲學，就像麥可一樣。

　　也許你認為沒有人真的在乎你的聲音。你最好再想清楚一點，因為下面這段話是來自於某財務分析師的評語，也是許多人對自己主管會有的看法：

　　如果領導者不了解自己的領導哲學，他們的溝通和作為就會讓人摸不著頭緒。再者，要是他們的領導哲學不清不楚，旗下團隊遇到日常挑戰時，就不知道該依循什麼樣的價值觀和信念來因應。這種困惑會造成團隊無心投入，因為他們無法認同或支持領導者的價值觀。

　　為了找到自己的聲音，你必須先知道你在乎什麼，界定和造就你的信念和價值觀是什麼。你必須探索內在的自我。當你根據自己最在乎的原則展開領導作為時，才能展現真實的自己，不然你只是在表演。魁斯特貝克軟體公司（QuestBack）策略長伊瓦爾・克羅格魯德（Ivar Kroghrud）則往前推進了一步。他打造了一份單頁的「使用者手冊」，好讓大家明白他的價值觀。他說他得到「百分之百正面」的回響。伊瓦爾發現用這種方法敞開自己，也能讓別人跟著敞開心房，於是大家一開始就能好好認識彼此，避免常見的誤解和衝突。[1]

　　如果你不能在言行裡表明自己的領導哲學，就會弱化你和團隊之間的關係及工作成效。當我們請教領導者是否清楚自己的領導哲學時，自評為前百分之二十的領導者的工作態度，完全不同於後百分之二十的同儕，在一些變數的分數上，譬如對組織感到自豪、矢志成功達成組織目標、願意賣力工作，以及整體的工作成效，也比不清楚自

己領導哲學的人高出百分之一百一十。

再者，他們的下屬給的答案也一樣令人印象深刻。針對領導哲學的明確程度，將自己的領導者評鑑為前百分之二十的下屬，會比將領導者評為後百分之二十的下屬更喜歡自己的工作場域。比方說，他們對某些議題的回覆結果如下：

- 在「強烈的團隊精神」部分，高出百分之一百三十。
- 在「能自豪告知別人我為這家組織工作」部分，高出百分之一百二十二。
- 在「清楚知道對我的期待是什麼」部分，高出百分之一百二十六。
- 在「願意更賣力工作，若有必要，也願意加班」部分，高出百分之一百一十五。
- 在「信任管理」部分，高出百分之一百三十五。
- 在「感覺我在發揮自己的影響力」部分，高出百分之一百二十二。

證據擺在眼前：要達到最大的成效，每個領導者都必須先學會找到代表自己的聲音。從我們訪談下屬對「整體而言，我的主管是一個很有成效的領導者」的看法時，得出一個不可否認的事實，那就是清楚自己是誰和自己的立場非常重要。那些評定自己的領導者是前百分之二十的人，對領導者的成效評鑑分數，比那些被下屬評為後百分之二十的領導者高出約百分之一百四十。

這個數據所強調的，正是某第一線主管渴望他的經理可以做到的

事情：

　　我的經理應該先去反省和了解什麼價值觀和信念對他來說最重要，才能用他自己的話和傳達方式跟團隊一起分享。釐清他的領導哲學，可以協助團隊認同和支持構成他領導風格的價值觀及信念。再者，因為有了屬於他自己的領導風格，行動上才能吻合他所分享的信念和價值觀。這位經理也才能根據這個領導哲學建立起共識。

　　他必須從團隊中蒐集意見，了解什麼價值觀和信念對我們集體來說都很重要。唯有這樣做，才能凝聚整個團隊，而不是把他想法拙劣和考慮不周的領導哲學強加在我們身上。唯有整個團隊都支持他的領導哲學，才能確保團隊作業一致，並在組織裡建立起公信力。

　　基於以上原因，旗下擁有肯德基、必勝客、塔可鐘（Taco Bell）等主力品牌的全球最大餐飲集團百勝餐飲（Yum! Brands），在領導開發課程上都會先要求學員探查自己的內心。他們的看法也是除非你已經很認真地探索過自己的想法，否則你並不適合打造和帶領一個團隊。[2] 基因工程科技公司（Genetech）的商業法規分析師露絲・拉東尼科夫（Ruthy Ladonnikov）告訴我們千真萬確的一點：「我的論點和看法是靠著我的價值觀和熱情驅動的，如果我想要影響其他人，就必須對這些價值觀有清楚的自我認知。」她了解到唯有先認識自己的核心價值觀，才能讓她「更有自信地向其他人開口傳達自己的信仰。」

　　要領導他人，得先從領導自己開始，你要先能回答自己是誰，才可能辦到。當你闡明了你的價值觀，找到自己的聲音，也就能找到內

在的自信，而這是掌握你自己人生必不可少的要素。

讓你的價值觀帶領你　一項針對一百多位執行長和八千多位旗下員工展開的意見調查，歷程七年的嚴謹作業後，發現清楚自己價值觀的領導者為組織帶來的報酬，比性格軟弱者（weak character）[3]高出五倍。在這個發現中，被管理顧問佛瑞德・基爾（Fred Kiel）稱之為「性格鮮明者」（strong character）的領導者，完全吻合寇特妮・巴拉格（Courtney Ballagh）告訴我們的：「你要先讓你的價值觀引導你，再跟其他人分享，就能找到自己的聲音了。」身為精品包Michael Kors時尚配件店業務主管的寇特妮說，在零售業工作，「常常會雇用到來自不同種族、年齡、教育程度，以及對工作投入程度不一的員工。但只要你誠實、坦率、願意傾聽他們的價值觀，就會找到共通點。」她描述一開始跟表現不佳的同事崔西（Tracey）相處得不好，但是越來越清楚自己的內在聲音之後，就去跟崔西分享她的價值觀，也邀崔西說出自己的價值觀。

　　我協助崔西說出她來這家店工作的原因，也趁機找她聊一下她自己的價值觀。這兩個步驟是一個關鍵，從此解決我們工作關係上的問題，也帶領這個團隊往未來的成功之路邁進。我學到的是，你在工作場所遇到的人，想法和解決問題的方式可能跟你不同，因此確認共同價值，找到彼此的聲音，才能有效溝通，建立起以往不曾有的互信關係。最後我和崔西之間的工作關係變好了，整家店的生產力和士氣也跟著提升。

　　價值觀是一種永久的信念，學者按慣例把它分成兩個類別：手段

與目的（means and ends）[4]。在我們的領導統御研究裡，我們是用價值觀來代表你該如何把事情辦好的那個當下信念 —— 換言之，就是手段性價值觀（means values）。而在第五章和第六章時，我們會用願景來代表長程的目的性價值觀（ends values），也是領導者和團隊成員渴望獲得的。這兩個對領導統御來說都缺一不可。

　　價值觀是你的個人底線。它們會影響你生活的各個層面，例如道德判斷、對個人和組織目標的執著度、你回應別人的方式。它們的功能就像是行動指南，會為你每天要做的幾百項決定設定好參數，包括意識裡的和下意識的。它們會形構出你的輕重緩急和你所做的決定。它們會告訴你什麼時候該答應，什麼時候該拒絕，也能協助解釋你做的選擇以及背後原因。清楚自己的價值觀有助於你在困境下拿出更好的表現。[5] 你很少會去考慮或行使有違你價值系統的選項。如果會的話，也可能是基於服從，而不是承諾。

　　比方說，如果你相信多元化有利於創新和服務，當有不同觀點的人提出新構想卻老是被打槍時，你就會知道該怎麼做。如果你對合作的重視勝過個人成就，當你的頂尖業務員老是缺席團隊會議，而且拒絕跟同事分享資訊時，你也會知道該怎麼處理。要是你強調的是獨立和主動，而不是唯唯諾諾和服從，當你不認同經理說的事情時，比較可能會出聲質疑。

　　毫無疑問的，在混亂的時代裡，若能堅守住價值觀，領導者才能定下心來，在眾多相互爭鳴的理論、需求和利害當中做出選擇。保羅・迪・巴里德（Paul di Bari）的工程服務作業組接下新任務，協助帕洛阿爾托榮民醫院（Veterans Affairs Palo Alto Healthcare System）在占地兩百二十萬平方英尺的設施裡進行維安工作。這表示他們得雇用

一個新的技師來管理保全系統，並建立起一套新的外包關係。為了把工作做好，保羅找新的技師和承包商開會了解目前門禁系統的現況，以及正在進行中的項目和剛啟動的作業任務。他也利用這場會議來為自己的價值觀發聲，包括剛成立的團隊該如何作業、正在推動的願景及對各方的期許。比方說，在這個專案的時程計畫、作業準備、成果提交和執行面上，他對細節的要求會比以往更多。另外，他也希望他們能打造出一種全新的責任制。「我清楚解釋了我的價值觀、我的專案管理風格和我的期許，這些對這套計畫和這個新團隊長遠的成功來說至關重要。」

保羅必須以領導者的身分發出自己的聲音，因此他明白說出管理的目標以及他的領導原則。由於他界定得很清楚，才能為未來表現畫出一條底線，也打造一種問責制的量尺標準。保羅說，「我本來也可以輕鬆地袖手旁觀，從遠端監督就好了，但是要贏得相關人士的信任與尊重，就得先透過我的工作倫理打造出一種信任感。」由於保羅很清楚自己的價值觀，因此他發現表達起來並不難，甚至利用它們訂定出標準和期待值。保羅一開始就設定好的基調，等於為團隊成員的行事和決策方法提供了標準化的指南。

誠如保羅的經驗談，價值觀就像指南一樣。它們會給你一個羅盤，幫你導引日常生活的方向。有了清楚的價值觀，才知道東西南北在哪裡。你越是明白自己的價值觀，對你和所有人來說，就越容易走在一條選定的道路上，不離正軌。在急遽變動又不確定的時代裡，這樣的指南尤其重要。如果每天都有各種挑戰可能會害你偏離軌道，就一定要有方法來分辨風向。

用你自己的話說出來　人們只有用自己真正的聲音才能說出真話。如果你只是模仿別人，沒有人敢對你做出承諾，因為他們不知道你是誰，也不確定你相信什麼。雷蒙・俞（Raymond Yu）在吃過苦頭後才學到這個教訓，套句他的話，當時因為組織重組的關係，他從管理職務被降級，令他感到挫敗，自尊受損。「我以前從來沒有找到過自己的聲音。」他解釋道。

在經過沉澱和反省後，雷蒙明白他「以前走錯路了」。「我以前只是在管理，不是領導，」他這樣告訴我們。雷蒙以前都是拿他的經理來當自己的模範，結果卻出乎意料之外。「我沒有找到自己的聲音，反而去模仿他的，而且經常搬出他的名字和權威來推動計畫。事後才驚覺是我自願放棄了領導統御的大好機會，去當人家的發聲筒。」雷蒙領悟到自己並不需要靠管理職務來展開領導，於是發誓「從今以後，我要在個人價值觀上找到自己的聲音，成為一個模範領導者。」

包括這本書在內的各種管理和領導類書籍，其內容都不乏各種技巧和工具，但這些都不能取代一件事，就是你要知道什麼對你來說才是最重要的。一旦你有了自己想要說的話，就一定要把它們表達出來。你必須能夠表達自己的想法，大家才會知道發言者是你，不是別人。

你會在這本書裡找到很多支持模範領導五大實務要領重要性的理論和經驗數據。但是請記住一點，領導統御也是一門藝術，而且就像其他藝術形式一樣 —— 無論是繪畫、音樂演奏、舞蹈、表演或寫作 —— 領導統御都是自我表現的一種手段。為了成為模範領導者，你必須學會用自己的獨特方法來表達自我。

安德魯・萊文（Andrew Levine）找到一種方法來發出個人的聲音，而且這麼做也間接協助他的同事找到了方法。安德魯是非營利組織年輕說書人（Young Storytellers）的輔導主任，他熱愛打造課堂氛圍，激發孩子們的想像力，而且關心所有志工。其中一位志工普拉納夫・夏爾馬（Pranav Sharma）告訴我們，安德魯的個人價值觀很吻合年輕說書人宗旨所詳列的價值觀，而這種一致的價值觀曾如何影響他。「安德魯在輔導員當中算是有自己獨特的聲音，他也引領我去實踐他和組織的共同價值觀。他協助我了解擁有自己的聲音，對孩子們所代表的意義。」

普拉納夫負責輔導一位五年級學生瑞秋（Rachel），他必須引導她寫出一個十頁劇本。但是他很難讓瑞秋專注在這件事情上。其他輔導員在輔導學員寫故事上都頗有進展，但普拉納夫卻覺得瑞秋很提不起勁。因為工作關係，原本八週的課程，普拉納夫缺席兩、三次，於是更雪上加霜。安德魯顯然對普拉納夫很沮喪，少數幾位對課程興趣缺缺的輔導員也令他感到挫敗。

安德魯採取兩個步驟來修補這個問題。首先他請他們回想一下當初為何加入年輕說書人，然後談到他之所以忠於這套課程的原因。他還說如果他們不能把年輕說書人放在第一位，未來會更常缺席，他寧願他們現在就退出。接著他請他們用小五生的角度來看這個課程，這些孩子想從他們身上得到什麼？他建議他們先別去擔心自己到底夠不夠格擔任輔導員，或者孩子們喜不喜歡他們。安德魯解釋道，孩子們需要的其實只是有人在身邊陪他們說話。普拉納夫說：

安德魯是對的。他要求我們確認我們的共同價值觀，找到自己的

聲音，要我們重新檢視自己當初加入年輕說書人的初心。他要我們相信組織的價值觀，包括忠誠、承諾、熱情、耐心。他希望我們找孩子們說話，跟他們建立關係。你要用獨特的方式去影響孩子，唯一的方法就是先找到自己的聲音。如果我想讓學員留下無法抹滅的印象，必須先找到自己的聲音。

這裡看到的是安德魯如何給普拉納夫和其他輔導員一些時間，重新發現個人價值觀如何跟組織價值觀連結起來。他把他的故事告訴他們，也說出他熱中擔任年輕說書人輔導員的原因，從而協助他們找到自己的聲音，表達他們之所以在乎這個組織及使命的理由，尤其是他們所輔導的孩子。安德魯沒有告訴他們該去相信什麼，反而先告訴他們他自己的信念，也要求他們在自己的價值觀裡找到當初加入這個組織的真正初心。透過這樣的反省，他們才發掘到自己的聲音，也找到可以跟瑞秋這樣孩子的對話方式，協助他們寫出自己的故事。

你不能透過別人的價值觀或別人的話來領導，你也不能靠別人的經驗來領導，你只能靠你自己。除非那是你自己的風格、你自己的看法，否則那就不是你 —— 只算是表演。人們追隨的不是你的職務或你的技巧，他們追隨的是你這個人。如果你不夠真實，你以為別人會想追隨你嗎？身為領導者必須覺醒一件事：你不用模仿別人，不用讀別人寫過的稿子，也不需要套用別人的風格。相反的，你可以自由選擇你想要表達的內容和方式。事實上，你有責任讓團隊成員看到你是用最真實的態度在表現自我，而且所用的方式可以讓他們馬上認出那就是你的風格。

耐安提克軟體開發公司（Niantic）的財務總管凱莉·安·奧斯

雷（Kerry Ann Ostrea）思索如何真實表達價值觀時，用了一個比喻：
你要確保「穿在身上的東西」是適合自己的。「我的意思是，」她解
釋道，「當你購物時，你會看到一些你喜歡和看起來不錯的東西，但
是你必須試穿，才知道穿在自己身上是什麼樣子。不是只有風格很重
要，也必須『適合』穿戴者才行。」當你看著鏡中的自己時，必須捫
心自問：這是我嗎？要成為模範領導者，就要反問自己，這些話聽起
來像是我說的嗎？

透過價值觀的闡明，找到承諾　珊頓・李・費爾南德斯（Shandon Lee
Fernandes）是印度孟買南韓總領事館的前任資深研究主任，她說成
為模範領導者的第一步是找到個人價值觀和信念。這很重要，她這樣
省思道，「因為領導者唯有闡明自我期許之後，才能期待別人願意追
隨。你越能不費力地解釋自己的作為和背後原因，別人才能將這些價
值觀和他們必須採取的作為連結起來。先有內在的凝聚，才有外在的
結盟。」珊頓的見地完全吻合伯尼・史萬（Bernie Swain）的發現，
後者曾以經紀公司華盛頓演講局（Washington Speakers Bureau）的主
席身分訪問過一百多位顯赫人士，而這個發現就是：領導者都有自知
之明。他說成功的領導者都會注意傾聽自己內在的聲音。這樣的自我
洞見可以讓他們了解自身的長處、極限、偏見和動機。而這種了解也
能帶給他們源源不斷的活力和熱情，讓他們終其一生都能全力以赴地
成就非常之事。[6]

　　我們的研究結果顯然也支持這個結論，而且還進一步證明清楚
自身的價值觀會如何影響人們在工作場所裡的行為。[7]我們曾在一系
列針對各種組織所做的長期研究中，請教經理人對自己的個人價值

觀和組織價值觀的了解程度。除此之外，他們也表明對組織的承諾度——換言之，就是他們堅持全力以赴的意願有多強大。而這個研究得出了一張經典的二乘二實驗設計，就像圖3.1所示。象限一是對自己價值觀和組織價值觀都不清楚的人。象限二是相當清楚組織價值觀但不太清楚自己價值觀的人，第三象限是相當清楚自己價值觀也很清楚組織價值觀的人。象限四是很清楚自己價值觀但不清楚組織價值觀的人。每個象限裡的數字是受訪者對組織的承諾度，他們用1（低）到7（高）的指數來評分，然後得出最後的平均分數。你有看到這些回覆所形成的圖式嗎？你有注意到承諾度最高的人，都是因為對個人和組織價值觀有清楚的認知？

　　清楚個人價值觀的人（象限三和四），相較於只聽過組織冗長故事卻從沒聆聽自己內在聲音的人（象限二），或者不清楚個人價值觀也不清楚組織價值觀的人（象限一），擁有較高的承諾度。而且更值得深思的是，象限三和象限四裡的人在承諾度上並沒有顯著的差別。換言之，個人價值觀是承諾度的驅動因子，是提升動機和生產力的一種手段方法。工作滿意度、離職傾向和組織自豪度的分數，也跟承諾度的結果差不多。[8]

　　最優秀的人才不分年齡、背景、原則或職務，都想進到慕名的企業裡上班，因為他們的價值觀可以在那家組織裡「發揮功效」。最好的員工也都被能認同他們理念的公司所吸引。[9]休閒服裝配飾零售商空中快遞（Aéropostale）資深副總茱莉・塞德拉克（Julie Sedlock）也呼應這個說法：「我很喜歡在這裡工作，這二十年來，我每天都是醒來就想去上班。」她的解釋是，當你跟公司有共同價值觀時，你就會「想去工作，你會變得很賣力，想要努力達成組織訂定的目標。」

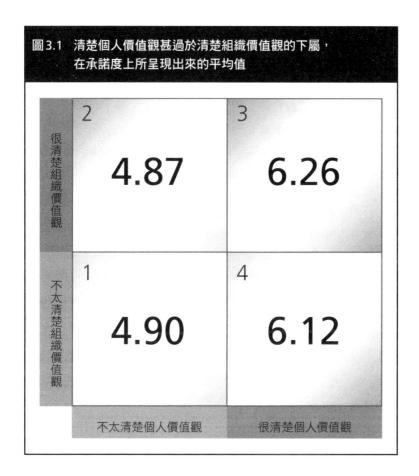

圖3.1　清楚個人價值觀甚過於清楚組織價值觀的下屬，
在承諾度上所呈現出來的平均值

	不太清楚個人價值觀	很清楚個人價值觀
很清楚組織價值觀	2　4.87	3　6.26
不太清楚組織價值觀	1　4.90	4　6.12

　　因為吻合個人價值觀，承諾度就會變得堅若磐石。最清楚個人價值觀的人會做好充足的準備，依據自己的原則做出選擇 —— 包括自行判定這個組織的原則是否吻合自我的原則，應該加入還是離開。有太多組織價值觀，跟員工在日常工作裡實際運用到的價值觀有很大的落差。[10]

確認共同價值觀

領導統御不只是關係到你的價值觀,也關係到團隊成員的價值觀。就像你的價值觀會驅動你對組織的承諾度一樣,團隊成員的個人價值觀也會左右他們的承諾度。如果他們相信這地方可以讓他們忠於自己的信念,他們就會更投入。雖然闡明自己的價值觀是必要的,但了解別人的價值觀,在大家共有的價值觀上建立共識也一樣重要。

共同價值觀是建立生產力和真實工作關係的重要基礎。模範領導者會尊重團隊成員的多元化差異,但也會強調共同的價值觀。他們不會試圖讓每個人在每件事情上都步調一致,因為這個目標不切實際,甚至根本不可能辦到。再說,若硬要達到這個目標,恐怕會犧牲掉多元化差異的優勢。但是領導者可以以共識為基礎。要踏出第一步,以及第二步和第三步,一定要有基本的共識才可能辦到。畢竟如果對價值觀沒有共識,領導者和其他人要如何以身作則呢?要是對基本的價值觀始終意見不合,恐怕會有激烈的衝突、錯誤的期待,甚至工作成效降低的問題。領導者必須透過共同價值觀的確認流程來讓每個人都站在同一陣線上 —— 大家互相幫忙找出「我們」都在乎的事情,強化彼此的能力,共同負起責任。

希拉蕊·賀爾(Hilary Hall)分享她的經理如何協助大家檢視自己的價值觀,再據此建立共同的價值觀,帶動同仁士氣,達成共同目標。希拉蕊在奇異公司(General Electric)某跨國性內部稽核小組任職,成員裡有一個德國人、兩個美國人、一個白俄羅斯人和一個印度人。在他們展開專案任務之前,經理都會要求他們先填完一份問卷,主題包括他們在哪裡長大、最喜歡吃的食物、興趣愛好等。此外,也

有一些比較深入的問題，譬如他們喜不喜歡這類工作、在團隊裡扮演什麼角色，以及經理和團隊成員哪裡值得尊重。然後經理會集合團隊，分享彼此的答案。希拉蕊回想這些經驗，才發現經理做的正是模範領導者做的事情：確認共同價值觀。「我們的經理是在一套共有的價值觀上 —— 包括個人的和專業的 —— 來調校整個團隊的基調，也讓團隊看見什麼對他來說是重要的。」她說道。

要是有成員與共同價值觀不合拍，團隊表現就會受害。成員之間很容易不再打交道，變得各行其事、各自盤算，不再為共同的工作目標全力以赴。這些都是經過研究證實的經驗。以共同價值觀為基礎的企業文化，其組織在盈利上會遠優於其他公司。收益和就業創造率的成長會比較快速，獲利表現和股價也顯著領先。[11]

星巴克咖啡的全球策略長麥特・萊恩（Matt Ryan）證實了這件事：「我們在一家店裡找到了業績表現與夥伴認定我們有無遵守共同價值觀之間的關聯性。我們可以看得出來，在其他所有變數不變的情況下，如果夥伴們相信我們是在做對的事情，完全恪遵價值觀，該店的綜合績效（同店業績）就有長足的改善。」這些成果對它們的盈虧造成了顯著的影響。[12] 在公營組織裡也有類似發現。通常在最有成效的機構和部門裡，員工和主管對價值觀及其落實方法都會有強烈的共識與認同。[13]

共同價值觀會對工作態度和承諾度造成顯著的正面影響。在我們針對幾百家組織的研究調查中，都已經證實共同價值觀的確會提高工作動機和個人效能。它們會提升自豪感、對公司更高的忠誠度（較低的人員流動率）以及團隊合作，並降低工作壓力和緊張程度。[14]

定期為組織把脈，查看價值觀是否清楚一致，是一件值得做的事

情。此舉將有助於大家重申承諾，你可以把整個團隊和機構都找來討論，闡明和修訂對團隊成員來說最切身的價值觀，畢竟他們的性質時刻都在變化（譬如多元化、易受影響性和穩定性等）。奧斯汀商業集團（Austin Commercial）航空部門地區經理李察‧薩瑟（Richard Sasser）在他的辦公桌上放了一個白色咖啡杯，上面寫著他的七個價值觀。[15] 每當人們問到咖啡杯上寫的東西時，李察總是這樣開頭：「既然你都問了……」他告訴我們，「這可以讓我趁機分享自己的個人價值觀，同時也請對方想想什麼事情對他們來說最重要。我們通常都可以在這些對話裡，找到一些彼此認同的共同價值觀，以及我們一起合作的真正目的。」

　　一旦人們清楚領導者的價值觀、自己的價值觀及共有的價值觀，就會知道這個團隊期待的是什麼，而且認為可以彼此仰賴。也因此在工作上會更有生產力、更創新，能處理更大的挑戰，更懂得如何應付工作與生活失衡的問題。

給人們在乎的理由　領導者必須坦白說明自己的立場原則，而他所支持的價值觀也必須跟團隊成員的志向一致。如果領導者鼓吹的價值觀不足以代表集體的價值觀，就無法動員團隊成員展開一致的行動。大家必須理解共同的期待，而領導者要能在共同理想和共同原則上取得共識。

　　個人價值觀、團體價值觀和組織價值觀之間的和諧能產生巨大的能量。它可以鞏固承諾，點燃熱忱，激發動力。人們有了對工作在乎的理由，就會在工作上更有成效、對工作更滿意，壓力和緊張也隨之降低。誠如寇特妮回憶她跟同事崔西之間的經驗一樣，「從個人層面

去認識彼此，才能找到我們的共同價值觀，也給彼此一個理由去在乎我們自身以外的事情。整體來說，士氣會因此顯著提高，店內業務也好轉。」共同價值觀是內心的羅盤，可以讓人們獨立行動，但也互相依賴。研究調查顯示，人們都覺得組織和領導者應該花更多時間與眾人討論價值觀。[16]

妮可‧馬圖克（Nicole Matouk）當年在史丹福法學院學生檔案辦公室工作時，副院長要求他們對相關作業流程提出建言，如何讓學生覺得便利有效率。妮可認為當時大家都有機會說出自己最看重的議題，也有充裕的時間表達，不會有任何壓力，也不用擔心被報復。她記得最清楚的是，雖然副院長提出很多問題，但是她「根本不用費力地去思索自己想要問的問題，或者該怎麼把我們正在討論的事情跟我們的目標連結起來，因為她的提問都是由她的價值觀在引導」。

我們討論的時候，我覺察得出來她會把我引導到特定方向，但不會感覺她在擺布你。這對我來說，比在學校讀手冊裡的價值觀更有影響力。我會針對她的問題給出我的答案，所以我會覺得這是我所相信的答案，而不是我理當認同的答案。這種會議不僅協助每個成員給出的答案都能符合我們的價值觀和辦公室的價值觀，也幫忙我們確認了這個辦公室的共同價值觀。自從那次會議之後，我們變得更團結，而且知道大家都是為了完成同樣的目標，不會再為了時限和關注度而互扯後腿。

妮可的經驗再度證實：當人們相信自己的價值觀與組織的不謀而合時，他們就會是最忠誠的員工。當人們自覺是團隊的一員時，溝通

的品質和精準度以及決策過程的完整性都會提升。我們的研究也探查出個人價值觀與組織價值觀完全一致時，對領導者和組織來說都有極大的助益。

以上檔案室裡的對話和討論，提醒人們不要忘了工作的初衷。這些交流會使人們重申承諾，強化同舟共濟的感覺，這對工作地點分散各地的團隊來說尤其重要。領導者和成員在價值觀上的契合，可以使大家更清楚自己的期待是什麼。而這種公開透明也讓人們有了選擇的能力，能更有成效地應對高壓下的處境，也更能領會和欣賞別人所做的選擇。

有關價值觀的對話，可以促使人們在工作裡找到更多的意義。當你跟團隊成員談到他們的價值觀，鼓勵他們展開彼此之間的價值觀對話時，就是在協助他們與工作產生更深的連結，這種效果好過於純粹討論任務的內容和工作規範。同時也打造出一種讓彼此建立更深厚關係的環境。

團結是打造的，不能強迫　領導者在共同的價值觀裡找到共識時，團隊成員就會更積極且更有生產力。你不能命令大家一定要團結，而是先聚集大家參與，讓他們感受到你對他們的看法真的很感興趣，他們可以在你面前暢所欲言，然後再慢慢培養出革命感情。要讓他們敞開心房，分享自己的點子和抱負，就必須先讓他們相信你很關心他們，很積極地在尋找共通點。這也難怪認為主管會參與價值觀對話的人，比覺得須靠自己努力弄清楚所有原則、輕重緩急以及該有的行為分際的人，對個人的成效更有信心。

寶鹼公司（Procter & Gamble，簡稱P&G））資深人資經理艾莉

卡·朗恩（Erika Long）當年從實習生做起，對領導者如何在決策裡示範自己的價值觀和公司的基本原則印象深刻。她說：

> P&G 的領導者會經常確認這些價值觀。每當他們面臨到棘手的決策時，就會回頭去看 PVP（公司的宗旨〔purpose〕、價值觀〔values〕、原則〔principles〕），用它來引導自己的行動。我跟負責港台業務的總監碰過面，我請教他如何確定自己做的經營決策都是對的？他說，很簡單，「我會去看 PVP，靠它來引導我的生意之道。如果我遇到的狀況跟這些準則有衝突，我就不做。」

艾莉卡說，「在 P&G 工作的人都會很自豪地說出這樣的話。每個人都覺得自己是這個獨特團體的一份子。他們的核心價值跟組織的完全吻合。」不確定或者很困惑自己該如何作業的人，往往游移不定、轉身不敢面對，最後甚至離開。如果價值觀合不來，光是為了應付它或因它而起爭執所耗掉的精力，便可能損及個人的健康和組織的生產力。

「我們的基本原則是什麼？」以及「我們相信什麼？」，這兩個都不是很容易回答的問題。某研究光是針對正直這個價值觀，就找到了一百八十五種不同的期許。[17] 就算是最常見的價值觀，在語義的說明上也可能鮮少有一致性的答案。這裡學到的課題是，領導者必須找團隊成員參與有關價值觀的對話。對價值觀的共同理解會從對話的過程中現身，而不是用公告來宣布。

這也正是美國運通（American Express）查爾斯·羅歐（Charles Law）銜命跟一個六人團隊負責某行銷活動時的經驗談。小組成員來

自不同種族，各有各的業務功能，一開始進度緩慢，因為衝突不時出現，令團隊士氣多少不振。每個團隊成員都只專注自己的目標，不去考慮別人的利害。他們之間的差異造成了猜疑，更雪上加霜的是 —— 根據查爾斯的說法 —— 由於他是團隊裡資歷最淺的人，成員們都懷疑他的領導能力。

　　查爾斯知道團隊要運作良好，就必須先在價值觀上達到共識。他注意到重點不在於他們如何稱呼或標記某個價值觀，而在於大家都能對它的重要性及意義有一致性的看法。因此，他的初始作業之一就是找大家來開會，就優先要務、價值觀以及該採取的行動取得共識。他坐下來逐一聆聽每位成員想說的話，然後在下次的團隊會議裡針對大家的看法提出報告。他鼓勵大家公開討論，化解內部的任何誤會。

　　查爾斯不願意讓成員們覺得他是在強迫推銷自己的價值觀，所以每個人都可以談論自己的價值觀以及背後的理由。靠著這樣的方法，他們終於找到了對這個團隊來說很重要的價值觀。查爾斯解釋道：

　　　　有了一套經由各方共識打造出來的共同價值觀，大家才會像團隊一樣合力打拚，朝成功的目標邁進。共同價值觀會對工作態度和工作表現起正面的影響。我的行動促使同事們更賣力地工作，因為它強調的是團隊合作和相互尊重，也使得大家更了解彼此的本領，對彼此的期許也不再落空。

　　查爾斯知道領導者不能把自己的價值觀強加在組織成員身上，反而應該主動出擊，找大家一起創造共同價值觀。當領導者主動找更多人參與打造價值觀時，大家對價值觀的歸屬感就會呈指數上升。共同

價值觀是在聆聽、領會、建立共識和解決衝突之後所得出的最後結果。要人們了解這些價值觀並認同它們，就必須讓他們先參與其中的過程。團結是合力打造的，不能強迫。

　　受到眾人熱情響應的共同價值觀，不再只是廣告標語而已。它們是受到大力支持和被廣泛認同的信念，可以讓我們知道什麼事情對這些人來說很重要。團隊成員必須能細數這些價值觀，對於如何實踐它們有共同的看法。他們必須知道他們的價值觀如何影響自己的工作方式，以及對組織成就的貢獻。太平洋瓦斯和電力公司（Pacific Gas & Electric，簡稱PG&E）資深瓦斯作業程序管理員瑪爾瓦．哈爾邁德（Marwa Ahmed）告訴我們，她如何向團隊清楚傳遞出自己的價值觀：

　　我先請教他們的價值觀，還有他們認為公司的價值觀是什麼。從討論中，我們找到團隊的共同價值觀。在週會上，我都會先分享生活或工作上的故事，告訴他們我如何將自己的價值觀應用在我的遭遇上。過了兩三個禮拜之後，團隊成員也開始分享他們的價值觀，久而久之，他們的個人價值觀就會和團隊的價值觀越來越契合。

　　在價值觀上有一致的聲音，得從互相的探索和對話來產生。領導者必須給大家機會去討論價值觀的意義，以及組織的立場會如何影響個人的信念和作為。[18]

【行動 Tips】
闡明價值觀

　　模範領導之旅的第一步就是闡明你的價值觀 —— 挖掘出通往成功路上引領你決策和作為的基本信念。這個旅程涉及到內在領域的探索，你真正的聲音就藏在裡面。所以你一定要讓自己踏上這條探索之路，因為它是對自己誠實的唯一途徑。再者，你之所以必須選擇這條路，是因為你的個人價值觀會驅動你對組織及其目標做出承諾。如果你不知道自己相信什麼，就做不到你所說的事。要是你不相信自己說的話，也一樣無法做到你所說的事。

　　雖然個人價值觀的闡明對所有領導者來說都是必要的，但光靠它還不夠，因為領導者不只得為自己發聲，也得為團隊成員發聲，所以對大家都承諾堅守的價值觀一定要認同。共有的價值觀給了人們理由去在乎自己的工作，也顯著地正面影響工作態度和表現。對共同價值觀的共識是從過程中慢慢產生的，不是靠公告。而團結也是透過對話和爭辯才慢慢凝聚的，接著才會有理解和承諾。領導者必須確保自己和他人都會對共同擁有的價值觀負起責任。

以身作則是先從闡明價值觀開始，你要找到自己的聲音，確認共同的價值觀。這表示你必須：

1. 確認你是靠哪些價值觀在引導自己的選擇和決策。
2. 找到你自己的真正說話方式，用你自己的風格談論重要的事。
3. 協助別人想清楚他們行事的背後原因，以及他們在乎的是什麼。
4. 給人們機會跟團隊裡的其他人討論他們的價值觀。
5. 在價值觀、原則和標準上建立共識。
6. 確保人們都會奉行已經被認同的價值觀和標準。

▶4 樹立榜樣

　　史帝夫・斯卡克（Steve Skarke）欣然承認他在被點名擔任凱內卡德州化工公司（Kaneka Texas Corporation）的工廠經理時，其實還沒做好準備。於是他在確認自己的價值觀以及組織的立場之後，就開始著手透過自己的領導作為去發揮影響力。

　　舉例來說，多年來，管理團隊一直在討論一個願景：想成為一家「世界級工廠」。他們會爭辯世界級工廠的典型特徵，並一致認同安全和良好的內務管理文化是他們的當務之急。可是環顧四周，史帝夫看得出來凱內卡內部的雜務管理並不符合他們的理想標準。事實上，每當有待接洽的顧客來訪時，史帝夫都得提醒大家在清潔工作上再加把勁，包括派人去工廠、停車場和路上撿拾垃圾。史帝夫知道一定有什麼方法可以把清潔工作納入日常作業裡。

　　有一天他到外地去，用完午餐後，走進五金店買了一個兩加侖裝的塑膠桶，然後在桶身上寫下「世界級工廠」幾個大字。等他回到工廠，就在廠裡走了一圈，撿拾垃圾。沒多久他的塑膠桶就滿了。他拎著裝滿垃圾的塑膠桶穿過主控室，當著大家的面把垃圾倒在大垃圾桶裡，再從另一個門出去，一句話也沒吭。這件事很快傳了開來，大家都在談論經理拿著桶子在廠裡撿垃圾。

　　每次史帝夫拿著桶子走出來，一定會讓大家都看到。不消多久更

多桶子出現了，其他經理也開始每天走進工廠，撿拾垃圾，為全體員工樹立榜樣。很快地，每次史帝夫穿過主控室，操作員就會問他能找到多少垃圾。要是桶子滿了，他就會從主管的辦公室旁邊走過去，拿起桶子檢查。史帝夫帶頭做的這件事，很難讓人不注意到他立下的榜樣，因此很快就成了那裡的常態作業。

史帝夫的這番作為，除了確實移除垃圾之外，也開始激起很多討論以及更多新的點子，大家都在想要怎麼讓工廠裡的清潔工作變得更容易上手。為了方便清理，以前被移除的垃圾桶又被放回中央區域。作業員同意讓桶子繼續放在那裡，並且想出更多可以幫忙整理工作場域的點子。維修技師開始隨身攜帶桶子，裡面放的是零件和垃圾箱，讓清潔工作更輕鬆迅速。這段期間，工廠也趁機推出一個新的計畫叫做「我的機器」，每位操作員都被指定一台設備，負責清理和學會它的功能，確保它良好運作。

「我只是決定開始出去撿垃圾，」史帝夫告訴我們，「就樹立了榜樣，將自己的作為和保持工廠乾淨這樣的共同價值觀結合了起來。此外也幫我在重要的內務管理議題上『找到自己的聲音』，把它變成每個人都能做到的事情。所以在很短時間內，很多人也開始仿效。」

史帝夫的故事說明了以身作則中的第二大承諾 —— 領導者必須**樹立榜樣**，他們會抓住每個機會，向別人示範他們所支持的價值觀和抱負。團隊成員必須看到你真的做到了你要求別人做的事，他們才會相信你是認真的。你要不靠榜樣來領導，要不就乾脆不領導。這是你用來證明自己也在努力付出的一種方法，更是你具現化自己價值觀的一種方式。

在第二章裡，我們曾說過個人信譽是領導統御的基礎，人們想追

隨的是可以相信的領導者。但究竟是什麼讓一個領導者可以被相信？
當我們要求人們從行為上去界定信譽時，他們的說法是「你說你會做
到，你就一定做到」——也就是說到做到。這一章談的是樹立榜樣，
側重做的部分，也就是把你說的做出來，實踐你所鼓吹的，堅守承
諾、兌現允諾，言出必行。

　　身為一位模範領導者，你必須活出價值觀。你要將自己和其他人
的主張付諸行動，要成為其他人追隨的楷模。而且因為你在領導一群
人——不是只領導自己——所以也必須確保團隊成員的行動跟組織
的共同價值觀是一致的。在你的工作中很重要的一部分是，教育別人
組織的主張是什麼、為什麼這些事很重要，以及他們要怎麼為組織效
力。身為領導者，你要傳授、輔導和指引他人在行動上吻合共同價值
觀，因為你得為他們行動負責，不是只為自己的行動負責。

　　為了樹立榜樣，你必須：

- 活出共同價值觀
- 教導別人以身作則共同價值觀

　　在落實這些要點的過程中，你就成了一位模範領導者，成功示範
出組織的主張，也創造出人人致力於維護共同價值觀的文化。

活出共同價值觀

　　領導者是組織裡的共同價值觀大使，他們的使命是在世人面前具
現這些價值觀和標準。拿出他們最好的能力來展現這些價值觀，是他

們的神聖職責。人們會盯著你的一舉一動，藉此判定你是否認真對待自己說過的話。你必須清楚自己所做的選擇以及所採取的行動，因為它們代表你對輕重緩急的考量依據，別人會利用這一點來評論你是否言行一致。

領導者的身教所帶來的影響力，再怎麼強調都不為過。研究人員發現，堅持實現組織目標、向局外人和業內人士推銷組織、在工作場域裡主動發起建設性變革的領導者，和沒有做出身教的領導者相較，其下屬更可能會展現出同樣的作為。領導者的作為在下屬的眼裡越是顯而易見，效果就越強，而且會被認定是一個值得尊敬的楷模。[1] 針對「行為誠信」所做的研究也清楚地證實，團隊成員對領導者的信任程度以及他們之後的表現，都會受到領導者是否言行一致的影響。[2] 因此，闡明價值觀以及你對自己表現的期許，如同向你的成員傳遞你對他們的期望。樹立榜樣是領導者具現共同價值觀的方法，對於教導別人如何以身作則這些價值觀也會有不錯的成效。

普南・賈達夫（Poonam Jadhav）的親身經驗就清楚說明了這個研究結果的真實性。她身為印度中央銀行（Central Bank of India）信貸經理，曾跟兩名經理合作過，第一位會在他當班時發表一段激勵人心的談話，表明他對每個人的期許。可是這個團隊對工作的積極度和投入程度都消失得相當快，原因是他沒有身體力行自己所鼓吹的事。分行員工的經驗是，他只是口頭鼓吹這些價值觀，自己卻做不到。於是他們變得越來越不信任這位經理，後來也不再相信他的話。

毫不意外的，這個經理沒能待很久。而後來的分行經理，按普南的說法，就真正實踐了模範領導。

　　他真的樹立了榜樣，對自己的價值觀、工作、員工和組織都非常投入。他很清楚自己的價值觀，會大力鼓吹，並身體力行。他志在提供最出色的顧客服務。如果他看見顧客等候時間過久，就會親自走到顧客面前，詢問對方需要什麼協助。他處理事情的方法讓我們變得更有責任感，更願意承擔起責任。被前一個老闆搞得很沒有動力的同一批員工，現在工作變得很帶勁兒，充滿熱忱，總是用最快的速度和最好的品質完成工作。員工們看到了他的誠懇、他的投入和他的奉獻，於是也開始對自己的工作全心付出，拿出百分之百以上的表現。

　　如果你想要有最佳的成果，務必確保你會實踐你所鼓吹的事。既是《正向領導的藝術》（*The Art of Positive Leadership*）的作者，也是美國空軍退休少將的約翰・麥可（John Michael）曾經說：「在卓然有成的將軍麾下服役過的人，就會明白自己沒親身做過的事情，千萬不要要求別人去做。」他說美國第一任總統，也是美國獨立戰爭期間總指揮官的喬治・華盛頓（George Washington）就是一個典範。一七七七年冬季酷寒，士氣低落的軍隊在費城遭遇一連串的敗仗，但士兵們始終沒有放棄，約翰問為什麼？「主要的原因是他們的領導者是一位懂得鼓舞人心和無我無私的典範人物。他不會要求軍隊裡的人去做任何他自己不願意做的事。如果他們很冷，他也很冷；如果他們很餓，他也一起挨餓；如果他們很不舒服，他也會選擇去體驗同樣不舒服的感覺。」[3]

　　誠如圖4.1所示，人們對組織管理階層的信任程度，跟他們發現領導者信守承諾的頻次有關，在受訪者指稱自己的領導者言出必行的部分，頻次最少和最高的信任程度竟差了六倍之多。

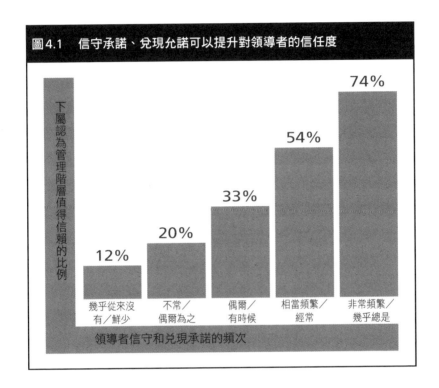

圖4.1　信守承諾、兌現允諾可以提升對領導者的信任度

下屬認為管理階層值得信賴的比例

12%　20%　33%　54%　74%

幾乎從來沒有／鮮少　不常／偶爾為之　偶爾／有時候　相當頻繁／經常　非常頻繁／幾乎總是

領導者信守和兌現承諾的頻次

　　有幾個作為最能傳送出訊息，證明你真的活出了價值觀：你如何安排自己的時間和你所關注的事情、你使用的語言（你的用詞和語彙）、你處理關鍵事件的方法，以及你對意見反饋的開放程度。[4] 這些作為會讓人看見而且具現化你對共同價值觀的個人承諾是什麼。每一個舉動都有機會讓人得知你的原則立場。這些看上去似乎很容易，但千萬要記住，有時候最遠的距離是從你的嘴巴到你的腳。

明智地安排自己的時間和興趣　你如何安排自己的時間，這是一個最清楚的指標，可以看出什麼對你來說很重要。人們會利用這個度量來判定你是否照你所訂定的標準在行事。如果你把時間都花在你所謂的

重要事情上，那就證明你的確是把錢花在你所說的事情上。不管你的價值觀是什麼，它們都必須出現在你的行事曆和會議議程裡，人們才會相信它們真的很重要。

比方說你很重視對他人的服務，也認為經營人脈很重要，你就必須到那些場所拜會他們。再比方說你很強調顧客（或客戶、病人、學生、選民、教徒），你就應該多花點時間跟他們相處。要是生產力和改善業務績效非常重要，你就必須出現在業務會議上。如果創新是必要的，就應該去拜訪實驗室，參與線上共享資源的討論。「到現場去做」會比任何電子郵件、推文或影片更能說明你重視什麼。

阿比吉特・奇特尼斯（Abhijit Chitnis）告訴我們他在埃森哲管理諮詢公司（Accenture）和一位領導者的共事經驗，這位領導者在行動上「確確實實地體現出他所主張的價值觀」，他的團隊也在他的領導下成就出不凡的成果。阿比吉特在孟買作業的五人團隊，和分別來自於波士頓和愛爾蘭、由八人組成的全球性團隊遭遇到挑戰，他們必須完成一套商業智能系統，讓客戶可以發布年度財務報告。但是若要準時交差，就得額外加班，不能跟家人和朋友團聚過年。

他們的資深客戶履約經理本來已經放假，一聽到這件事，立刻取消假期回來上班，哪怕他根本不是這個作業團隊的一員。他連續兩天日夜陪著團隊，等於強力送出訊息，告訴大家他對這個團隊、這個專案和這個客戶是有承諾的。而對阿比吉特和他的同事們來說，這位領導者的作為徹底提振了他們對這份工作的參與熱忱，也振作了他們的士氣。「我們對這位領導者說出來的每一句話都很認真對待，因為我們相信他，也信任他。更因為他已經證明給我們看，他說的每句話都是當真的。」這一切之所以發生，全是因為領導者實踐了自己的價值

觀，而且套句阿比吉特說過的話，「這強力證明了以身作則這件事有多重要」。

　　領導者必須在生活步調上吻合共同的價值觀。如果他們無法活出價值觀，鼓吹時就沒有信譽可言。沒有了信譽，價值觀也變得沒有意義，不過只是白紙上的黑字而已。奧普特斯電信公司（Optus，澳洲分公司）的顧客行銷處長泰隆‧歐尼爾（Tyrone O'Neill）就將這一點謹記在心，不只證明樹立榜樣對領導統御來說有多重要，也明證了它可以促使其他人活出價值觀。[5]

　　奧普特斯在經過幾年的卓越成長之後，面臨到產業轉型帶來的嚴峻挑戰。負責留住顧客和改善顧客互動關係的泰隆很清楚若要從根本改變，就得從組織的心態和作業習慣開始。在他們設計的改革計畫中，已經清楚表明以顧客為重是他們的共同價值觀。但是因為大家都很忙，沒有留意這個新倡議的精神。於是泰隆決定，若要改變大家的行為，就先從自己做起。當時團隊成員們雖然都不是面對顧客的第一線人員，但都有拿到一份顧客清單，被要求致電顧客做滿意度調查。

　　他的其中一位經理告訴我們，大家一開始都很討厭打這種電話，可是泰隆的行動改變了他們的看法。泰隆親自打電話做顧客調查——哪怕是在下班後。他會到電話中心監聽電話內容，也會跟電話客服討論調查結果。他還會利用週末去當「神祕購物客」，探查第一線員工跟顧客的實地接觸經驗，隔週一回到辦公室就跟團隊分享他的觀察報告。他的一位支持者說：「泰隆用自身當榜樣來領導我們。」

　　他讓我們看見如何把顧客優先這個價值觀付諸行動。他帶著我們直接跳進戰壕，盡一切可能近距離觀察顧客，觀察到的數量越多越好，

只為了了解他們的想法和感受。他親自上場解決他所看到的問題，最後的成效是大家也想參與其中，仿效他的行為。起初我們都會搬出一些藉口，不想做電話調查或者不想去落實其他的改革計畫。但是他的親自出馬改觀了一切。

阿比吉特和泰隆的經歷都在強調領導統御裡的黃金定律：只要求別人做你自己願意做的事。人們可以從領導者分配時間的方法來判斷他們對旗下團隊、手邊任務和共同價值觀用心與否。你不能光說不練，你必須身體力行，這通常代表你得捲起袖子參與行動，而不是敬而遠之。

小心你的用語　你試著談到組織時，不使用員工、經理、老闆、督導、部屬或層級這些字眼，除非你是在一個習慣使用其他字眼來替代的組織 —— 譬如夥伴、隊員、小組成員、合夥人或支持者，否則你會覺得這個要求幾乎做不到。企業裡的字彙很容易讓人在思考角色和關係時，陷入某種特定的模式。[6]

模範領導者很了解語言，所以會很小心使用，因為他們知道言語的力量。言語不只能為自己的思維和信仰發聲，也能勾勒出人們想在別人心目中創造出來的形象，以及他們對別人行為上的期許方式。人們選擇的用語就像是各種概念的隱喻，可以界定態度、行為、結構、和系統。[7] 蓋瑞・哈默爾（Gary Hamel）是全球最具影響力且勇於打破常規的商業思想家之一，他指出「管理目標通常是用「『效率』、『有利條件』、『價值』、『優勢』、『專注』、『差異化』這些用語在描述。雖然這些目標很重要，但它們缺少喚醒人心的那股力量 ——

〔領導者〕必須找到方法在單調的商業活動裡注入更具深度、更足以打動靈魂的理念，譬如榮譽、真相、愛、正義和美。」[8]

如何有意識地運用言語來投射出一套獨特的價值觀，這對德維特洗腎連鎖中心（DaVita）來說已經不是問題。他們的特殊語言是先從公司名稱開始，那是取自於一個義大利用語，意思是「賦予生命」，這名稱是由德維特人（Davitans，該公司的員工都這樣自我稱呼）挑定的。每一天在每一家洗腎中心裡，德維特人都會賣力工作，為那些有腎功能障礙的病人賦予生命。

在德維特的日常對話裡，都會出現一些很容易記住的口號來強化公司的價值觀和管理作業。舉例來說，三劍客的格言「我為人人、人人為我」就貫徹在整個公司文化裡，也強化了一個觀念，那就是德維特裡的每一個人都同心協力地彼此照應。員工都是「團隊成員」——只要有人敢提到 E 開頭的字眼（employee，employer，也就是員工、老闆），就等著丟一塊美金到會議桌的玻璃杯裡吧。他們稱公司為「村子」。只要團隊成員願意「跨越那道橋」，對這個社群做出公開的承諾，就算是這個村子裡的「公民」。資深領導團隊裡的每位成員，都把跨越這道橋當成一種象徵儀式來承擔起自己的角色。這家公司的標語 GSD（把事情做到好，get stuff done）具現出他們長久以來對完美執行面的堅持。而對一個團隊成員來說，最高等級的讚美就是對他說「GSD 做得好」。

哈維爾·羅德里格斯（Javier Rodriguez）是德維特洗腎中心的執行長，他說第一次聽到他們的語言，會覺得像是語義學或文字上的玩弄而已，但其實完全相反：

　　我們使用的文字雖然本質上很簡單，但意味深長。它們創造出想像的空間，傳達出歷史、傳統和信仰。由於這種語言在組織裡極為普遍，因此能帶給我們一些額外的好處，像是可以把它當成行為上的一種文化認同和行為責任上的一種「酸式試驗」（acid test）──就像人體醫學中器官會排斥不合的語言和作為。

　　語言傳達出來的訊息顯然遠超過辭彙的字面意義。在安德魯・紐伯克（Andrew Newberg）和馬克・沃爾德曼（Mark Waldman）合著的《言語可以改變你的大腦》（*Words Can Change Your Brain*）中，他們證明了「光靠一個字也能有那個力道去影響基因表現，而基因表現可以控制生理壓力和情緒壓力。」[9] 正面的言語會強化前額葉區域，提升大腦的認知功能，增強適應力。相反的，帶有敵意的語言和憤怒的用語則會向大腦釋出警訊，這就像是為了生存而得提前預防可能的威脅，於是就會部分關閉大腦裡的邏輯推理區域。

　　領導者使用的語言和用語會影響他們的自我形象以及人們對周遭活動的反應。它們會建立起框架來左右人們對這世界的看法，所以用字遣詞一定要小心。而這些框架會提供一個可供人們思考和談論事件及觀念的背景脈絡，也把聽眾的注意力集中在這個主題的某些層面上。框架會影響人們對周遭活動的看法及詮釋方式。舉例來說，像老闆－下屬、由上到下以及普通老百姓，這類用來討論組織關係的用語，會放進一種階級的框架。至於像同事、團隊成員和夥伴這樣的字眼，則會把同樣的主題放進另一個完全不同 ── 帶有合作意味 ──的框架裡。當年你的老師在學校斥責你言語不當時，「小心你的措辭」這句話已經被賦予了全新的意涵。而你現在的任務是為別人樹立

榜樣，讓他們知道必須如何思考和作為。

提出目的性的問題　當你提出問題時，就等於派你的成員展開一場心路之旅。你提出的問題可以給人們一條能夠循序前進的路徑，讓他們全神貫注地追尋答案。你提出的問題能讓人們知道你看重的是什麼。比方說，如果你問的是：「你今天跟同事搭檔做了什麼，才把事情搞定？」你傳送的訊息就是合作很重要。反過來說，如果你問的是：「你今天做了什麼來降低經營成本？」你送出來的訊息就完全不一樣了。兩個問題都合情合理，但是強調的重點不一樣。問題的內容是一種具體的指標，可以看出你有多認真地對待你所支持的信仰。你提出的問題可以把注意力轉向最值得關注的價值觀上，讓人們知道應該在上面投注多少心力。

　　問題可以開發人們的潛力，協助他們擺脫心智模式的陷阱，打開視野，擴大答覆內容的層面，也對自己的看法負起責任。提出重要的問題也會強迫你必須專心傾聽團隊成員的答案，這個舉動也證明了你很尊重他們的看法和意見。如果你對別人的想法感到興趣，就必須請教對方的意見，尤其是在提出自己意見之前。先請教別人的看法，不管最後決策是什麼，對方會比較願意參與，對這個決策的支持度也會跟著提升。

　　約書亞‧弗拉登柏格（Joshua Fradenburg）當年被聘來幫北加州一家快垮掉的體育用品店扭轉局面，他知道他必須讓所有員工提出改善業績的方法。於是約書亞公開徵求建言，他問道：「你們認為這家店做得好不好？你們覺得我們應該怎麼解決問題？」他來者不拒，從不批評任何點子，甚至選擇用追問的方式來設法誘出更具建設性的想

法。約書亞鼓勵員工針對展售方式、促銷活動和庫存提出看法。舉例來說，雖然大部分員工的年齡介於十五歲到十八歲之間，但他會請每位員工去產品展示牆挑選想要的滑雪板，再挑出腳套和靴子。約書亞先給他們幾分鐘的時間做出決定，然後請教他們做決定時腦中在考慮什麼。他請他們閉上眼睛，想像使用這些新裝置時的模樣。「感受一下那種冰冷的感覺，聽聽那呼嘯的風聲，嗅聞一下山裡清涼的空氣。」他的提問是要讓他們去思考，多數人是怎麼做出情緒上（而非技術上）的購買決策。約書亞就像所有模範領者一樣，利用目標明確的問題來重新框架員工的想法和他們的銷售手法。

　　想想看在會議上、面對面的時候、電話裡以及面試時，你通常會提問的問題是什麼。它們如何幫你闡明共同價值觀，以及取得對共同價值觀的承諾？你希望你的擁護者每天都在關注什麼？你一定要對你提問的問題有意識且具目的性。當你不在時，別人覺得你回來一定會問什麼問題？你要求什麼樣的佐證來證明大家做的決策與價值觀相符？如果你希望人們專注在誠信、信任、顧客滿意度，或者品質、創新、成長、安全性及個人責任上，你應該提問什麼樣的問題？在表4.1裡，我們提供了幾個範例問題，可供你每日有目的性地提問，藉此示範那些共同價值觀的重要性。

　　不管你們的共同價值觀是什麼，都要有一套固定提問的問題，才能讓大家不時想到，省思每日的作為。

尋求意見反饋　　如果你從不讓別人對你的行為做出意見反饋，你怎麼知道自己有做到所說的事情（這就是行為上的信譽定義）？如果你不去了解同一陣線的人如何看待你的言行，你怎麼知道自己有無做到言

表4.1　每日提問有目的性的問題	
團隊工作	你今天幫了同事什麼忙？
尊重	你今天對同事的工作成果有表示什麼嗎？
學習	你上禮拜犯了什麼錯？從裡頭學到了什麼教訓？
持續改進	過去一週你做了哪些改進讓這一週表現得更好？
以顧客為主	上一週你因為顧客的建議而做了什麼樣的改變？

行一致？請求意見反饋，你才會看見別人眼中的你，有了這樣的視角，才有機會自我改進。

這種反饋流程會在兩個基本人性需求之間形成張力：對學習和成長的需求VS包容原本的你的需求。[10] 也因此，即便是一個聽起來很溫和、無傷大雅或相對無害的提議，都可能令一個人感到憤怒、焦慮、不安、不當對待或嚴重受到威脅。大多數的人 —— 尤其是居於領導地位的人 —— 之所以不會主動要求反饋，其中一個主因是他們害怕自我曝露的感覺 —— 讓別人看見自己的不完美，發現自己不是萬事通，不像他們以為的那麼擅長領導，以及無法擔起重責大任。但是如果沒有反饋，你就沒辦法在領導者這個角色上繼續進步和成長。研究人員發現，會尋求負面反饋（與他們的自我認知完全相反的看法）的人在表現上（以這個例子來說，比較可能是指財務上的獎勵）比只肯聽別人讚美之詞的人來得好。他們說，「不管你高不高興，清

楚自己的弱點和短處，對進步來說是很重要的。」[11]

紐西蘭電信公司科若斯（Chorus）的總經理艾德‧比帝（Ed Beattie）總是在尋求意見反饋。[12]「任何反饋艾德都會認真傾聽」，他的一位下屬這樣告訴我們。「他不希望我們有所隱瞞，尤其是跟他個人表現有關的反饋。他想要知道眼前的事 —— 好的、壞的、醜陋的。每個人都能公開坦率地給他建言，不用擔心他會生氣或覺得被冒犯。」

邦妮‧巴格（Bonnie Barger）是甲骨文公司（Oracle）訂單－收款策略和作業部的副總，無論私下或公開，她都會尋求反饋，請教別人她的決策會如何影響他們。年度信貸收帳高峰會是她為自己建立信譽的機會，對她的團隊來說也是一個轉機。她說：

這是一個機會，可以向他們證明我是說到做到。一開始討論，我就先重申公司經營模式的新方向是什麼，為什麼它對這次的轉型作業很重要。我沒有辦法提供所有答案，但我請他們務必協助。結果那天會議圓滿結束，雖然過程很累，有時甚至有點劍拔弩張，但我們都很慶幸能開誠布公地討論。很多人後來都謝謝我一開始就先定好基調。因為我們是開誠布公地尋求大家的意見反饋，才能讓整個團隊達成共識，否則根本不可能辦到。

自我省思、願意接受指教，並根據這些省思和指教內容展開新的作為，這都是管理工作之所以能成功的最佳保證。[13] 如果你不願意了解自己的作為會對別人的工作表現產生什麼影響，你就學不到東西。身為領導者有責任不斷地請教他人「我做得怎麼樣」？如果你不問，

他們就不太可能告訴你。SAS軟體服務公司資深副總約翰‧布魯克班博士（Dr. John C. Btocklebank）發現，從領導統御實務要領量表裡學到的團隊反饋非常好用。[14] 約翰很明白接受別人指教對某些人來說不是那麼自在，因為它會曝露「弱點」，但他知道願意自曝其短，正是領導者誠實面對自己的表現，因此他決定分享他所學到的教訓和打算做的事情，使自己成為更優秀的領導者。他在部落格上說，大家的反饋令他「感到謙卑，並帶來啟迪」，請繼續指教他才能有所進步。他還特別感謝團隊成員們的賜教。

容許別人對你賜教，還有一個附帶好處，就是對方也比較可能大方接受你中肯的意見。你對自我改進的想望必須很懇切，證明你很願意知道別人對你的看法。但是千萬記住，如果你收到別人的賜教之後，若是不做任何改進，對方可能就不會再給你意見了。他們可能認定你自大到自以為比別人聰明，或者你根本就不在乎別人的意見。不管哪一種，都會嚴重破壞你身為領導者的個人信譽和成效。

教導別人以身作則共同價值觀

在組織裡，你不是唯一的行為榜樣，每個人都應該樹立榜樣。不分階層、不分情況，都要做到言行一致。你的角色是確保團隊成員會信守你們曾經一致認同的承諾。人們都在看你如何讓別人在共同價值觀的實踐上負起責任，以及如何導正偏差行為。他們會注意別人說了什麼和做了什麼。你也應該注意。你不能光靠自己的作為來證明言行一致的重要。

每一位團隊成員、夥伴、同事都在傳送信號，說明他們的價值

觀，因此你不能只靠自己所樹立起來的榜樣，也必須擔負起導師和教練的角色，趁機教導他人。舉例來說，在某快閃記憶體製造商擔任資深客戶營運經理的謝麗兒・查普曼（Cheryl Chapman），不會只給新人一點工作上的技術指導，就把客戶交付給對方，而是每天花好幾個小時在新人身上，針對流程、作業活動和決策背後的理由，提供全面性的說明。她鼓勵新進員工務必以誠實的態度面對顧客，哪怕是在最棘手的情況下。碰到因品質問題而影響產品交貨，進而波及到客戶的季末財務目標時，謝麗兒就會指導員工如何跟客戶開誠布公地說明問題的根本原因、補救措施和下一步行動。謝麗兒會確保這位新進員工跟團隊裡的其他人一樣遵守同一套標準，實踐同樣的價值觀，尤其是在跟客戶互動時。

對下屬來說，他們對領導者整體成效的評分方式，和領導者「會花時間及心力確保員工遵守共同的原則和標準」的頻次有關。被下屬描述為最能確認共同價值觀的前百分之二十五的領導者，在承諾、動機、自豪和生產力這類工作態度上的評分，都比被下屬認為鮮少有（後百分之二十五）這類領導行為的領導者，平均高出一點一五倍。

模範領導者知道人們會從兩個地方學到教訓，一個是突發事件的處理方式，另一個是規畫好的活動。他們知道人們會從走廊、茶水間、自助餐廳、零售樓面和社群媒體這些地方得知事情的來龍去脈；他們也知道已經做完的事才會受到評量和被補強。如果你想創造出一種高績效的文化，找進團隊的人就必須是懂得分享重要價值觀的人。要讓別人知道你的期許是什麼，並確保他們能承擔起責任，你就得正面迎戰危急事件，說出故事，確保組織系統可以強化你希望他們能反覆從事的作為。

正面迎戰危急事件 你無法對一整天下來的每件事情都先做好規畫。哪怕是最有紀律的領導者都不免會碰到突如其來的事件。意外總是會出現。危急事件——偶然會發生的事件，特別是在遭逢挑戰和壓力的時候——是每位領導者在所難免會遇到的。但是這些事件也為領導者和團隊成員提供了學習的契機。危急事件對領導者來說無疑是一種機會，可以用來教導適當的行為準則。

　　短期度假回來的薩拉達·拉馬克里希南（Sharada Ramakrishnan）接手了凱捷管理顧問公司（Capgemini）新專案的領導工作，發現其中一位成員打算在案子最忙的那一週休假。她當下覺得應該直截了當地拒絕這個請求，她知道身為領導者不能只考慮到專案，也要為團隊成員著想：「我知道他們每個人都有權利去休假，尤其我自己才剛休假回來。」但是在資源緊縮的情況下，那週若是少了一位研發人員，絕對會影響他們的進度。不過薩拉達還是同意對方去休假，哪怕她知道這意謂那一週她得額外負擔一些研發工作。她明白這麼做是為了樹立榜樣，讓大家看見在任何危機下，團隊可以如何互相伸出援手，彼此照應。這起事件也完全改觀了整個團隊對她的看法。為了說明這件事的影響所及，她提供以下這個例子：

　　那位準備去休假的成員，在走之前額外加班了好幾個小時，再把細節內容轉交給我。他也保證處理到他那部分時，如果我有任何疑慮，隨時可以打電話問他。其他團隊成員對我的態度開始改觀，因為他們知道我說我會做到的事，就一定會做到。哪怕我當時並不需要在場，但我還是留下來陪團隊，用主動的精神來證明我很願意幫忙解決問題，協助他們完成目標。

就像薩拉達的經驗一樣，在某些關鍵時刻，領導者必須清楚傳達什麼才是最重要的事，什麼事情是大家都必須去重視的。這正是艾蜜莉‧辛格（Emily Singh）在某消費性產品製造商進行兩個事業單位合併時經歷到的遭遇。[15] 這兩個團隊有點好勝，而且一開始艾蜜莉並不受到信任。為了扭轉局勢，她先設定好基調，不斷跟每一位參與者進行溝通。她經常開會，鼓勵公開討論，確保每個人都能放心表達自己對工作的感受，以及對新團隊組織架構的看法。為了建立信任，她不吝分享資訊和自己的客戶經驗，也請他們提供過去的經驗。在客戶的分配上，她會徵求和採納大家的意見。誠如一位下屬說的：「她其實大可照她自己的方法行事就好，但是她選擇做對的事情——她言行一致，最後出現了涓滴效應，讓大家慢慢相信我們在同一條船上。」

危急事件就是在生活中供領導者即興創作、但又不偏離劇本的事件。它們雖然不在明確的規畫裡，但千萬要記住，你處理這些意外事件的方法——你如何在行動和決策上不違背共同價值觀——說明了你重視的是什麼。

說故事　要教人們學會什麼事情重要和什麼不重要，什麼方法有效和什麼沒有效，什麼是千真萬確的和什麼只是可能而已，故事是很好用的工具。[16] 透過故事，領導者可以傳遞共同價值觀、界定文化，讓大家一起合作。寶僑公司前任消費溝通研究部總監保羅‧史密斯（Paul Smith）同時也是《說故事的領導》（*Lead with a Story*）作者，曾解釋說故事為什麼對領導者如此重要：

因為你不能光用命令來叫別人「要有創意一點」、「要起勁一

點」，或者「開始去愛你的工作」。人的腦袋不是這樣運作的。但是你可以用一個好故事來引導他們。你命令不了人們「去遵守規定」，因為沒有人會去讀規則手冊。但是他們會去讀一篇好故事，內容是有個傢伙破壞規則，就被炒了魷魚，或者一位女士因為遵守規則而被加薪。這一定比讀規則手冊來得有效多了。[17]

　　管理學作者史提夫‧丹寧（Steve Denning）在世界銀行（World Bank）擔任知識管理部規畫主任時，才得知故事可以如何改變組織的行動方向。史提夫試過各種讓人們改變行為的傳統方法之後，才發現到要在組織裡傳遞重要訊息，說故事是最令人信服的方法。「其他都沒用，」史提夫說道，「圖表只會令聽眾困惑，散文始終沒人想讀，對話又太費力耗時。有好幾次要說服大型組織裡的經理人或第一線人員時，發現說故事是唯一有效的方法。」[18] 在一個沉迷於簡報提案、複雜圖表和冗長報告的商業氛圍裡，說故事在某些人看來，像是用「軟性」手法來處理生硬問題。但其實不然。從數據資料來看，保羅和史提夫的說故事經驗得到強力的佐證。研究調查顯示，當領導者想傳達標準是什麼時，故事會是最有力的溝通手段。[19] 人們總是能更快和更精準地記住故事 —— 甚過於要他們記得企業政策聲明、績效數據，乃至於一則加添了數據資料的故事。

　　菲利浦‧凱恩（Phillip Kane）自孩提起生活裡就少不了故事，於是他把這個家族傳統帶進他的事業裡。早年在固特異輪胎公司（Goodyear Tire & Rubber Company）工作時，他必須找到方法跟員工私下交好，於是開始每週五寫信給團隊。信的標題都是「本週」，開頭會先把前一週的工作成果重點式地重述一遍，然後很快地變成是在

「溝通我們的做法，而不是我們要做什麼 —— 這對我來說，或許更重要。」菲利浦解釋道。他現在身為倍耐力（Pirelli Industrial SpA）首席商務長，都使用故事來橋接文化和語言的差距，利用共同的人性經驗來凝聚眾人。菲利浦相信說故事提供了一個傳達訊息的架構 —— 都是一些人們在生活裡會遭遇到的事情，可以被當作一座橋梁來點出他想說的重點 —— 他才有機會透過這個例子來引導大家，而不是光用說教的方式。

菲利浦知道說故事還有另一個長遠的好處，它會強迫你仔細觀察周遭所發生的事情。如果你寫出或說出某人的故事，而這個人是聽眾認識的，他們就更有可能想像自己也在做同樣的事情。人們鮮少會聽膩跟自己或熟人有關的故事。這些故事一再重複，故事裡的教訓就會傳播得又廣又遠。

透過制度和流程來強化　美日合資的新加坡富士全錄公司（Fuji Xerox Singapore）執行長柏特・王（Bert Wang），很清楚團隊和公司都嚴重倚賴他。「我領導了一群像是管弦樂隊的人，總是只聽我的指揮。」柏特告訴我們。「只要我在場坐鎮，整個企業就會看見成長，但是我不在的時候，企業就會相對受挫。所有的倡議要執行得徹底且出色，那個起始點和驅動力一定要來自於我才行。」於是柏特開始著手一個經年計畫，逐步打造出永續性的組織，讓大家可以在這個組織裡共享一套價值觀，並按這套價值觀來作業。一開始很多人都質疑他的做法，但柏特鍥而不舍，終於成就出新加坡富士全錄的四大核心價值觀：**戰鬥精神、創新學習、合作競爭、照顧關懷**。

不過柏特也知道光是了解和認同這些價值觀只是第一步，下一個

挑戰是把它們變成一種生活方式，確保核心價值觀會扮演關鍵性的角色，引導組織成員的每日決策和行動。他知道必須靠所有的組織流程和系統來強化這些價值觀。舉例來說，每當他們爭取到一份合約時，柏特一定會把這個成就歸功於核心價值觀的實踐。他開始每次開會的時候都談到這些價值觀。公司也設置了年度勵志人物獎，由同儕投票選出，表彰能為公司核心價值觀樹立典範的員工。又比方說，為了強化合作競爭這個價值觀，不同部門開始共用類似的關鍵績效指標（key performance indicators，簡稱KPIs）。以前財務部和業務部經常起衝突，於是他們統一這兩個部門的KPIs，強化合作這個價值觀，讓財務部在合約的爭取上也有了利害關係。

　　新加坡富士全錄公司開始在組織裡看見了改變。隨著核心價值觀在日常作業中不斷被強化，人們也開始在他們做的每一件事情上內化這些價值觀。一開始這只是柏特的個人領導之旅，最後一路走來終於將所有的原則標準制度化，成為每個人決策和行動的指導標竿。

　　一九九三年接下IBM董事長和執行長職務的盧‧格斯納（Lou Gerstner），讓幾近破產的IBM起死回生，重新振作之後，就被認定是這家公司的救星，最近他被問到「要讓公司永續經營下去，價值觀到底有多重要？」[20] 盧的回答是：「我認為價值觀真的真的很重要，但是我也認為很多價值觀只是文字而已。」他說如果看十家大公司的年度報告，令人驚訝的是，「幾乎所有價值觀都一樣。可是當你深入那些公司時，會發現它們並沒有被實踐出來。比方說，有家公司可能會說團隊作業很重要，可是薪水等級卻是由個人績效來決定，又或者說服務品質非常重要，但是一年才做一次評鑑。」盧解釋道，「如果公司內部的作業和流程無法驅動價值觀的執行，人們就不會理解價值

觀的重要。問題就在於你打造出來的行為文化真的可以說明價值觀
嗎？你有設置出一套獎勵制度來獎勵那些恪遵價值觀的人嗎？」

　　模範領導者明白不管想要什麼樣的文化，都必須強化文化建造和
維繫上不可或缺的基本價值觀。[21] 績效衡量標準和獎勵制度都是可用
的方法之一。至於人才的招募、選拔、延攬、訓練、資訊、留任、拔
擢制度，也都可以用來教導人們如何實踐價值觀，以及如何在決策上
不違背價值觀。團隊和組織的行事標準及實務作業會傳送信號，讓人
們知道你重視什麼，不在乎什麼，所以它們一定要跟你正在試圖教導
的價值觀和標準完全一致。

【行動Tips】
樹立榜樣

　　要當一個領導者，棘手的挑戰之一是，你要一直站在舞台上。人們會一直盯著你看，總是在談論你，而且不斷測試你的個人信譽。這就是為什麼樹立正確的榜樣如此重要，以及為什麼要利用你能找到的所有工具把榜樣做出來。

　　領導者可以透過各種方法傳遞出信號，團隊成員會把這些信號當成什麼事情可以做、什麼事情不可做的指示燈。你是如何分配自己的時間，這尤其是最好的指示燈，它會告訴大家什麼事情對你來說才是重要的。時間是寶貴的資產，因為一旦流逝了，就再也不會回來。但如果明智地投資，幾年下來，一定會有報酬。你使用的語言和你提問的問題也都是有力的方法，可以讓別人知道你重視的是什麼。此外，你也需要別人的意見反饋，才能曉得你是不是有說到做到，或者是否傳遞了混亂的訊息。

　　要小心不是只有你的作為很重要，別人也會看團隊成員的作為是否吻合共同價值觀來評斷你，所以你也必須教會其他人如何樹立榜樣。危急事件 —— 組織生活裡的偶發事故 —— 是最好的教育時機，你可以趁機及時傳遞一些經驗教訓，不是只靠課堂上的理論。危急事件往往會變成故事，而故事對你來說是最具影響力的工具之一。要記住你強調的

事情一定會得到最多的關注。你必須幫大家打分數，才知道他們的表現如何，幫忙改善他們的做法。此外，如果你希望好的行為可以繼續下去，就一定要適時獎勵。

　　要以身作則，就必須在作為上吻合共同價值觀，藉此樹立榜樣。這表示你必須：

1. 信守承諾，兌現你的允諾。
2. 確保你的行事曆、你的會議、你的訪談、你的電子郵件，以及你在其他事情上的時間分配，都能讓人感受到你說的那些事情很重要。
3. 請教目的性問題，才能讓人們真正重視最基本的價值觀和優先要務。
4. 透過生動和令人難忘的故事來傳播模範行為，在故事裡描述人們的行為以及該有的行為方式。
5. 公開徵求別人的意見反饋，請他們告訴你，你的作為會如何影響他們。
6. 根據你收到的意見反饋來做出改變和調整，不然別人會懶得再提供任何意見。

喚起共同願景

- 想像各種美好的可能，勾勒未來。

- 訴諸於共同抱負，在共同的願景下爭
  取大家的支持。

▶5 勾勒未來

　　在安‧法恩（Anh Pham）的團隊深夜會議裡，大家的心情都受到鼓舞。晚餐才剛送到，每個人都很開心。團隊成員們面帶笑容，互相玩笑打趣，精神十足。這感覺「很神奇」，安這樣告訴我們。他想像這樣的時刻已經有一陣子了。

　　這種歡樂的場面，對幾個月前還在奮力掙扎的他們來說是很難想像的。安是亞德諾半導體裝置公司（Analog Devices）的工程部經理，當時有幾個部門在新的策略發展下被解散，管理高層被洗牌，安團隊所在的衛星辦公室也被大幅縮編，總人數少了百分三十。那時士氣急劇低落，而且安發現他越來越難讓團隊專注在產品的研發上。生產力下降，因為大家都在擔心工作不保和這個團隊的走向，手邊的工作反倒變得其次。

　　安知道必須自己做點什麼才行。他看得出來團隊需要一個方向，但他不認為那是他的職責，可是新任總經理似乎不想去「解決團隊士氣低落的問題，或者說清楚我們的未來願景」。安決心改變現狀，於是認真思索出一個指引性的策略和願景，並在會議上與總經理分享。他的誠懇令人感動，於是在下一次的季度會報時，安站上講臺，說出了願景。

　　安一開始先對之前缺乏溝通致歉，尤其是裁員這部分。他解釋為

什麼必須先放棄一些事業生產線，全力專注在核心競爭力，絞盡腦汁幫忙解決顧客最具挑戰的問題。然後他再熱情地分享他在他們身上所看見的未來：

> 我們是設計界的巨擘。我們每一個人之所以站在這裡，是因為我們想要打造出最優良的轉換器、最快速的通信系統和最聰明的車用感測器。現在正是我們大展身手的機會。想像有一天蘋果（Apples）、愛立信（Ericssons）或思科（Ciscos），每次在夢想他們的下一個熱門產品時，一定先致電給我們。他們之所以打電話來，純粹是看中我們最新的先進科技，以及我們就是有本事可以從容有效地幫他們解決問題。去看看我們現在的網站，你會看到上面寫著亞德諾半導體——超前所有的可能（Ahead of What's Possible）。這不會在一夜之間發生，而是要靠我們的承諾。我們需要每個人全力以赴，讓願景成真。我們需要你們施展長才，我們需要你們的付出，更重要的是，我們需要你們追求你們的夢想，讓它們成真。

「我的訊息正中目標，」他告訴我們。「整個會議室裡，原本憂心忡忡的面容全都換上興奮的表情，本來緊張的心情都放鬆了，氣氛跟著愉快起來。」安和團隊都知道這段話並不會在一夜之間改變所有事情，可是他的這番話直接戳破現狀，激起成員們的鬥志，以及他們想在技術上不落人後的共同目標。這番話也獲得了整個團隊和管理高層的全力支持——那也是他們當時最需要的一股力量。

你要怎麼稱呼它都行——願景、目標、使命、貢獻、夢想、抱負、天職或個人規畫——意圖都是一樣的。如果你想成為模範領導

者，就必須要能想像出一個光明的未來，就像安描述的那樣。當你為你自己和其他人勾勒出你們想要的未來時，才可能跨出第一步。但是如果你對你的夢想、抱負和希望一點概念都沒有，你恐怕就沒機會帶領大家走出困境了。事實上，就連出現在你眼前的機會，你恐怕都看不到。

模範領導者都有前瞻性 —— 這是追隨者明確期許領導者應該要有的特質。模範領導者要能勾勒未來，放眼遠眺，看見即將來到的大好機會。他們會想像各種美好的可能，相信能從平凡中成就不凡。為了共同利益，他們會為未來勾勒出一個完美和獨特的影像。

可是這樣的願景並不是專屬於領導者，它必須是共同的願景。每個人都會懷抱希望、夢想和抱負。每個人都巴不得明天比今天更好。共同願景會比少數人的願景來得更吸引人，讓人有更大的動力，可以承受更多的挑戰。你必須確保你看到的未來也是別人看得到的。

領導者要能做到以下兩點，才能做出承諾，勾勒未來：

- 想像各種美好可能
- 找到共同的目標

你要去想像未來會有什麼可能，一開始心裡就要有個底。找到一個共同的目標，可以激勵人們想去實現那個願景。

想像各種美好可能

「只有人類這種動物才會想到未來」，以情緒預測研究聞名的哈

佛大學心理學教授丹尼爾‧吉伯特（Daniel Gilbert）曾說道，「人類大腦最厲害的，就是能夠想像現實世界還不存在的物件和情節。這種能力可以讓我們思考未來⋯⋯人類的大腦是一台『預判機器』，而『製造未來』就是它最厲害的地方。」[1]

　　領導者是夢想家；領導者是理想主義者；領導者是契機的思想家。所有的探險無論大小，都是先從一個信念開始——相信今天的憧憬終有一天會成真，也是這個信念支撐領導者和團隊成員披荊斬棘地前進。在領導者的重責大任清單裡，將令人興奮的未來轉換成鼓舞人心的願景幾乎都排在前面。

　　我們會請教人們的願景是怎麼來的，通常他們都很難描述中間的過程，但卻給了一個答案，而這答案比較像是一種感覺、意識或直覺，其中沒有顯見的邏輯。他們只是對某種事情有強烈的感受，而這種直覺必須被徹底探索。[2] 想像和直覺都不屬於邏輯性的活動，它們通常難以解釋和量化。《哈佛商業評論》（Harvard Business Review）前任資深編輯奧爾登‧林（Alden M. Hayashi）曾研究過主管的決策形成，他說：「我曾訪談過經營直覺敏銳，以精明幹練聞名的高層主管，結果沒有任何一個人可以精確說明，他們平常是怎麼做出有違邏輯分析的重要決策。為了描述這種不知道從何而來，但就是隱約曉得該怎麼辦的感覺，他們搬出了專業判斷、直覺、本能、內在聲音和預感這類字眼，除此之外，還是無法說清楚這中間的過程。」[3] 但是接受訪談的領導者都同意，這些難以描述的本領對最後的成效至關重要。他們甚至誇張的說，就是這些X因素將不凡和平庸做出了區隔。事實上，直覺和願景從定義上來看有直接關聯，直覺這個英文字來自於拉丁文，意思是「去看」。[4]

　　願景是一個人對人性、科技、經濟、科學、政治、藝術、道德等基本信念和各種假設所做出來的投射。對未來的願景很像是一種文學或音樂上的主旨。它是至高無上、揮之不去、無處不在的訊息，你很想將它傳遞出去。它也是一再重複的旋律，你想要讓別人也記住它，每次反覆出現時，都是在提醒聽眾它的美好。每位領導者都需要有一個主旨，一個定向的原則讓他可以組織整個行動。你的核心訊息是什麼？反覆出現的主旨又是什麼？每次人們一想到未來，你最希望他們勾勒出什麼樣的願景？

　　如果你請教人們，他們的領導者有沒有「描繪出『大方向』來說明我們渴望實現的未來是什麼」，以及領導者有多常「描繪出令人信服的可能未來」，你會發現最常有這兩種行為的領導者，其下屬的正面工作態度分數都是最高的。舉例而言，以這兩種行為來說，前百分之十的領導者，其百分之七十三的下屬，都「強烈同意」他們願意更賣力工作，若有需要，也願意加班。相較之下，後百分之十的領導者，只有百分之十五的下屬會同意，而且僅有不到百分之八的下屬強烈同意「這位領導者旗下的員工覺得自己正在影響這個組織」。

　　下屬針對有多強烈認同或不認同「整體而言，我的頂頭上司是一個卓有成效的領導者」問題的答覆，強烈證明了領導者「對未來必須很清楚」這件事非常重要。在「能否勾勒清楚的未來」這題將領導者評在後百分之十的下屬中，只有百分之六的人強烈感受到領導者是卓有成效的。而在同樣的題目裡，將領導者評為前百分之十的下屬，認為領導者卓然有成的比例竟多出了十三倍以上。這些發現都與你的領導者有多常「描繪出那個『大方向』來說明我們渴望實現的未來是什麼」，和多常「描繪出令人信服的可能未來」這兩個問題的結果類

似。在這個變數上，下屬給前百分之十的領導者卓有成效的評分，幾乎是後百分之十領導者的一點六倍。這些發現所傳遞出來的訊息是：每個領導者都應該學會將自己的遠大目標視為願景傳遞出去。

　　勾勒未來的能力無疑是非常重要的，它對人們的工作動力和生產力都有很大的影響。可是對很多領導者來說，令人信服的未來影像不是那麼唾手可得——我是說一開始的時候。還好現在有很多方法可以讓你更有本領去想像各種美好的未來，為你甚至其他人的生活找到一個中心主旨。當你省思過往、留意現在、遠眺未來和展現熱情時，各種突破就會隨之而來。

省思過往　以下說法看起來可能很矛盾，要瞄準未來，就得先回頭檢視自己的過往。在你向前看之前要先回望過去，才能對未來有更清楚的視野。了解過去能協助你找到主旨、模式和信念來解釋你為何如此在乎某些理念，以及為什麼實現這些抱負對你如此重要。[5] 這也是澳洲一家派遣公司顧問潔德・梁（Jade Lui）當時學到的課題，他告訴我們：「為了遠眺未來，首先我必須從自己的過往中搜找這輩子反覆出現的主旨。這可以讓我看清楚大方向，了解目前的趨勢。」同樣的，說到要怎麼成為最厲害的專業投資者，市值一百七十億美元的投資公司第一太平有限公司（First Pacific Advisors）總經理兼執行長包伯・羅德里格斯（Bob Rodriguez）說，他這輩子得到過的最好建言就是「去讀歷史」。[6]「於是我成了一個很不錯的歷史學家，」他說道，「我讀了經濟史和金融歷史，以及一般歷史。」

　　你的個人歷史是你旅途上的夥伴，陪著你走過每一趟旅程。它是一個重要的指引，會告訴你必須做出什麼選擇。溫斯羅普顧問公司

（the Winthrop Group）合夥人兼歷史學家約翰‧西曼（John Seaman）和喬治‧大衛‧史密斯（George David Smith）曾說：「大部分人都同意，領導者的工作就是去激勵大家集體努力，為未來制訂聰明的策略。而歷史可以被妥善運用在這兩個地方。」[7] 他們堅稱，靠歷史知識來領導，並不是要你去當過去的奴隸，而是要你承認歷史中有值得學習的寶貴教訓，方法是反問自己「我們以前做過什麼，才有今天這樣的局面」？麥可‧沃特金斯（Michael Watkins）是加州理工學院（California Institute of Technology）副校長，也是加速轉型領域的著名學者，他說少了歷史的觀點，「就等於是在冒險，就像不知道圍籬當初設置的原因，就冒然拆除它一樣。對歷史有洞察，你才可能知道這道圍籬是不必要的，必須拆除，或者原來留它在那裡是有正當理由的。」[8]

　　當你首度凝視自己的過往時，你會發現原來你的生活如此豐富，你會更清楚未來的各種可能。省思過往會讓你更清楚這一生中那個存在已久、一再出現的主旨。向前看之前先回頭望的另一個好處是，你會更清楚自己要花多久時間才能實現抱負。

　　這裡的意思並不是過往就是未來，那會變得像是看著後照鏡在開車。它的意思是，當你深入去看自己這一生的過往時，你會明白一些跟你以及你的世界有關的事情，而這些東西是你在遠眺白板般的未來時不能領會的。因為你很難，就算是不無可能，想像一個你從沒去過的地方，不管是實際去過還是間接去過。在你探索未來之前先展開一場省思過往之旅，可以讓未來的旅程變得更有意義。

留意現在　日常的壓力、變化的步調、問題的錯綜及全球市場的動

盡，經常令你不勝其煩，害你覺得自己根本沒有時間或精力再去想未來的事情。可是關注未來不代表你就得忽略眼前的事，而是你必須更留心眼前的一切。

知道所有你必須知道的事，不要透過預先設定的標準去看這個世界，關注他人和四周的環境很重要，有越來越多的領導者和組織都深信覺知（mindfulness）的力量。[9] 你必須關掉自動駕駛裝置，不要以為你知道四周正在發生什麼事。為了提升你的能力，讓你能構思出具有創意的全新辦法來解決今日的問題，你必須先活在當下。你必須停、聽、看。誠如IBM資深開發經理阿米特‧托馬雷（Amit Tolmare）所言，他學會了一件事，「要能夠勾勒未來，就得先了解現在。你必須傾聽你的團隊，感受他們的痛苦。唯有當你了解現有的挑戰是什麼，你才能想像出一個更美好的未來。」

每天挪出一點時間停下腳步。在行事曆裡創造一些空檔。提醒自己關掉電子裝置。停下所有動作，開始留意當下周遭的一切。在《啟動革命》（Leading the Revolution）這本書裡，當今最有影響力的企業思想家蓋瑞‧哈默爾觀察到，很多人並不理解和領會他們周遭的變化，「因為他們已經跌到谷底，迷失在錯綜複雜到令人困惑和互相矛盾的數據資料裡。」他說道，「你必須騰出時間退後一步，反問自己，『有什麼大事擋在這些雞毛蒜皮小事的前面』？」[10]

環顧你的工作場所和社群。人們正在做什麼幾年前不會做的事？他們穿什麼？用什麼？丟棄什麼？人們如何互動？工作場所和社群看起來和感覺起來跟以前有什麼不一樣？這陣子以來，有哪些趨勢大受歡迎？為什麼？

傾聽團隊成員的聲音。他們的熱門話題是什麼？他們有說他們需

要和想要什麼嗎？他們認為什麼應該改變？另外也要傾聽那些微弱的信號，那些沒說出來的話。也去聽聽你以前沒聽聞過的事情。以上這一切有告訴你走向是什麼嗎？有什麼事情正藏在角落嗎？

拉柏美利堅醫療器材公司（Labo America）的高坦‧阿加瓦爾（Gautam Aggarwal）被拔擢為產品經理時明白了一件事：要預見未來，就一定得留意現在。高坦解釋道，要發展出「一個清楚的願景，讓我們知道自己必須成為什麼樣的團體以及如何完成目標，就必須認清領導者的未來願景是靠過去和現在的事實真相撐起來的。」

因此他率先做的一件事，就是舉辦一場公開論壇，讓每個人都「有機會對我們做對的事情，以及必須當下改進或長期有待改善的問題提出意見」。他想知道他們是怎麼看待當下市場上的產品線，以及他們覺得三到五年後，去向會是什麼。因為就像他所認知到的，「在可以達到任何未來目標之前，我們必須先對今天的現狀有共同的了解。」這些討論讓高坦和同事們得以確實評估現有的條件、長處和挑戰，也幫忙他們找出許多條前景光明的道路，再從中選出值得追求的目標。

為了能夠勾勒未來，你必須先了解已經發生的事，你必須看出趨勢和模式，看清全貌和各個部分。你必須能夠見樹也見林。請把未來想像成一幅拼圖，你看到它有好多片狀物，心想要怎麼把它們一片片地拼在一起，完成整幅拼圖。同樣的，因為你有願景，所以你必須搜找長期以來的各種數據資料，解析它們如何拼湊出未來的格局。勾勒未來不是要你凝視算命先生的水晶球，而是要你注意周遭正在發生的事，找出其中模式，指向未來。

遠眺未來　哪怕你停下動作，正在觀察和傾聽眼前的訊息，也要記得抬起頭來，眺望遠方。領導者必須時時留意科技、人口、經濟、政治、藝術、流行文化，以及組織內外所有生活層面裡的各種新興發展。他們必須能預測即將到來的新事物，能夠遠眺未來。

身為公有土地信託公司（the Trust for Public Land）訓練和組織開發總監的丹・施瓦布（Dan Schwab）很鼓勵大家思索未來，方法是在新進員工培訓課上請教大家，「你希望五年後看見組織變成什麼樣子？或者十年後？」丹相信「你能帶給別人的最好禮物，就是讓他們的思維超越他們所相信的範疇。」就像我們訪問過的眾多領導者所言，丹就像是「組織裡的未來部門」。

領導統御需要你花相當多的時間去閱讀、思考和討論遠景，不只是為了你的組織，也是為了你經營的整個環境。這個要求會隨著職位範疇和責任層級而加重。[11] 比方說，如果這個角色講求的是策略（譬如執行長、董事長或營運發展總監這類職務），就會比偏重戰術性的角色（譬如生產組長或營運經理）更強調長遠的時間和未來走向。我們的數據資料顯示，在領導統御裡屬於關鍵特性之一的前瞻性，其重要性會隨著組織層級的不同而有變化。管理高層幾乎都認定它十分重要，但對中階管理者而言重要性會少一點，至於第一線的主管，只有一半人認為它很重要。而僅有不到百分之五十的大學生，把它列在受人欣賞的領導特色清單的前四名裡。顯然對長程專案和長遠成果必須負起責任的人，才會看重遠眺未來的能力。

你必須考慮解決現有的問題或完成現有的任務、作業、專案或計畫之後，接下來要做什麼。「接下來呢？」是一個你必須經常拿來反問自己的問題。如果你不思索長程專案計畫完成之後的下一步，你的

眼界也只是跟其他人無異。換言之，有沒有你都沒差。領導者的工作是去思考下一個專案計畫，然後再下一個和下下一個。為了鼓勵這樣的思維方式，香港貨櫃碼頭營運商現代貨箱（Modern Terminals Limited）的人資領導團隊，每年都會騰出時間思索「我們現在做對了什麼？」更要的是，也要思考「有什麼不同的做法可以讓我們成為更優秀的人資團隊？」[12] 他們鼓勵每個人都要勇於夢想，要不吝分享未來的抱負。

　　研究人員已經證實關注未來的領導者如何輕易地吸引追隨者，包括如何誘導團隊成員投入更多心力、給他們更大的動力，如何提升團隊認同，如何在行動上集體動員，以及最後如何在個人和組織的成果上拿出更好的表現。[13] 機會就藏在未來裡。你必須花時間思考未來，讓自己變得更擅長及時提前計畫。無論是閱讀跟趨勢有關的書，還是找未來學家討論，抑或是收聽播客或觀看紀錄片，對未來的發展方向有深入的了解，絕對是領導者工作的一部分。你的團隊成員會對你有這樣的期許。如果你的未來要比現在更好，你今天就必須多花點時間思索關於明天的事。而你在省思過往、留意現在、遠眺未來的過程中，也必須要記得什麼會感動你、你在乎什麼，以及你的熱情何在。

表達你的熱情　任何人如果對自己做的事情一點熱情也沒有，就很難想像未來的各種可能。勾勒未來需要你連結那些藏在內心深處的感受。你必須找到一些東西，它們對你來說重要到你願意花時間、願意承受無可避免的挫折，以及願意做出必要的犧牲。若是沒有強烈的渴望、最深的關切、令人燒腦的問題、重要的命題、夢寐以求的盼望或未償的夢想，你就不會去點燃那個火花來喚醒你的渴望、爆發出行動

的能量。你必須退後一步反問自己：「我那如火的熱情是什麼？我每天起床的動力是什麼？是什麼牢牢抓住了我，不肯放手？」

　　領導者會想要做有意義的事，完成別人還沒完成的事。那件事是什麼？它是你在乎的意義和你的使命感，它必須來自於你的內心。沒有人可以把一個自我激勵式的願景強加在你身上。這也是為什麼在你期待別人加入共同願景之前，你必須先闡明你對未來的願景，這就像我們談價值觀時曾有過的類似說法。你在圖5.1可以看到，下屬對「整體而言，這個人是個卓有成效的領導者」這句話的認同比例，會隨著領導者「談話中深信我們的工作有其崇高的目的和意義」這種作

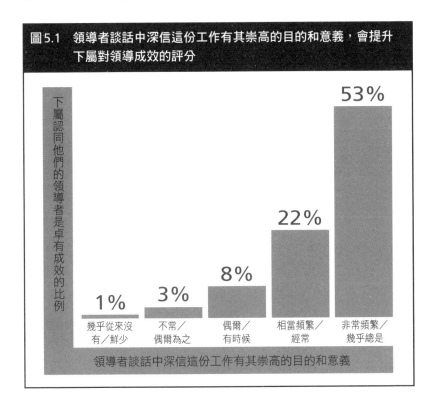

圖5.1　領導者談話中深信這份工作有其崇高的目的和意義，會提升下屬對領導成效的評分

為出現頻率的增加而大幅上升。而這些領導者的同事和經理受訪後的答覆也得出類似的結果。人們最偏好會經常談到工作「原因」，而不光是工作「內容」的領導者。

感受到強烈的目的感（sense of purpose）──尤其是不只對自己有好處，也對別人有好處的目的 ── 會對你的表現和身心健康造成深遠的影響。當組織傳遞出強烈的目的感時，人們就會參與更多，拿出更好的財務表現，相較之下，不太感受到目的感的人這方面的表現不會那麼理想。舉例來說，生活有目標的學生比沒有目標或只有外在動機的學生，更相信課程作業是有意義的。再者，就算這些學生碰到單調乏味的作業也比較能堅持下去，因此在課業表現上較為出色。[14]在工作職場上，相信自己的人生和工作有目標和意義的人，會比覺得沒有意義和目標的人更容易親近別人，展現出更健康的心理素質，在工作上也較有創意、較為投入，表現也較優異。[15]

如果你想要有更好的成績，能堅持不懈地努力下去，想有更美好的人生，想改善組織的表現，意義和目標就會變得非常重要。身為領導者，如果想極盡所能地拿出表現，就要先去探究自己的內心，找到可以為工作和生活帶來意義和目標的東西。德勤諮詢顧問公司（Deloitte）所做的研究證實，擁有強烈的目的感才會有清楚的價值觀和信念。[16]

這正是安德魯‧諾巴（Andrew Rzepa）在個人最佳領導經驗中發現到的。安德魯曾在英國曼徹斯特（Manchester）擔任過某見習律師委員會的會長，為期一個月，當時全國見習律師團體（Trainee Solicitors Group）在他的城市為全國的見習律師召開了一場會議。雖然那不是他舉辦的活動，但因為他的組織跟這個全國性團體來往密

切，因此安德魯決定盡其所能地促成這場會議，讓它順利進行。那時候還剩三個禮拜可以準備，登記與會的人只有百分之七十五，於是安德魯對同事們宣稱，他要盡全力地確保至少有三百人出席。

「我熱情地談到，如果我們能夠成功促成一場人數爆滿的活動，到時舉目望去萬頭鑽動，這種感覺會有多棒。」安德魯這樣告訴我們，於是他請教會員們是否「願意親自促成這件事，達成這個目標。」安德魯說這場會議不是委員會的創會目標之一，也不是他們加入這個委員會的原因，所以就算大多數人拒絕，他也不會感到意外。「但令我驚喜的是，」安德魯歡呼道，「二十個人中有十六個人說好，他們願意盡可能地促成這場活動。」事實上，正因為有幾個「抱持懷疑態度的人」，才使得每位參與者更想加把勁地把這件事做好。「我從沒見過委員會裡的成員這麼熱情過。」安德魯說道。在他們的努力下，最後成功地請到三百一十六位與會者。安德魯的熱情不只給了自己動力，也感染到其他人，一起賣力實現一個可能的未來。

當你像安德魯那樣感受到自己的熱情時，就會知道自己是在做一件很重要的事。你的熱忱和動力會感染其他人。找到你強烈相信的事情，是闡述願景的第一關鍵要素。一旦你跟內在的聲音有了連結，在看法和想法上就能跳脫現有職務的束縛，遠眺未來的各種可能。

找到共同的目標

大家都太常以為領導者唯一的責任就是當個遠見之士。畢竟如果著眼於未來會使領導者有別於其他人，這也解釋了為什麼有人認定領導者的工作就是獨自展開願景的追尋，為組織找到未來。

　　但是團隊成員真正想聽的不是只有領導者的願景而已。雖然領導者要有前瞻性這件事是受到期待的，但他們也不該把自己對未來的看法強加在別人身上。人們也想看見自己的理想和抱負、希望和夢想被具現、被理解。他們也想在領導者所勾勒的未來裡看見自己。[17] 對領導者來說，首要任務是對共同願景做出呼籲，而不是推銷他們對這世界的個人看法。你必須想像出最終的成果，才能在願景的溝通上，讓團隊成員找到方法去實現他們的夢想和希望，同時交出你要的成果。而這需要的是，在落實願景的這群人當中找到共同點。

　　IBM資深開發經理阿米特・托馬雷就領會到一點：「沒有領導者可以獨自圓夢」。他知道要實現自己的願景，唯有讓團隊也擁有這個願景才有可能辦到。除非他們跟領導者擁有同樣熱情，才會全力投入，拿出最出色的表現。而且重點是，他們要能夠想像得出自己的抱負也在那個共同願景裡。阿米特明白只有當你去傾聽他們的心聲，了解他們自認的使命，幫忙他們實現抱負，他們才會願意全心投入在那個更大的志業裡。人們喜歡自己的心聲被聽見，也希望自己的工作是有意義的。所以身為領導者，去找到更高的共同目標，激起大家想要有所改變的那股內在渴望，就成了一件最重要的事。

　　沒有人喜歡被告知該做什麼或該走哪個方向，不管對方說得多對。人們都想要加入願景開發的過程。他們想要走在領導者的旁邊，想要跟領導者一起夢想、一起發明、一起創造未來。RVision電腦影像庫公司的總工程師歐馬・普阿盧安進一步地證實了這個說法。他回憶當初如何為這個專案製作出經營計畫，結果「發現團隊成員們提出了很多解決方案，而且用我從沒想過的方法去擴大願景。我們學習教訓，反覆演練，一再檢測。整個團隊有共同的熱情和承諾，因此這個

共同願景創造出一個更可觀的成果。我的願景不再是我自己的 ——
而是成了我們的願景，我們創作出來的成果在品質上也反映出這一
點。」

　　不要認為願景是由上而下交代下來的。你必須先找人對話，討論
未來。你不可能要求別人自願前往他們不想去的地方。不管一位遠見
之士的夢想有多偉大，如果其他人看不出來這個夢想也可能實現他們
所渴望的夢想，他們絕不可能自願或全心全意地追隨。你必須讓他們
知道，這個未來願景對他們也有好處，也能滿足他們的未竟需求。就
像香港貨櫃碼頭營運商現代貨箱人資部總經理泰瑞莎・賴（Theresa
Lai）的解釋：「我們相信如果大家有共同的願景，就會有比較強烈的
目的感和成就感，這也是為什麼我們會找所有團隊成員一起來勾勒人
資願景的主要原因。」

傾聽別人的心聲　唯有了解自己的團隊成員，傾聽他們的心聲和採納
他們的意見，領導者才能說出成員們的感受，也才能站在人們面前開
口保證：「我聽到你們想為自己爭取的事物了，而加入這個共同的志
業，會滿足你們的需求和利益。」就某種意義來說，這就像是領導者
拿著一面鏡子照著團隊成員，請他們說出自己最渴望的東西。

　　你必須強化自己的傾聽能力，聽出別人口中在乎的事情。任何願
景的輪廓，都不會奇蹟式地出現在被組織同溫層隔離的領導者眼前，
反而是跟生產線、實驗室和自助餐廳裡的員工互動後呈現出來。它們
源自於零售店裡與顧客的對話，它們藏在走廊上、會議裡，甚至人們
的家裡。

　　最厲害的領導者也是最偉大的傾聽者。他們會小心聽出別人話裡

的意思和感受。他們會提出好問題（通常是很難回答的問題），而且對別人的點子抱持開放的態度，而且為了支持共同的利益，就算爭辯輸了也不在意。因為用心聆聽，領導者才會知道人們想要什麼、重視什麼和夢想什麼。這種為人著想的態度不是微不足道的小技巧，而是一種最寶貴的人性本領。[18]

某跨國科技公司的人資主管梅琳達‧傑克森（Melinda Jackson）發現他們的新團隊缺乏向心力，於是她親自上陣，跟同事們一起定期檢討。通常一開始她都會提問很多問題，包括他們做得怎麼樣，然後再套句她的話「主動傾聽」。當她得知不是每個人都對她很滿意時，她索性請他們賜教，並誠懇地說出自己的經驗與感受，更對他們致歉，再討論如何繼續往前走。梅琳達說「很驚訝自己的自曝其短、意見反饋，以及創造空間讓每個人的聲音都被聽見」，竟然讓團隊得以解決以前的問題，增進彼此的關係。而這些對話也讓梅琳達有機會得知她和同事對現在和未來的主張是什麼，重視什麼、想要什麼，以及希望什麼。

梅琳達也提到她對同事們的抱負和志向很了解，方法是她會問他們晚上和週末打算做什麼，然後記在心裡，事後再追問結果如何。她會故意趁別人也在場時這樣提問，好鼓勵團隊成員互相對話，把它當成凝聚團隊向心力的一種好方法。誠如梅琳達所觀察的，「你必須主動傾聽他們的興趣所在和顧慮是什麼，以及正在對付什麼問題，再決定如何回應。」

當領導者傾聽時 —— 當他們找員工一起抓出問題；當他們聽到了員工的挫折和抱負；當他們找到回應的方法，主動幫忙解決這些問題，就有可能成就非常之事。只要領導者留意人們想要和需要什麼，

工作場所的氣氛便可能活絡起來。

打造出一個值得奮鬥的志業　當你認真聆聽時，你會找到是什麼東西賦予了工作意義。研究發現，人們之所以留在組織裡，是因為他們喜歡這份工作，覺得它有挑戰性、有意義、有目標。[19] 當你用心去聽別人的抱負時，你會找到一些能為生活和工作賦予意義的共同主旨。[20]人們希望：

- 在操守上：追求的價值觀及目標和他們的一樣。
- 在目標上：能真正改變別人的生活。
- 在挑戰上：從事創新的工作。
- 在成長上：在專業和個人方面都有學習及發展的空間。
- 在歸屬上：能建立起緊密和正面的人際關係。
- 在自主權上：能決定自己的生活方向。
- 在重要性上：感覺被信任和被認同。

千禧世代在職場上已成工作人口的主流，於是對工作意義和目標的在乎程度也隨之提升。不過找到工作的意義始終是各世代普遍重視的一件事，數十年來也是各種研究調查和著作的熱門主題。也就是說，這麼多年來，人們想要的東西並沒有太大的改變。[21]

工作不是只為了賺錢。人們想要追求的是某種有意義的目標，而不是只靠工作換取金錢。人們打從心底希望自己有影響力，想確定自己在地球上是有作為的，存在是有意義的。[22] 如果你想要領導別人，就必須先把原則和目標置於一切之上。要召喚大家行動，憑藉的是更

大的使命。組織裡最厲害的領導者在處理人性動機的時候，都會搬出這家組織在工作成果上所代表的深遠意義。研究人員發現，百分之九十的受訪者提到自家公司有很強烈的目的感時，也會說過去一年公司的財務表現還不錯，而且也有類似比例的受訪者表示公司長期以來的財務表現都不錯。至於那些說組織沒有強烈目的感的受訪者，只有三分之二的人會提到組織過去一年的財務表現還不錯，或者長期以來營運都還不錯。前後兩者形成了強烈對比。[23] 當領導者清楚傳遞出組織的共同願景時，代表組織的工作者被提高了層次，也等於提升了靈魂的層次。

　　意義和目標對工作職場上的每個世代來說都很重要。[24] 如果工作內容無關緊要，一般人絕對待不久。年輕世代會比前幾個世代的人更在乎這件事。推特的學習和組織開發資深專員尼基・路斯帝格（Niki Lustig）就說，「我們經常面對的挑戰之一，就是協助領導者和經理人界定團隊的存在意義。團隊目標跟他們手邊的工作是相通的嗎？要怎麼跟公司的願景結合？」[25] 為了完成這些挑戰，尼基創立了目標說明工作坊（Purpose Statement Workshop）──這是一種互動性課程，可以協助團隊草擬目標，過程中會針對九個問題做初步討論，而這些問題都跟個人目標、團隊的獨一無二性，以及團隊和組織之間的關係有關。

　　在參加目標說明工作坊之前，團隊成員會先看一下每個人對這九個問題的答案是什麼，然後在會中公開討論。由於是第一手得知同事們加入這家公司的初衷，因此能創造出一種團結的意識。「哪怕我們會面臨到挑戰和挫敗，」尼基說道，「但因為我們都記得自己為什麼加入這個組織，打算有什麼作為，而且也聽到了大家的初衷，所以我

們不會氣餒。」

　　人們會對自己想要奮鬥的志業做出承諾，而不是對計畫。不然為什麼會有人志願去重建被海嘯弭平的社區，或者騎自行車從舊金山到洛杉磯募款對抗愛滋病，或是地震過後從建築瓦礫堆裡救出受害者，抑或就算失敗的可能很高，還是無時無刻不在想著如何有下一個偉大的創作？國際領導合作組織（International Leadership Associates）的經營合夥人史帝夫·寇茲（Steve Coats）解釋道：「真正的領導者會打造出一種文化，讓大家能盡情地施展能力，使工作變得有意義。他們會協助人們從工作中找到屬於自己的驕傲，甚至可以讓無趣的工作（從很多人的標準來看是差勁的）變得格外有樂趣。領導者會讓別人覺得自己是重要和被需要的。」他說要讓人們願意付出努力，關鍵因素並不在於薪水、福利或舒適的工作條件。他說反而是「你必須給人們機會對在乎的事情發揮影響力，讓他們樂在其中，給他們該有的尊重與榮譽。只要在這些地方做得好，就可以拭目以待他們的工作能量、解決問題的能力、與同事間的情誼，以及產量不斷提升。」[26]

　　當人們參與的事情可以讓動機和道德兩個層面有所提升，他們就會覺得很有活力，願意投入。他們會覺得自己做的事情很重要。舉例來說，研究人員要求近兩千五百名工作人員幫「重要標的」做醫學影像分析。其中一組被告知分析結果會被棄置，另一組則被告知那些標的都是「腫瘤細胞」。每一張影像分析都會獲得酬勞。結果後者「有義含」的那一組，會在每個標的上投入更多時間，結果平均賺到的酬勞比「棄置」組少了百分之十，可是工作成果品質卻高出許多。在全球各地調查兩萬多名工作人員、分析五十家大型公司、進行無數次的實驗評分之後，林賽·麥格雷戈（Lindsay McGregor）和尼爾·多西

（Neel Doshi）在他們合著的《大展身手》（*Primed to Perform*）中結論道：「我們工作的理由決定了我們的工作品質。」[27]

在快速變遷的時代向前看　人們往往會問，「我要怎麼勾勒出五到十年後的願景，畢竟我連下個禮拜會發生什麼事都不知道。」這個問題直接道出了人們對願景的真正心聲。在這個越來越無常、什麼事都拿不準、錯綜複雜又模稜兩可（volatile, uncertain, complex, and ambiguous，簡稱VUCA）的世界裡，願景對人類的生存和成功來說，會比在一個較穩定、可預測、簡單又清楚的世界更重要。

　　這樣說好了。想像你在陽光普照的豔陽天裡，開著車子從舊金山沿著太平洋海岸公路（Pacific Coast Highway）往南駛，丘陵在你左側，洋面在你右側。在某些彎道上，峭壁會往海面陡降好幾百英尺，視線好到你可以看到好幾英里遠的地方。你在速限內以平穩的車速前進，單手抓著方向盤，靠著椅背，把音樂開得震天價響，無憂無慮。然後你繞過一個彎道，突然無預警的，前所未見的濃霧當頭罩下，你該怎麼辦？

　　我們把這個問題搬出來問了很多次，以下是人們給的一些答案：

- 「我會放慢車速。」
- 「我會把車燈打開。」
- 「我會兩手緊抓住方向盤。」
- 「我會緊張起來。」
- 「我會把身子坐直，甚至往前傾。」
- 「我會把音樂關掉。」

然後你又轉過另一個彎道，濃霧散去，視線再度清楚。這時你要怎麼做？再靠回椅背，放鬆心情，加快車速，關掉車燈，打開音樂，欣賞窗外風景。

這個比喻是在描述願景清晰的重要性。起霧時或視線不清楚時，你的車子能開得更快嗎？你在大霧裡能開多快才不至於危及到自己和其他人的性命？如果駕駛在大霧裡把車子開得飛快，你能保持鎮定嗎？答案很明顯，對吧？如果你的視線很清楚，你的車速才能開得快一點；如果你看得到前方的狀況，你才能預測什麼地方會有急轉彎和顛簸的路面。在你的生活裡，偶爾會發現自己就像在濃霧裡開車，遇到這種狀況時你會緊張，不確定前方有什麼，你會放慢車速。可是當你繼續往前開，視線又變得清楚時，就能加快車速了。

領導者有一個很重要的工作，就是清除濃霧，讓大家在視線上可以看得更遠，預期路上可能會遇到的狀況，沿路提防可能的危險。清楚的願景可以點燃希望 —— 哪怕起霧或刮風下雨、哪怕路面顛簸、哪怕得意外繞道、哪怕車子偶爾會拋錨，但車上乘客仍抱持希望，相信終會走到那美好又獨一無二的終點。[28]

卡特羅尼商業事務機器公司（Caltronics Business Systems）特殊品生產經理凱爾·哈維（Kyle Harvey），分享他在矽谷某半導體公司工作時的一個經驗，這經驗就十分貼合「在大霧裡開車」的比喻。他和一位同事負責製作公司各種產品的行銷素材。「一開始，真的是一頭霧水，」凱爾說道，「我的同事似乎對這個工作一點興趣也沒有，可以說我們就像站在霧最濃的地方，對這份工作完全沒有看法，一點方向感也沒有。」

　　由於兩週後可能什麼東西也生不出來，凱爾只好先「為這個計畫的著手方式勾勒出一個願景」。他知道同事很有藝術天分，喜歡搞創意，於是找方法將她的天分和興趣與計畫結合：

　　這帶給了她動力，我們才開始全心投入這份工作。我在跟她解釋可以怎麼施展創意的十到十五分鐘後，她就開始說她想要呈現出的影像是什麼樣子。濃霧終於漸漸散去，眼前視線越來越清楚──在努力作業了一個月之後，成果看起來就像是我們終於可以加快車速，把濃霧拋在腦後了。

　　大家都在貢獻一己之力，全神貫注，矢志達成目標。凱爾說：

　　在這個案例裡，濃霧的比喻對我來說尤其貼切。我發現當我們的願景不清楚的時候，我們就會把車子停在路旁，不敢繼續開下去。但是在找到方法激勵和鼓舞她之後，我們就能回到路上，開車穿過濃霧。

　　要成為領導者必須能夠勾勒未來。變革的速度改變不了這個不爭的事實，人們只想追隨可以預見明天問題和想像美好未來的領導者。

【行動 Tips】
勾勒未來

　　願景在組織生活裡所扮演的角色就是集合大家的力量。為了讓每個人都能更清楚地看見前方景象，你必須勾勒一個令人興奮的美好願景，並傳遞出去。要有清楚的願景，就得先從省思過往開始，然後留意現在，最後再遠眺未來。而你的熱情就是一路上的護欄 ── 也是你最深切在乎的東西。

　　期待有人追隨之前，必須先清楚自己的願景，但如果那不是他們想去的地方，你也沒辦法逼迫。願景要吸引更多人，就得先讓有相關利害的人產生興趣才行。只有共同願景才有神奇的魔力，可以讓大家長期地全心投入。傾聽團隊成員的聲音，聽聽他們的希望、夢想和抱負。一個共同願景會橫跨很多年，為了能讓每一個人都專注在未來，它必須超越手邊的作業、任務或工作。它必須是一種值得投入的志業，一種饒富意義、可以影響他人生活的東西。不管你的團隊或組織規模大小如何，有了共同的願景才能訂定議程，給整個企業一個方向和目標。

為了喚起共同願景，你必須勾勒未來，想像各種美好的可能。這表示你必須：

1. 查出是什麼在鞭策你、你的熱情藏在哪裡，才能知道你對什麼事情在乎到可以去想像它的未來有多美好，使你不得不繼續往前走。
2. 省思你過往的經驗，尋找人生中對你來說重要的主旨是什麼，了解你覺得值得的東西是什麼。
3. 停、看、聽眼前正在發生的事 —— 包括重要的趨勢、重大的對話主題，以及社會的不滿。
4. 花更多時間去關注未來，想像各種令人興奮的可能。
5. 認真聆聽別人在意的未來事物，什麼信念或價值為他們的生活帶來了意義和目標。
6. 找大家一起來打造共同的未來願景，不要把它變成是一種由上而下的作業流程。

▶6 爭取他人支持

　　營建工具製造商喜利得（Hilti Corporation）總經理簡恩‧帕卡斯（Jan Pacas）想要帶團隊前往一個他們從沒去過的地方。[1]簡恩曾在喜利德的各分駐點工作過，但是當他來到澳洲的營業點時才發現，如果拿國際喜利得的標準和澳洲的同業比較 —— 套句他說的話 ——「這其實是一家很普通的公司。」他告訴我們：「那時候正好是一個可以創造出清楚方向的機會。我們需要一種東西來凝聚整個公司，一種值得員工去信仰的東西，可以帶給他們動力，朝同一個方向共同邁進，敦促我們不斷地努力追求更偉大美好的結果。」

　　簡恩知道光靠策略性目標還不夠。「我覺得大家並沒有把商業原理轉譯成較具體淺白的東西，讓更多的勞動人口理解。他們需要把策略轉化成某種大家都能輕易看懂和描述的東西。」最後他們想到的口號是「我們要把澳洲刷成紅色」。他說：「你到任何一個施工現場，看到的是成堆藍色、黃色和綠色的營建工具，全都是競爭對手的商標顏色，包括博世（Bosch）、牧田（Makita）、得偉（DeWalt）和日立（Hitachi）等。所以我們描繪出前景，決定讓更多喜利得的紅色商標出現在每一處施工現場。」

　　「把澳洲刷成紅色」這句話可以讓人很快理解。當他們爭取到全澳洲第二大工具租賃公司的合約時，所有員工都秒懂那句話代表什麼

意思，而且非常具體：所有一百四十家工具租賃店都會撤掉藍色、黃色和綠色工具，換上兩百款紅色工具。每位員工都懂「把澳洲刷成紅色」的意思是，所有顧客都可以在屋子和車庫、卡車和施工現場看到喜利得這個品牌。

　　像簡恩這樣的領導者很清楚願景要令人信服，就得讓各階層的人都明白它對他們所代表的意涵。簡恩相信除非每個人都能具體了解願景所代表的意義，否則一點用處也沒有。他說：

　　你必須把它表達出來，才好讓經理人和員工把它分解成跟他們切身有關的具體細節。這個願景必須能吸引人們的腦袋、心靈和雙手。腦袋是指他們從邏輯上懂它的意思，心靈是指感情上能吸引他們的認同，雙手是指可以執行，知道自己要做什麼，而且被授權去做。

　　「把澳洲刷成紅色」這個口號的號召力，讓大家迫不及待地想參與其中，為這件事的成功貢獻一己之力。「有很多人完全不知道自己公司的方向何在，」簡恩斷言道，因此「他們看不到令人興奮的未來」。靠著勾勒未來各種美好的可能，領導者可以讓人們感受到他們正在參與一件很特別的事。如果他們知道組織未來要去的地方，而不只是站在原地重操舊業，他們就會打起精神。

　　在我們所蒐集到的個人最佳領導經驗案例裡，人們都會談到你必須讓每個人都認同某個願景，爭取他們支持這個夢想，就像簡恩做的那樣。他們還談到必須把帶領組織前進的方向傳遞出去，贏得大家的支持。這些領導者知道要成就非常之事，就必須讓每個人都熱切地相信一個共同的目標，而且全力投入。

　　爭取他人支持的工作之一，就是先找到一個大家都能立足的共同點。領導者為這個願景所表現出來的情緒也一樣很重要。我們的研究顯示，除了希望領導者有前瞻性之外，團隊成員也希望領導者能夠鼓舞人心。人們必須有滿腔的熱情和活力，才能對一個遙遠的夢想做出承諾。領導者是這個活力的重要源頭，人們不會去追隨一個不太提得起勁的人，但會主動支持對夢想非常有熱忱的領導者。

　　不管你是想動員社群裡的數千人，還是工作場所中的某一個人，要爭取他人支持，都必須先做到以下兩點：

- 訴諸共同的理想
- 將願景生動化

　　爭取他人支持其實就是為點燃大家對某個目標的熱情，縱然有再多磨難，他們也會挺下去。想在組織裡成就非常之事，必須超越理性爭取團隊成員的心，先了解他們對哪些富有意義的事具有最強烈的渴望。

訴諸共同的理想

　　在每個人的個人最佳領導經驗裡，領導者都會談到理想。他們渴望在一成不變的環境裡做出變革，想抓住某種崇高又從來沒有人做過的事情。

　　願景就是在談希望、夢想和抱負，全都是一種強烈的渴望，想要好上加好，想要成就某種偉大和不平凡的事。它是野心勃勃的，是樂

觀主義的展現。你能想像一個領導者想爭取他人支持他的志業時，嘴裡說的卻是「我希望你們跟我一起做這件很普通的事，是大家都會做的事」嗎？不太可能吧。願景會帶領人們想像各種精采的可能、突破性的科技和革命性的社會變革。

　　理想揭露出更高層次的價值喜好。它們代表的是至為重要的經濟、科技、政治、社會和美學，譬如世界和平、自由、正義、精采的生活、幸福感和自尊，這些都是自人類存在以來最至高無上的奮鬥目標。它們是付諸實際行動，長期努力下終會得到的目標成果。當人們專注於理想時，就會由所從事的事情裡找到意義和目標。

　　當你在向團隊成員溝通未來的願景時，必須談到他們會如何改變這個世界，以及如何正面影響其他人和相關事物。你必須讓他們知道，他們可以如何透過參與共同願景來實現長久以來關注的議題。你必須指出更高層次的工作意義和目的是什麼，你必須描述當人們加入共同志業時，未來會出現什麼令人嚮往的景況。[2]

去理解什麼對別人來說是有意義的　模範領導者不會把自己的未來願景強行加諸在人們身上，反而會去解放那個已經在團隊中暗潮洶湧的願景。他們會喚醒這些夢想，為它們注入生命，讓大家相信他們可以實現大業。在溝通共同願景的時候，他們會把這些理想放進對話裡。尤其在艱困和動盪的時代裡，推動人們前進靠的就是這些精采的未來，他們相信自己正在做對家人、朋友、同事、顧客和社群有深遠影響的事情。他們想知道自己做的事是至關重要的。[3] 受訪者來自四十個不同國家（和十六種不同語言）的某研究調查發現，如果能把員工和意義及目的連結起來，就可大幅提升他們的參與度和生產力。[4]

　　信任標記企業（Trustmark Companies）失能和長照福利副總南希‧蘇利文（Nancy Sullivan）面對到相當棘手的部門目標，但她覺得團隊一定可以度過難關，為了達到這個目的，她必須讓團隊成員不只認同部門的計畫而已。因此她需要先描繪出一個更遠大的前景，讓他們知道大家可以合力完成什麼以及為什麼可以發揮影響力。

　　南希草擬了一份四頁的願景，將這訊息貼在大家會聚集的地方，譬如茶水間。她趁團隊會議、部門會議、一對多會議和走廊閒聊時，誠懇且堅定地分享這份工作的意義和目的，以及可以如何幫助他們看見自己，就像她所看見的 —— 在她的眼裡，他們是精英中的精英。這個訊息不只關係到他們的事業成就，也關係到他們在所有保戶生命裡所扮演的重要角色：

　　我夢想在我們的辦公室裡，業務團隊的保險決策是受到尊重和信任的，不只今天，也包括明天和永遠。對保險決策的經常性質疑不再存在。我們的保戶相信我們的保險決策，感受到我們是真心承諾在他們最需要的時候提供優質的服務。顧客相信你會落實契約，更重要的是符合道德操守。在介紹自己的同事時，你想到的頭銜會是 —— 這是一位值得尊重的同事和朋友。

　　我夢想一個有很多成長契機的地方，那是因為你們的全心投入，我們的機會和潛力才能無限。這地方處理的不再是索賠，而是失能的保險決策。這地方的人不再被認為是失能索賠的專家，而是失能人士可以信賴的專家。這裡是同事和公務員能為失能人士尋找對策的安心之處。這地方就是信任標記企業 —— 為所有失能人士的需求提供援助的第一把交椅。

　　一天天過去了，南希不斷強調未來的各種精采可能。南希的願景讓旗下員工不再輜銖計較於失能索賠的技術面，而是被提醒這份工作成就的崇高性。因為專注於工作的意義和目的，他們的士氣因此大振。也因為這個願景，他們才能連續十年超越年度目標。

　　南希旗下員工體驗到的成果完全吻合我們的研究發現，那就是當人們可以把日常工作和某種富有意義的超然目標連結在一起時，就會有驚人的成果。舉例來說，研究人員追蹤近四百人的生活長達一個月，完成了一系列的調查，包括他們的平日活動、生活的艱困度或輕鬆度，以及對金錢、人際關係、時間和相關變項的態度。此外，受訪者也被問到他們的生活是否富有意義以及幸福美滿程度。[5] 結果他們發現到「當人們立志追求某種意義時 —— 換言之，他們會去找出意義的連結，與他人分享，讓自己往一個更大的目標前進 —— 於是得到明顯的好處，包括幸福感的提升、更有創作力和更好的工作表現。發現自己的工作深具意義的員工會變得更投入，不太會離開現有職務。」[6] 如果你可以對別人說清楚他們的工作是有影響力的 —— 換言之，他們是透過工作本身在協助他人 —— 就等於強化了他們的內在動機。

　　同樣的，我們的資料也顯示，如果領導者非常頻繁或幾乎總是告訴人們，加入共同願景會如何幫助他們實現長期關注的議題，下屬給他的好評，比鮮少有類似行為的領導者多出十五倍。研究人員已經證實，對人們強調「為什麼」，譬如「為什麼我們要做這件事和為什麼這件事很重要」，可以活化大腦裡的獎勵系統，不只能讓人們更努力地投入，也能讓他們對自己所做的事情有更深刻的感受。[7] 試想客服中心裡想協助來電者解決問題的員工，和只想趕快讓來電者掛上電話

的員工這兩者之間的差別。後者只會試圖說服來電者，公司會盡量解決問題，但前者卻會積極尋找公司可以提供協助的方法。

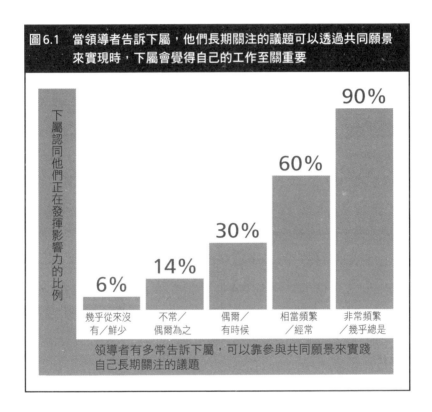

圖6.1　當領導者告訴下屬，他們長期關注的議題可以透過共同願景來實現時，下屬會覺得自己的工作至關重要

領導者協助人們看見他們做的事情比想像得還要偉大，甚至比企業本身還偉大。他們的工作是高尚的。當這些人晚上就寢時，會睡得更安穩，因為他們知道自己一天下來的工作讓別人有了更好的生活。如圖6.1所示，下屬自覺在組織裡的影響力程度，會隨著「領導者有多常告訴他們，可以靠參與共同願景來實踐自己長期關注的議題」而提高。

為自己的獨一無二感到驕傲　像簡恩和南希這樣的模範領導者也會傳遞訊息，讓大家知道是什麼讓團隊成員、工作團隊、組織、產品或服務如此獨一無二。令人信服的願景會做出區別，用能夠吸引和留住員工、志工、顧客、客戶、捐贈者及投資方的方法，將「我們」和「一般人」區隔開來。市場研究人員道格・賀爾（Doug Hall）發現到新產品或服務若是有「顯著不同」的**獨特性**，成功機率會多出三點五倍。願景也是一樣，越獨特讓人買帳的成功機率就越高。[8]

如果某家組織做的事情，跟對街或走廊盡頭的另一家組織沒什麼兩樣，那麼不管是為它工作、買它產品、還是投資它，都不會有特別不同的好處。比方說如果有人來訪，你的歡迎詞是「歡迎光臨我們公司，我們就像其他所有公司一樣」，這種說法保證不會讓人充滿期待。人們唯有知道自己真的很與眾不同，鶴立雞群，才會更熱中地參與和投注心力。

自覺獨特會帶來一種自豪感。[9]與這家組織有關的人都會因它而提升自尊。當人們很自豪為自己的組織工作，實現目標，自覺做的事情是有意義的時候，對外就會變成一個充滿熱忱的大使。同樣的，當顧客和客戶很自豪能買到你的產品或服務時，他們就會對你更忠誠，更會向朋友推薦。當社區居民很自豪有你當鄰居時，他們會盡一切可能讓你覺得受到歡迎。

阿茲米納・扎維里（Azmeena Zaveri）在巴基斯坦的卡拉奇（Karachi）帶領一群志工處理社區某家書店的業務和財務問題時，才知道讓人們對自己的獨一無二感到自豪是多麼的重要。這家書店是一個具有標竿性、備受重視的著名機構，人們很喜歡到那裡聚會、社交和學習。但是阿茲米納同意接下財務管理一職的時候，這家書店已經

危危可岌。它不再能提供高規格的服務，而且財務管理做得不盡理想，員工沒有動力付出更多的努力。阿茲米納告訴我們，這家店衰敗的原因「不是團隊不夠稱職或者沒有能力管理作業任務，主要原因是團隊缺乏願景和方向。我的目標是去激勵團隊，讓這家書店回到以前人來人往的景況，人們喜歡來這裡不只是因為店裡藏書豐富，也因為有吸引人的氛圍和社區意識。」

阿茲米納指導員工如何改善帳務作業，以及如何充分利用店裡稀少的資源，並告訴他們老主顧有多倚賴這家書店，視它為生活中很重要的一部分。在整個過程裡，她都在「強調這家機構有多仰仗他們才能繼續生存下去，延續它在社區裡的重要地位，而他們服務的不只是一家書店，也是具有傳承意義的社區標的，這對他們來說是多麼與有榮焉的一件事。」

強調獨一無二，可以讓大型組織裡的小單位或大城市裡的小街坊擁有自己的願景，也能實現更大的共同願景。雖然企業、公務機關、宗教機構、學校或志工組織中的每個單位，都必須配合整體的組織願景，但還是可以在更大的整體利益下實現自己的獨特目標，將自己最獨具一格的特質表現出來。每個單位在朝組織的共同未來奮力前進的同時，也能夠對自己的未來理想深感自豪。

不過這些日子以來，隨著按鍵和螢幕觸控彈指之間的便利性，差異化已越來越罕見。每樣東西看起來和聽起來都很像。放眼望去就像是一片汪洋，千篇一律。人們變得比以前更快厭煩眼前的事物。不管新、舊組織都必須更費心地將自己（和它們的產品）與其他組織區隔開來。你必須時刻警惕，才能成為那座用炬光穿透濃霧的燈塔，導引人們朝對的方向前進。

你的夢想必須吻合大家的夢想　要學習如何訴諸於人們的理想、感動他們的靈魂和提振他們的精神 —— 以及你自己的，這裡有個典型的例子，那就是已故的小馬丁・路德・金恩博士（Dr. Martin Luther King Jr.）。他有一篇聞名於世的演說「我有一個夢」。在美國，這場演說會在他的誕辰紀念日重新播放，提醒老老少少清楚和令人振奮的未來願景能帶來多大的力量。[10]

　　請想像那天又悶又熱，你也在現場 —— 那是一九六三年八月二十八日 —— 當時金恩就站在華盛頓特區林肯紀念堂的台階上，眼前是二十五萬名群眾，他正在對這個世界傳遞他的夢想。想像你跟數十萬計鼓掌叫好的群眾一起聆聽金恩牧師的演說。假定你是一位記者，正在設法了解為什麼這場演說這麼有力量，金恩如何感動這麼多人？

　　這些年來，我們請數以千計的人做過同樣事情，請他聽他的演說，然後告訴我們他們聽見什麼，他們的感受是什麼，還有為什麼他們認為這篇演說直到今天仍能感動人心？[11] 以下是他們的心得：

- 「他訴諸於共同利益。」
- 「他談的是家庭、宗教和國家的傳統價值觀。」
- 「他利用了很多影像和生動的文字，都是聽眾切身相關的。他們會覺得很熟悉。」
- 「他提到每個人都能理解的事情，譬如家庭和孩子。」
- 「他提到的事情都是可信的，你很難去反對憲法或《聖經》裡的內容。」
- 「這是跟個人切身有關的事情，他提到自己的孩子，還有各種掙扎。」

- 「他把每個人都囊括進來：不分地區、年齡、性別和宗教。」
- 「他不斷重複一些話，譬如他說了好幾次『我有一個夢』和『讓自由發聲』。」
- 「他多次談到相同的點子，但是用不同的方式說出來。」
- 「他正面積極，滿懷希望。」
- 「雖然正面積極，但他並不保證這件事很容易做到。」
- 「他會把他的焦點從『我』轉移到『我們』。」
- 「他用很感性和熱情的口吻訴說，都是他由衷感受到的一些事情。」

　　這些心得透露出要爭取他人的支持，成功的關鍵是什麼。要讓別人嚮往你的夢想，你就必須談到它的意義和目的。你必須他們告訴如何實現自己的夢想。你必須讓你的訊息和他們的價值觀、抱負、經驗和生活有所相通。你必須跟他們說重點不在你或組織身上，而在他們的身上以及他們的需求是什麼。你必須讓這個很能鼓舞人心的未來願景，跟他們的抱負和熱情有所相通。

　　賓州大學（University of Pennsylvania）的安德魯‧卡頓（Andrew Carton）教授就很強調一點：領導者要懂得利用影像式語言來傳達自己的願景。[12] 這正是金恩用來描述人們的方法，包括明確的特徵（譬如小孩）和可以觀察到的行為（譬如同坐一桌，共敘兄弟情誼）。誠如安德魯所言：

　　影像式語言會傳遞出感官性資訊，描繪出一個生動鮮活的未來畫面，員工就很容易想像自己正在親眼目睹。所以按這邏輯來說，影像式

語言所描繪的願景，才比較符合**願景**這兩個字的字面意義。當領導者把生動鮮活的影像放進溝通的內容裡時，就像是在敘述一小段引人入勝的故事——這故事能完全捕捉到那個即將到來的事件的真實面貌——藉此將聽者載送到未來。

　　他的研究調查發現影像式語言對人們有激勵作用。舉例來說，有的團隊必須負責開發玩具雛型。這時一個用影像式語言來表達的願景（「我們的玩具……會令孩子們瞪大眼睛，笑聲不斷，做父母的也會面露微笑，感到自豪」），會比一個內容類似卻不帶視覺性語言的願景（「我們的玩具……會使顧客樂在其中」）激發出更好的成果，[13]所以你根據最後成果看起來、感覺起來和聽起來的樣子來框架抽象的抱負。有了這些影像，人們才會產生熱情，才會相信這個願景確實反映出領導者的想法。

　　利用影像式語言，並在個人抱負和共同願景之間創造關聯性，這個方法不是只有社會運動或產品開發團隊的領導者才可以運用，它也適用於職場上的工作團隊。肯特・克里司騰森（Kent Christensen）大學畢業後進入第一家公司時就發現到這一點。起初那幾個月，他是思科供應鏈作業中的一員，但他覺得自己有點搞不清楚方向。當時經理人來來去去，團隊也經常裡外輪調。肯特很清楚業務分析師的日常任務，但是他看不出來他的工作跟更大的未來藍圖有何關聯。

　　不過當內部某位人選接手副總一職之後，事情開始有了變化。他在市政廳舉辦了一場會議，趁機向大家自我介紹，並談到這家公司內部供應鏈的重要性。然後新任副總放了一張投影片，從此改變肯特對這家組織的看法，也對自己扮演的角色有了不一樣的想法。投影片上

有四個英文字V-S-E-M，代表的是願景（vision）、策略（strategy）、執行（execution）和指標（metrics）。新任副總描述這個供應鏈的願景，可以如何促使思科優化客戶端的成果、授權給組織裡的每一個人，以及提供行動藍圖。他強調每個人都有該扮演的重要角色，必須在組織上下通力合作才行。市政廳的這場會議過後，肯特對很多事情的看法變得不一樣了：

我對我的工作有了完全不一樣的想法。這個共同願景和我產生了共鳴，它讓我在以前只看得到黑暗的地方看見了光。開完這場全體大會之後，辦公室裡的氣氛也不一樣了。大家都很興奮地討論，因為他們開始感覺到自己屬於這裡。這可能是因為大家很高興終於不會再有那種來來去去的感覺。但其實不只這樣，好像大家突然都有了目標。有了願景之後，很多經理人和團隊都受到鼓舞，開始全力投入共同的目標。

告訴別人他們的工作跟一個更大的目標有何關聯，讓個人抱負和組織的抱負得以吻合，才能讓大家感受到歸屬感，激勵他們一起合作，朝共同目標邁進。

將願景生動化

要激勵別人，部分訴諸於他們的理想，另一部分則是小馬丁・路德的「我有一個夢」所示範的：將願景生動化，為它注入生命。要爭取他人支持，必須先協助他們看見和感覺到他們的利益與抱負是吻合組織願景的。你必須幫未來描繪出一個令人信服的畫面，讓團隊成員

可以體會到在令人振奮的未來裡工作和生活是什麼樣子。唯有如此，才能讓他們有足夠的內在動機將心力投注在實踐願景上。

「但是我不像小馬丁‧路德，我不可能辦到他所辦到的事情，再說他是個傳道者，我又不是。他的支持者當時正在遊行示威，而我的團隊只是想把工作做完。」相信我，你絕對不是第一個有以上想法的人。很多人都認為自己私下很不會幫別人打氣，更別提要在組織裡鼓勵別人了。雖然把很棒的願景清楚傳遞出來，被公認是很有影響力的做法，但是我們也發現，跟其他四個領導實務要領比起來，人們最不擅長的就是喚起共同願景。他們不安的原因大多跟感性表達這件事有關。很多人覺得真情流露的表達方式很難，但千萬不要小看自己的本領。

大家總認為自己不太會鼓勵人，但這跟他們談到個人最佳領導經驗或未來的理想時所表現出來的樣子完全相反。在說到非常成就或重大的勝利成果時，人們的表達就變得很感性。當他們談到自己對美好的未來有強烈的渴望時，表情達意的方式也會變得很自然。這跟你說的是哪一國語言沒有關係。當人們對某件事情有熱情時，就會自然地真情流露。

大部分的人都認為能在談話中做到鼓舞人心，當中一定有什麼無法解釋的東西。他們似乎認定這是超自然的力量，就像有人天生優雅或生性迷人 —— 通常被稱為是具有某種領袖魅力。但這種假設會害天生不太會鼓勵的人為之卻步。你並不需要具有領袖魅力才能喚起共同願景，你必須相信自己和自我培養這種傳遞信念的技巧。你的熱情可以為願景注入生命。如果你要當領導者，就必須先認同你的熱情和真情流露是說服他人做出承諾的利器之一。不要小看了自己的本領。

利用象徵性語言　「這幅圖畫代表的是，我對員工發展的願景。」謝麗兒・強森（Cheryl Johnson）這樣告訴我們，她是聖塔克拉拉大學（Santa Clara University）的人資總監，她秀給我們看的是一張商品市場圖，市場裡擠滿人，都趕著去採買他們最愛的蔬果。她解釋道：

這個市場是社區裡生機勃然的地方。而這個市場長期成功的關鍵，就在於它能夠滿足社區的需求，提供人們想要的產品。這裡的產品一定要新鮮，而且有很多種類可供選擇。

我把員工開發當成一個團隊，它能提供形形色色的課程供人選擇。我們有些顧客總是腳步匆匆，幾乎沒注意到我們提供什麼產品。但有的顧客會在這裡逗留，樂在其中，充分利用我們提供的課程。長遠來說，我們是在打造一個讓人們可以到此尋求協助、指引、資源和學習新知的市場。

就像任何一家商店一樣，我們必須隨時警覺顧客的需求。我們必須接受創新，嘗試不同的新事物。我們也必須隨時改變我們的產品範疇，推出新問世的產品或販售當季盛產的產品。除此之外，我們必須經常汰除過期和不好用的產品，就像一個市場守護著一個健康的社區。我們也在為校園提供各種養分，我們提供能為個人帶來成長、為專業人士帶來契機的創意與新奇想法，讓顧客選用。

謝麗兒的市場隱喻是一個很鮮活的例子，告訴我們如何透過聯想性的語言為願景注入生命。像謝麗兒這樣的領導者會利用象徵性語言的力量來傳遞一種共同的身分識別，將生命注入願景裡。他們會利用

隱喻和類比。他們會舉例子、說故事及講趣聞。他們會生動描繪，引述古往今來的事蹟，喊出口號。他們會讓團隊成員去想像各種可能——去聽、去感受和認可這些可能的存在。

哈佛大學新聞系尼曼基金會（Nieman Foundation）的副會長詹姆斯·吉爾利（James Geary）也是隱喻性語言方面的權威專家，他說人們說出來的話，每十到二十五個字中就有一個隱喻，所以大概是每分鐘六個隱喻。[14] 隱喻到處都是——有藝術的隱喻、運動比賽的隱喻、戰爭的隱喻、科幻小說的隱喻、機器的隱喻、宗教的隱喻和靈性的隱喻。它們會影響人們的思考內容和方式，也影響他們的想像和創作，甚至飲食、消費，以及投票給誰和支持誰。學習使用這些修辭法，將可大幅提升你爭取他人支持共同未來願景的能力。

比方說，研究人員曾針對語言對人們所產生的神奇影響進行實驗，他們告訴受測者他們正在玩社群博奕（the Community Game）或華爾街博奕（the Wall Street Game）。[15] 但是不管哪一種，其實玩的都是同一套遊戲，規則也都一樣，唯一差別只在於實驗者給了它兩個不同的名稱。結果玩社群博奕的受測者，有百分之七十的人一開始就很講究合作，而且從頭貫徹到尾。至於被告知是玩華爾街博奕的受測者，只有百分之三十的人會講究合作，但是一看到其他人不肯合作，便有樣學樣。再提醒一次，這些人玩的遊戲只是名稱不同，遊戲本身完全一樣。

這個實驗強而有力地證實了為什麼你必須注意自己所使用的語言。只要給眼前作業任務或團隊一個對行為有隱含意義的名稱，就能影響參與者的行事作風。如果你想要人們像一個社群般行動一致，就使用具有社群意識的語言；如果你想要他們的作為像金融市場的交易

員一樣，就使用符合這類形象的語言。同理也適用於組織裡頭的任何作業任務或團隊。

打造出未來的影像　願景是腦袋裡想像出來的影像。可以被表達和呈現出來。當領導者用具體的語言向團隊成員描繪影像時，它們就變成真的了。就像建築師在繪圖和工程師在製作模型一樣，領導者也可以找到方法來呈現出共同的未來。

在談到未來時，人們通常會用的字眼有遠見、焦點、預測、未來情境、觀點和遠景。這些表意字都有一個共同點，都跟視覺有關。願景的英文字vision，其字根就有「去看」的意思。所以所謂的願景說明根本不是在說明，而是畫面的呈現 —— 是用文字堆砌出來的畫面。它們是未來的影像。人們要共享願景，就得能在自己的想像裡看見它才行。

在我們的工作坊和課堂上，經常會用一個簡單的練習來描述畫面的力量。我們會請學員們在聽到法國「巴黎」這個字眼時，大聲喊出心裡想到的第一個印象，脫口而出的答案有艾菲爾鐵塔、羅浮宮、凱旋門、塞納河、聖母院、美食、美酒和浪漫 —— 這些影像全都是真實的地方和真實的感受。沒有人的第一個印象會是巴黎的面積幾平分公里、人口多少或國內生產毛額。為什麼呢？因為那些值得記住的地方或事件，大多是透過感官去記憶 —— 包括視覺、聲音、味覺、嗅覺、觸覺和感受。[16]

這對領導者來說代表什麼？代表要爭取他人的支持，要喚醒共同願景，你必須要懂得利用人類內在的影像製作過程。當你在談到未來時，你必須先用文字打造出一個畫面，讓別人在腦中形成影像，也就

是說，當我們走到旅程終點時，那裡看起來的樣子。在談到我們要去一個以前從沒去過的地方時，你必須先想像出它們的樣子，描繪出那些可能。

休斯頓社區學院（Houston Community College）的員工進修和組織發展（Employee Learning and Organizational Development，簡稱 ELOD）經理黛比‧夏普（Debbie Sharp），用願景聲明為她的組織描繪出一幅生動的影像。[17]

說到改變人生，社區大學比其他高等教育學府參與得更多。我們遇見學生的當下，就在幫忙他們界定和實現目標。在開發潛能的同時，也在協助他們發光發熱！

白日將盡時，白晝會慢慢沒入黑夜，點燈人會盡職地點亮每一盞街燈。在ELOD的我們也點亮了進修新知的街燈，為我們的顧客趕走疑慮的黑暗。

我們請教點燈人為何願意全心投入，不厭其煩地從事這種一再重複又平淡無奇的工作，點燈人的回答是：「我這麼做是為了留下可以照明的光。」

身為進修培訓專業人士的我們，也一樣是點燈人，都在為新的點子和新的視野點燃火苗。我們是透過鼓勵、關切和詢問，以及提供安全的實驗空間來為求知者開創出新的思維、發掘自我。

我們留下來的燈照亮了那些與我們接觸過的人，使他們可以將自己的光和熱散播到整個學院。

　　讓人們看見共同的未來並不需要什麼特別的能耐。你就像黛比一樣，本身也具備了這種能力。每次你度完假，不是也會把度假照片秀給朋友看嗎？如果你懷疑自己的文字畫面描述能力，請試著做這樣的練習：和幾位好友一起坐下來，告訴他們你最喜歡的一次假期。描述你假期中遇到的人，你所到之處的景色和聲音，還有你品嚐過的美食滋味。如果你有相片或影片，也秀給他們看。觀察他們的反應——還有你自己的反應。你和他們體驗到什麼？答案是，大家通常都會說聽完或看完之後精神為之一振，熱情都被挑了起來。那些首度聽聞那地方的人往往會說：「聽過你的形容之後，我真想有一天親自去看看。」這不就是你希望你在描繪未來願景時，團隊成員會說的話嗎？

練習正面溝通　要培養團隊精神，養成樂觀的態度，提高抗壓性、重振信心，領導者必須去看光明的一面。他們會讓希望長存，鞏固團隊成員的信念，使他們相信這些勞苦奮鬥終會撥雲見日。這種信念源自於一種親密和互相支持的關係，且奠基於共同參與的過程上。

　　團隊成員需要領導者證明他們對別人的能力有絕對的信心；團隊成員要的是可以鞏固人們意志的領導者，能提供實現的方法，對未來滿懷樂觀；團隊成員希望領導者無論遭遇到什麼阻礙或挫折，仍然熱情不減。在今天這個不確定的年代裡，尤其需要樂觀自信，積極面對生活和事業的領導者。總是持否定態度的人只會停止前進，不敢展開任何可能。

　　請看凡林公司（Valin Corporation）的財務分析師阿里．亞許肯納茲（Ari Ashkenzai）的例子。他前後兩位主管帶給他的經驗反差鮮明，第一位主管總是試著鼓舞士氣，無論處境如何，永遠樂觀以對。

阿里說，就算專案計畫失敗了，她也會告訴他們，只要繼續努力，行事再機靈一點，未來的專案計畫一定會成功。

這讓我對她產生了莫大的信心，也幫助我在工作不順遂的時候不再垂頭喪氣。此外，這也影響我更願意去嘗試新事物，就算有負面訊息，也勇於向她回報，因為我知道她不會痛宰帶消息給她的信差。

阿里形容第二位主管很容易發脾氣。當她不高興的時候，一定會讓大家知道。她在乎的只有數字和結果，事情只要不如她的預期，就會貶低你。阿里說，她的負面溝通方式「害我好想避開她，不敢呈報她理當知道的負面訊息，因為我怕她反過來臭罵我一頓。」

專研神經網絡的研究人員發現到，當人們覺得被拒絕或冷落時，大腦中暫存生理疼痛的區域就會被激活了。[18] 當領導者脅迫貶低人們、使出恐嚇戰術，眼裡只看見問題時，就會激活對方大腦裡的那塊區域，只想避開領導者。再者，人們對負評的記憶，無論次數、細節、還是深刻度，都比對好評的記憶來得更清楚。當負評在員工的腦海裡久久占據時，大腦就會失去心智效率（mental efficiency）。相反的，對人生持正面態度可以拓展對未來的想像。根據北卡羅萊納州大學心理學教授芭芭拉・弗列德里克森（Barbara Fredrickson）的說法，這些未來的精采狀況可能會互相堆疊。在她的研究調查裡發現到，樂觀的態度有助於人們敞開心胸，於是能夠看見更多可能，變得更有創意。較積極樂觀的人也較擅長面對困境，就算在高壓下，適應力也比較強。[19]

你必須真情流露　當人們解釋領導者為何會有一種磁性效應時，通常將它描述成領袖魅力。只是領袖魅力已經成了過度濫用和誤用的字眼，以至於成為有說等於沒說的形容詞。具有領袖魅力其實既不神奇，也不是什麼特殊的氣質，它就像「很會鼓舞人心」一樣，只是跟人們的作為方式有關。

　　有些社會科學家並不把領袖魅力界定為一種人格特質，反而是去調查被人稱讚具有領袖魅力的人都做了什麼事。[20] 結果發現，被認為具有領袖魅力的人，只是比被認為沒有領袖魅力的人活潑而已。他們較常微笑、說話較快、發音較清楚，也較常有肢體語言，所以很有活力且會表情達意，是領袖魅力的關鍵特質。有句話說，熱忱具有感染力，這對領導者來說是千真萬確的。

　　喚起情緒對領導者而言還有另外的好處：情緒會讓事情更容易被記住。在言語和行為上添加一點情緒因素，才能讓對方記住你說過的話。詹姆斯・麥肯高（James McGaugh）是爾灣加州大學（University of California, Irvine）神經生物學研究教授，也是記憶創建方面數一數二的專家，他證實了「在情緒上具有某種重大意義的事件，才能創造出較為深刻和較為持久的記憶」。[21] 毋庸置疑，當你遭遇到某種情緒上具有重大意義的事件時，你一定也有過類似的經驗 —— 譬如像意外之類的嚴重創傷，或者像大獲全勝這種快樂的驚喜。

　　令人難忘的事件甚至不一定是真實的，它們可以純粹只是故事。比方說，在某個實驗裡，詹姆斯向受測對象出示十二張一系列的幻燈片。除了幻燈片之外還奉送一則故事，在每張幻燈片旁邊都附上一行敘述文字。其中一組受測者看到的文字相當無趣，另一組的文字則非常感性。受測者在看幻燈片的時候，並不知道自己正在接受實驗，但

兩週過後,他們回到原地,評測他們對每張幻燈片的記憶剩下多少。雖然兩組人對前面和最後幾張幻燈片的記憶沒有差別,但中間那幾張的差距就很大了。和敘事內容較為平淡的受測聽眾比起來,「感性敘事的受測者對中間那幾張幻燈片的細節記得比較清楚」。[22]

　　情緒上的覺醒會創造出較為深刻的記憶,你不需要一篇完整的故事(或幻燈片),就算只有文字本身也具有同樣效果。研究人員曾要求受測者學著聯想成對的詞語,其中有些成對的詞語之所以被挑選上,是因為它們能引發強烈的情緒反應(可以從膚電反應裡的變化看出來)。一週後,人們比較記得住的都是能喚起情緒的文字。[23] 無論你聽到的是一則故事還是一個字眼,要是它跟某種能觸動情緒反應的東西連在一起,你才可能記住它的主要訊息。人們天生就比較留意令他們興奮或害怕的事情。

　　再者,秀給人們看具體的例子,比告訴他們抽象的原則來得有效果,因為後者只會讓他們像個局外人。舉例來說,研究調查顯示,一則馬里共和國(Mali)七歲女童正在挨餓的故事,募捐到的款項比「馬拉威的食物短缺影響到三百多萬名尚比亞的孩童」這則訊息多出二倍。[24]

　　讓人們真正體驗你試圖解釋的東西,才會留下更深刻的印象。舉例來說,輔導員會協助志工學習如何撫慰面對喪親之痛的家屬,在臨終安養照護中,輔導員會拿出幾盒卡片,請志工在卡片上寫下他們深愛而怕失去的人事物。內容包括親人的名字(配偶、父母、孩子、手足、寵物)、活動(散步、演奏音樂、旅行)或經歷(閱讀、聽音樂、享受美食、欣賞夕陽)。然後輔導員在教室裡四處走動,隨機收回志工寫好的卡片。有一個人只有兩張卡片被收回,另一個人則全部

被收回。被收回兩張卡片的那個人，後來又被收回了兩張。收回的過程都很戲劇化。志工們總是緊抓住自己的卡片不放，一旦放手了，顯然都很沮喪，有的甚至崩潰痛哭。[25]

這種令人沉痛的練習，證明領導者若能接通人們的情緒，而不是只告訴他們該做什麼或該如何感受，便能發揮極大的影響力。要是輔導員只是分享一些實際狀況，志工們可能只會在概念上明白臨終安養照護的病人和家屬所承受到的失落感，但無法有真正的同理心。透過這個練習，可以讓他們短暫體驗這種永生難忘的失落感。

電子科技使用率大增也對人們傳遞訊息的方式造成影響。有越來越多人轉向數位裝置和社交媒體 —— 從播客到網路直播，從臉書到YouTube影像分享網站 —— 靠它們來吸收資訊和聯繫彼此。由於人們記得的都是內容高度感性的東西，也因此社交媒體會比電子郵件、備忘錄和PowerPoint簡報更吸引人。所以光是寫一份好的文稿並不夠，你還必須端出好看的秀。

千萬記住，光靠內容本身並無法讓訊息被牢牢記住，而關鍵就在於你有多擅長觸動人們的內心。要人們願意改變，就得先讓他們有所感覺。光靠想的不會讓事情有進展。你的工作是讓他們覺得有那股動力去改變，而真情流露的方式有助於做到這一點。[26]

你說的必須是真話　如果你一點都不相信自己所說的話，以上那些要求你必須真情流露的建議，就一點價值也沒有了。因為願景若是別人的，不是你自己的，想爭取他人支持，恐怕會很難。如果連你都無法想像未來願景裡的生活樣貌，你又怎麼能說服別人共襄盛舉，一起實現。假如你對未來的可能一點都不興奮，就別寄望其他人應該要很興

奮。**爭取他人支持共同願景的先決條件是，真誠無偽。**

　　凱瑟琳・邁耶（Cathryn Meyer）跟另外二十名未來志工擠進小會議室裡，參加非營利組織半島人道協會（Peninsula Humane Society，簡稱PHS）野生動物復育部門（Wildlife Rehabilitation Department）舉辦的兩小時義務訓練時，在主辦方身上看到真誠無偽的範例。會議中的領導者是「一位態度謙和、說話輕聲細語的男士，他身上的刺青和穿洞飾品，多少抵消了穿在他身上的PHS制服，」凱瑟琳這樣告訴我們。以下是她的說法：

　　派崔克一開始先解釋他怎麼來到這個組織，以及為什麼他覺得這份工作很有意義。他談到以前當動物保育激進分子的過往歷史，還有在進入野生動物復育中心之前，他如何以素食廚師的身分展開自己的事業。他談到他的堅定信念，他相信我們可以與野生動物和平共處，哪怕是在一個自然棲息地已經被人類破壞殆盡的世界裡。他有責任把我們從動物那裡剝奪來的東西還給牠們。他也談到每年要治療和野放的動物數量不少，居中協助的志工們非常重要。

　　哪怕派崔克的個性不是非常活潑，但他用誠懇的態度和周密的思慮讓人感受到他對這份工作的熱情。他描繪了一個正面的未來美景，在那個未來裡，拜野生動物復育部門和志工們之賜，野生動物可以跟人類一起茁壯成長。他為志工們的工作賦予了意義和影響力。

　　凱瑟琳也提到她從派崔克身上學到的另一個重要課題：領袖魅力。「以前我以為外向的個性和無窮盡的活力，是領導統御能夠成功的先決條件（或至少會有很大的幫助）。但我現在知道不見得如此，態

度的淡定與自信也一樣會奏效。像派崔克和我這種個性內向的人，也能成為卓有成效的領導者。你只需要有信念、誠意和熱情就夠了。」[27]

最能被相信的人，是像派崔克一樣深懷熱情的人。身邊最有趣的人，是對魔法可能成真毫不隱瞞興奮之情的人。而最有決心的人，是對理想深信不移的人。你是那個人嗎？

【行動 Tips】
爭取他人支持

　　領導者會訴諸於共同的理想,他們會讓別人感受到共同願景裡最有意義的是什麼。他們會提振人們的動機與士氣,不斷強化,使他們發揮出該有的實力。模範領導者會點出組織的獨特之處,讓大家與有榮焉。模範領導者很清楚他們對未來的個人看法並不重要,重要的是,擁抱團隊成員所渴望的未來。

　　願景要能永續,就必須令人信服,而且深刻到令人難忘。領導者必須為願景注入生命,使它變得有生氣,讓別人體會到在那個獨具一格的理想未來裡,生活和工作是什麼樣子。他們會使用各種表達方式去具現化抽象的願景。領導者會熟練地運用各種隱喻、象徵、文字畫面、肯定用語,再加上個人活力的展現來喚起眾人對願景的熱情。最重要的是,領導者必須深信這個共同願景的價值,並將這股真誠的信念傳遞給其他人。他們必須相信自己所說的話。信念必須是真誠無偽的,只有當團隊成員相信你所相信的事情時,他們才會願意追隨你。

　　為了喚起共同願景，你必須訴諸於共同抱負，在共同的
願景下爭取大家的支持。這表示你必須：

1. 找你的團隊成員談話，了解他們對未來有什麼希望、夢
   想和抱負。
2. 確保團隊成員知道自家產品或服務，與眾不同、獨一無
   二的特點。
3. 告訴成員支持共同願景有助於長期利益的原因。
4. 談到組織的未來時，態度要正面、樂觀和積極，盡量利
   用各種隱喻、象徵、例子和故事。
5. 認同他人的情緒感受，承認它們的重要性。
6. 用一種可以真實表露自我的方式來展現你的熱情。

向舊習挑戰

- 尋找機會，主動出擊，對外尋求創新的改良方法。

- 勇於冒險地進行實驗，不斷製造小贏成果，並從經驗中學習。

▶7 尋找機會

　　亞里斯多德・文頓（Aristotle Verdant）在一家儲存網路公司擔任行銷專案經理的時候，曾注意到公司的專案管理流程有嚴重缺失。專案的目的和目標都定義得很鬆散，專案每個階段理當端出來的成果總是無法準時交付，資金和人力資源分配也做得不夠嚴謹。他說後果就是，公司大大小小的專案執行時「人心惶惶、場面混亂、耗時加班和預算浮濫」。

　　在跟其他事業單位的同事們談過之後，亞里斯多德發現不是只有他的專案出了問題，其他人也遭遇相同問題。「偶爾會有人嘀咕這套流程應該修正，」他說道，「可是大家已經習慣安於現狀，缺少破斧沉舟的決心與勇氣，所以根本無法改變問題。」他找了幾位跟他一樣對這套流程感到受挫的同事，一起找出阻礙作業的真正原因。他們需要一些能修補這套故障系統的點子和方法。「我們面對的問題，不可能只有我們公司才有，」亞里斯多德說道，「所以若需要專業協助，最好的方法應該是向組織以外的地方尋找。」

　　亞里斯多德向有類似經驗的前東家同事請益，他們採取一些適當措施後流程就慢慢改善了。他們的團隊曾為此接受專業訓練，然後共同規畫出一套全新流程，現在公司都是按照這套流程作業。亞里斯多德受到這個例子的啟發，回頭去找他的經理，後者也承認組織流程的

問題關係到整個公司,於是同意挪用部門的員工培訓基金來進行行銷專案管理團隊的訓練。

「這個訓練非常有幫助,」亞里斯多德說道,「每個人都看得出來新流程的優點,不但生產力跟著提升,也讓我們更有效地管理專案計畫中的各種不確定性。」不過他告訴我們,在展開新流程之前,還需要做一些額外的工作。

我們必須先在自己的環境裡驗證成效。實驗可以帶來一些學習經驗,必要時修正方向,以便更妥善地管理這場改革。要在一個受控環境裡進行實驗,最好的方法就是先小規模試行。我有兩位同事自願加入,主導這套試行計畫。而我們可以就試行計畫裡的各個階段來監測進展,從中找出缺失,再想辦法不斷調校這套新流程,配合我們的環境背景進行客製化。

最後成果卓越。「我們發現可以相當程度地減少專案計畫時程逾期的問題,並降低百分之二十的成本。」亞里斯多德告訴我們。「這個結果令所有參與者士氣大振,我的同事現在都很樂於採用這套新流程。」

有時候挑戰自會找上領導者,有時候領導者會自己去找挑戰,但大多時候是兩者皆有,就像亞里斯多德的例子一樣。亞里斯多德做的事情正是所有模範領導者會做的事。他放眼外頭的世界,跟上正在變遷的潮流,對現實世界隨時保持警覺。他說服其他人認真看待他們所面臨的挑戰與契機。他的角色就像是改革的催化劑,先質疑以前的做事方法,再說服他們加入新的作業方式,更上層樓。

　　就像亞里斯多德的例子一樣，所有個人最佳領導經驗，都跟脫離過去做出重大轉變、史無前例地改革、去一個從沒到過的地方等等有關。改革是領導者的責任。在今天這個世代裡，一切照舊的想法已經不合時宜。模範領導者知道他們必須改變做事的方法，而光靠善意並無法讓成果有出乎意料的驚喜表現。人力、流程、制度和策略都必須做出改變。除此之外，所有變革都需要領導者主動尋找方法來扭轉乾坤 —— 達到成長、創新和進步的目的。

　　模範領導者會全力以赴地尋找機會，確保成就非常之事。他們會讓自己做到以下這兩點：

- 主動出擊
- 善用對外的觀察力

　　有時候領導者會主動重新洗牌，也有些時候，他們只是先駕馭住周遭難以掌握的局面。但無論如何，領導者都會有所作為。他們會主動對外觀察，跨出熟悉的經驗領域，尋求創新的點子。

主動出擊

　　當人們回顧自己的個人最佳領導經驗時，總是會想到那段充滿挑戰、動盪不安和逆境當前的時光。為什麼？因為個人的磨難和企業的困境會迫使他們面對真實的自己，拿出真正的本領。這些磨難和困境會考驗人們，會檢測他們的價值觀、渴望、抱負、能力和耐受程度。這些不同於過往的棘手處境需要的是創新的處置方法，除此之外，也

往往能激發人們發揮潛能。

　　要迎接新的挑戰，勢必不能再屈就於現狀。你不能再用同一套老方法去解決問題，必須改變現況，這也正是人們在個人最佳領導經驗裡會做的事情。他們會「用變革來迎接挑戰」，就像亞里斯多德在親身經驗裡所觀察到的。

　　哈佛大學高級領導力專案計畫主席兼負責人蘿莎貝絲‧摩斯‧坎特（Rosabeth Moss Kanter）曾調查以創新見長的組織如何設計組織和人力資源作業，希望了解助長組織創新的是什麼，阻礙它創新的又是什麼。我們和她的研究各自獨立進行，而且是在不同地區和不同時期。我們研究的是領導統御，她研究的是創新。但我們卻得到類似的結論：領導統御跟創新的過程是牢不可分的，所謂創新的過程就是新點子、新方法或新對策的啟用過程。誠如蘿莎貝絲所解釋，創新意謂變革，而「變革需要靠領導統御 —— 需要『一個推動者』去爭取策略決策的落實」。[1] 雙方的研究成果都是證據。

　　我們不曾要求受訪者告知有關變革的事，他們要回顧任何領導統御經驗都行，但他們選擇討論的都是迎接挑戰時所做出的變革。這個選擇證明了領導統御會要求突破既有的環境。挑戰和變革之間顯然是相通的，而挑戰和卓有成效的領導者之間顯然也是相通的。人們越常看見自己的領導者「跨越組織的正式界線，對外尋求創新的改良方法」，他們就越認同他們的領導者是卓有成效的。同樣的，就像圖7.1所描繪，下屬越常觀察到領導者主動尋求創新的改良方法，給領導者的效能評分就越高。

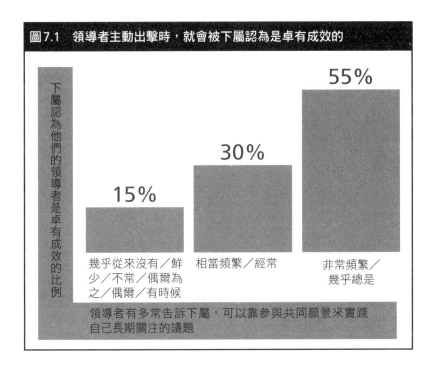

圖7.1　領導者主動出擊時，就會被下屬認為是卓有成效的

下屬認為他們的領導者是卓有成效的比例

15%

30%

55%

幾乎從來沒有／鮮少／不常／偶爾為之／偶爾／有時候

相當頻繁／經常

非常頻繁／幾乎總是

領導者有多常告訴下屬，可以靠參與共同願景來實踐自己長期關注的議題

　　研究領導統御就是在研究男男女女如何引領他人突破困境、未知數和其他重大的挑戰。它研究的是那些勇於面對巨大困難、取得勝利的人，那些在惰性環境下主動出擊的人，那些敢挑戰既有秩序的人，那些不怕面對頑強抵抗、大力動員的人。它也是在研究人們身處在恆定不變和自滿得意的環境下時，如何主動出擊打破現狀，喚醒他人迎接新的可能。領導統御、挑戰和主動出擊息息相關，一成不變的現況不可能和屢屢獲勝的成果沾上邊。

　　這也是羅蘋・唐納修（Robin Donahue）幫某全球醫療保健公司處理大量產品不合格的問題時，要求品質工程團隊必須具備的態度。雖然已經明確知道要改進的地方，但是要如何將不良率降至百分之二

十以下有待決議。也因為這個目標，她和同事們都覺得現有制度的規範有待調整，不過他們也知道這樣還不夠，套句羅蘋的話，他們必須「跳脫傳統的思維，別再認為現有作業方式絕對不能更改，而是放手實驗新的點子。」他們開始動腦「如果可能的話，我們到底能改變什麼」。於是他們循著這個脈絡去探查組織內外其他單位或機構的做法，希望能獲得新的思維來看待這些問題。年底的時候，不良品的舉報數量終於降低了，成效比當初預期目標高出三倍。羅蘋覺得是因為他們主動出擊，找出可以改善的地方，再加上四處搜尋點子，「才打造出創新、肯求知和好學的組織文化」。

　　這個經驗提醒了羅蘋，變革是領導者的分內工作。「規章制度的存在並不代表你不能做任何改變，」她說道，「總是有需要改善的地方，你應該把它們抓出來。」領導者必須知道自己的工作不只是虛應現況而已。就算你走的路是對的，但如果始終坐在原地，總有一天還是可能被超越過去。要做一位優秀的領導者，就必須主動出擊，改變現狀。

做出一番成績　要有高出水準的表現，就絕不能只是照本宣科地做原本該做的事而已，你必須看到別人沒看到的機會點。譬如有些標準作業、政策和程序對生產力及品質來說至關重要。但也有很多純粹是因為擺脫不了傳統，就像在某家歐洲全球金融服務公司從事客服的艾蜜莉・泰勒（Emily Taylor）所提到的個人經驗：

　　我曾親眼目睹賣力工作又通情達理的經理，竟然也會陷入某種做事方法的窠臼裡，以至於很難察覺一些明顯的缺失，或者變得不懂得向前

看。他看不到或者說不想去看現有制度的效率多麼低落，妄想靠手工作業的方式來進步，實在慘不忍睹。

　　這個觀察使我有了領悟，從此知道對領導者來說，經常性地對外尋找進步的契機、認清和質疑不良運作的系統，以及打造出每個人都能公開分享新點子的環境氛圍，是很重要的。

　　誠如艾蜜莉的思索，新的工作和作業任務是你提出探索性問題及質疑以前做事方法的大好機會。你正好可以在這時候提問：「為什麼我們要做這件事？」但是不要在才剛接受這份工作時提出這樣的問題，反而要把它變成你領導統御的例行職責。你提出的問題是為了檢視人們各種想當然耳的看法、刺激出不同的思維方式，甚至開啟新的探索方向。請教問題是一種手段，可以讓你不斷找到必要的改進措施和帶動創新。針對商業性突破所做的研究發現，這些突破都是從有人提問開始，他們想知道為什麼會出現這種問題以及如何解決。[2] 所以你要主動提問，從問題中檢視人們的看法，刺激不同的思維方式，甚至開啟新的探索方向。

　　研究顯然已經證實，在主動出擊這部分評分很高的經理人，會被直屬主管評為成效較為卓越的領導者。[3] 而在主動出擊這部分給了同事高分的人，也都認為這些同事一定會成為較優秀的領導者。[4] 另外在創業家、行政管理人員，甚至求職的大學生身上，也發現到主動出擊和工作表現之間的相通性。主動出擊向來比被動和沒有行動更能打造出較好的工作成果。[5] 我們也在跨文化的案例樣本裡發現到，主動出擊型經理人所得到的評分，高過在挑戰舊習這個領導統御實務要領上表現一般的領導者，而這種傾向不分性別和文化。[6] 人們在主掌變

革時，表現總是較為優異。就像籃球比賽有一句老話說，你放棄了投籃，你也放棄了機會。

　　領導者想要做出一番成績，卻總是因為「如果沒壞，就別去修它」這種心態而受挫。他們要贏得周遭人士的尊重，就得質疑現狀、想出創新的點子，把自己提議的變革加以貫徹、願意接受指教、認清自己的錯誤，以及從失敗中學習教訓。瑪利納‧艾多梅斯（Marina Iatomase）在加入 HP 全球事業服務金融小組，接下某個作業範圍廣泛的任務時，才終於學到主動出擊這件事的重要性。她說她的團隊「認為我提倡的是簡化他們的生活，讓他們的工作變得輕鬆一點，而我的老闆看到的是我對改變現狀的渴望，哪怕困境當前。所以雖然我是團隊裡最年輕資淺的，我還是能登上領導者的位子，發揮影響力。」

　　領導者不會等別人許可或指示後才跳進去。當他們注意到有什麼事情沒有發揮作用，就會去找解決辦法，爭取成員的支持，把想看到的成果做出來。舉例來說，星巴克（Starbuck）的星冰樂之所以上市成功，是因為地區經理迪娜‧坎皮恩（Dina Campion）看到顧客都去競爭對手的店裡買清涼的混合飲料，深感氣餒。星巴克當時並沒有賣這種產品，哪怕要求販售這類產品的請求一再出現，但總公司仍然拒絕。可是迪娜看到了商機，決定主動實驗。她說服西雅圖負責零售業務的同事支持她的理念，幫忙買了一台果汁機供她試做這種飲料。他們事先並未要求上級准許，只是主動出擊在迪娜負責的一家店裡試做，再找顧客試喝。結果越來越多人要求販售，公司才被說服，開始投資這款飲料，經過了幾次測試之後，才在更大的市場正式推出。結果星冰樂立刻成為該公司有史以來最暢銷的上市新品。′

鼓勵他人主動出擊　變革需要領導者和組織內部包括菜鳥的所有人，都能針對團隊的作業流程勇於推動創新和改良。約翰‧王（John Wang）是威世卡（Visa）的產品經理，他是在大學畢業後的第一份工作中才認知到這件事的重要性。當時他的經理打造出一種全力支持實驗性創舉和各種創新做法的工作氛圍，鼓勵約翰和其他人找方法改良現有的流程，以加快作業時間，使工作更有效率。其中一個有待改良的地方是，集團主文件伺服器的每週備份作業，由於設備有點老舊，因此經常造成待處理的狀態過久。約翰和他的同事主動出擊研究各種替代方案，最後向經理推薦了一款不算便宜的替代裝置。

　　經理很高興他們找到方法改善備份作業的問題，並把他們的發現向上司提報，並稱讚他們的主動精神。「這件事帶給我很大的鼓勵，」約翰回憶道，「等於給了我們一個清楚又正面的反饋，給了我們勇氣，在接下來的幾年尋找更多方法來改善部門流程。的確這個經驗等於是清楚地向大家宣示，歡迎任何提議。」約翰學到了一個令他永生難忘的課題，也是領導者深刻領會到的一件事：讓團隊裡的每個人都有主動出擊的機會，絕對可以帶來意想不到的正面變革。約翰說：「這是我在人生裡一直想落實的一件事：給一起共事的人一個機會，用不同於我的方法做事情。」

　　阿茲米納‧扎維里曾親眼目睹傳統和職場裡的日常壓力及要求，如何削弱創新能力以及對新觀念的回響程度，也承認當初她和一群志工為北加州某當地社區中心服務時，曾經如何輕易地陷入類似的陷阱裡。她明白自己當時對後勤和文書作業有先入為主的觀念，認為「這些一成不變的作業只要做到不出錯，沒有意外」就夠了，並未抱持足夠的開放心態去接受新的可能。

　　為了打破這個模式，她創辦了全新的論壇，每次活動過後，就動腦思考下次事情該怎麼做才會更好。在這些論壇裡，她廣邀團隊賜教，請他們不吝提供有助於改良的各種方法，並鼓勵他們分享自己讀過的資料以及在活動裡汲取到的經驗。她也幫團隊打造出一種數位日記，利用它來推廣新的觀念，詳細討論他們決定嘗試的東西，並記錄從經驗中學到的各種教訓。阿茲米納和她的團隊了解到，不是每樣事情都一定會成功，但就像她說的，「嘗試新的辦法絕對有助於計畫的改良，並在這個不斷變遷的時代裡保持與時俱進的腳步。」

　　領導者本身會主動出擊，也會鼓勵別人主動出擊。他們希望人們發聲，提出有助改善的建言，拿出建設性批評。下屬越常指稱他們的領導者會「鞭策人們在工作上嘗試創新的方法」，他們的成就感就越強，而且越是深信自己正在發揮影響力。至於問到「如果工作上有需要，你願意更努力付出，甚至加班嗎？」他們的答案跟領導者給他們主動出擊的機會頻次有直接的關聯性，就像圖7.2所示。

　　下屬自評有多常觀察到領導者也在做同樣事情 —— 也就是「尋找機會挑戰自己的技術和能力」—— 的這類實證分析，也得出類似結論。下屬的承諾、動機和生產力，會隨著他們有多常指出自己的領導者也在挑戰自我呈等比例上升，至於他們對領導者成效的評價也會跟著上升。

　　你可以創造條件讓團隊成員能做好準備主動出擊，無論當時處境是紛亂還是安定。首先是要養成勇於嘗試的態度，方法是給大家機會逐步精通某工作任務。要強化大家的能力和自信，讓他們在面臨困境時仍能有效應對和改善問題，訓練是非常重要的。除此之外，還要找方法讓他們超越自己的極限。逐步調高難度，但必須是在人們自覺可

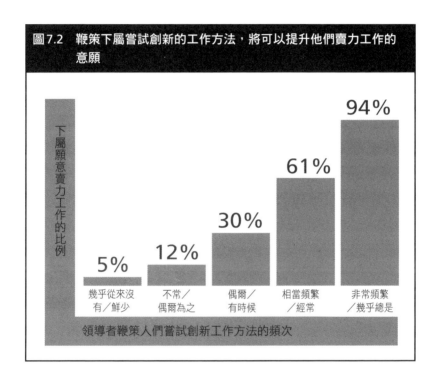

圖7.2　鞭策下屬嘗試創新的工作方法，將可以提升他們賣力工作的意願

以克服的範圍內。如果調得太高，他們會失敗，要是太常失敗，就會放棄嘗試。一次調高一點難度，等到越來越多人游刃有餘，有自信繼續接受挑戰時，再把難度往上調高。

　　此外，給他們機會去接觸楷模，尤其是曾經挑戰成功的同事，更有助於主動精神的培養。我們的資料數據顯示，人們越常看到自己的領導者率先主動出擊、不斷考驗能力和技術的上限、從經驗中學習教訓，就越喜歡自己的工作環境。唯有實地觀察到模範榜樣，人們才會想深入了解他們試圖獲取的技術本質。正面的行為榜樣是必要的，因為任何人都不可能根據一個負面教材來超越自我。你只能去超越正面的榜樣。你知道有一百件你不會做的事，但如果你連一件自己會做的

事都不知道，就不可能在工作上有優異的表現。讓人們專注在一或兩件最想學習的技術上，然後找一個擅長這些技術的人來當他們學習模仿的對象。讓人們跟可供仿效學習的榜樣建立關係，協助他們想像自己也能施展出同樣技術，了解這種能力的培養何以重要，加以內化。

靠目標來挑戰　目標是極其強大的動力來源，少了它，人們很難繼續堅持下去。[8] 因此領導者不是單純為了挑戰而挑戰。只想要人們隨時保持警覺，並不構成改革的理由。只會抱怨進展，嘀咕哪裡做得不好，肆意批評新的思維和想法，或者在挑毛病時只說別人對這個有意見，卻不提供任何解套的方法，這些都不算是挑戰舊習，也不是領導統御。模範領導者的挑戰都是有意義的，他們是為了獲取更美好的成果才採取行動。領導者之所以出手挑戰——而且通常都滿懷熱情——是因為他們想要人們過上更好的生活。他們堅信所有利害關係者的生活都會因流程、產品、服務、系統和關係的不斷改進而獲得提升。但是要人們完全投入這樣的挑戰，就得先讓他們知道原因是什麼。當他們了解自己的組織和工作目標時，意義就存在了。

　　要有動力去面對挑戰以及生活和工作上的各種不確定性，這股動力一定是來自於你的內心，而不是外在。它通常不像蘿蔔和棍子一樣可以拿出來在你面前支使你。[9] 我們及其他許多人的研究都證實，人們面對挑戰時，若要拿出最出色的表現，就必須靠內在自我激勵的方式。他們對任務或專案計畫的投入必須是發自內心的。至於給人們更多的報酬（譬如提供或增加財務誘因）就能有效提升成果的假設性說法，早已被研究人員質疑和否決了。目前的看法是後效酬賞（譬如看績效結果提供報酬）可能是虧本生意。[10] 研究調查用令人信服的

證據，證實了靠外在動機反而會害表現變得低落，甚至打造出一種意見分歧和自私的文化，那是因為它削弱內在的目的感。[11] 說到追求卓越，它絕對不是「拿報酬才辦事」，而是「值得做才去做」。

你付再多錢都沒有辦法要人們真正去在乎 —— 他們的產品、服務、社區、家人、或甚至盈虧。畢竟有什麼理由要為了成就非常之事而把自己逼到一個極限呢？但反過來說，為什麼有人會不問任何理由就去做很多很多的事？為什麼有人自願去滅火？為有意義的事情去募款？或者幫助需要救助的孩童？為什麼有人願意賭上自己的事業生涯冒險開創新企業？或者不顧自身保障去改革社會條件？為什麼有人冒生命危險去拯救別人或捍衛自由？這些努力並不會讓他們得到很多錢、很多捷徑、很多津貼或很高的名望，他們如何從中找到滿足？外在獎勵當然無法解釋這些作為。領導者訴諸的是人們的心靈與思想，而不是只靠雙手跟荷包。

艾琳・布魯姆（Arlene Blum）就親身體會到「靠目標來挑戰」的重要性，她是生物物理化學博士，成年後花了大半輩子時間攀登高山。她有三百多次的成功登頂經驗，最大的挑戰 —— 也是她最為人所知的成就 —— 不是她曾經攀爬過哪一座海拔最高的山，而是帶領第一支由女性組成的登山隊，爬上安娜普納一號峰（Annapurna I），也是全球第十高峰。「每個人都會問登山者一個問題：為什麼要去登山？」艾琳解釋道：

當他們得知之前的準備過程非常冗長和困難時，更想問出個究竟。但對我們來說，答案不是「因為山就在那裡」這麼簡單而已。我們都經歷過登頂時的亢奮和喜悅，也擁有登山隊友之間的堅定情誼，而現在我

們正要啟程去實現登山者的最終目標——世界上的第十高峰。只不過身為女人的我們，所面對的挑戰不是只有那座山而已，我們必須對自己有足夠的信心，相信我們有能耐去做這樣的嘗試，哪怕在社會傳統和兩百年來的登山歷史裡，女性向來只能站在一邊看。[12]

　　艾琳堅稱熱情是那條用來區分能否成功攻頂的分界線：「只要你相信自己做的事情是有意義的，你就可以超越恐懼和無視疲憊地邁出下一步。」[13]

　　充滿熱情和懷抱目標的領導統御，在高度不確定的年代裡尤其重要。當風險和複雜度升高的時候，人們會比身處在簡單安逸的環境裡更需要導引方向。人們需要一個理由讓他們繼續往上爬，繼續努力，繼續奮鬥。那個理由必須超越短期的報酬，它必須是某種更永續的東西。當你在挑戰人們，要求他們成長、創新和改進的時候，一定要解釋清楚這對他們的同事、顧客、家人和社群會帶來哪些好處。把這個挑戰跟那個更大的利益連結在一起，給他們一個在乎的理由。

善用對外的觀察力

　　有一次我們去北加州嶙峋的海岸一遊，竟意外找到對領導者來說很重要的建言。在一本描述那一大片太平洋的手冊上方，印了一行警語：「千萬不要背對海洋」。你不能因為想要看一眼城裡的風光，就背對海洋往內陸看。因為當你轉過身時，大浪可能襲來，將你捲進海裡，就像許多毫無戒心的遊客所遭遇到的情況。這句警語對遊客來說是個好建議，對領導者來說又何嘗不是。當你把目光從外面的現實世

界移開，轉向欣賞內部組織的美好時，外頭千變萬化的洶湧浪潮就可能將你捲走。

創新也是如此：你必須不停掃視外面的現實世界。創新需要的是妥善運用對外的觀察力，它是內省力（insight，對事物內在本質的理解能力）的同胞手足，只有在開放的心態下才會生成。那是因為研究人員發現到創新可能來自任何地方。[14] 針對執行長所做的一項全球性研究指出，創新的最大來源都在組織外部。[15] 有時候點子來自於顧客，有時候來自於先驅用戶（lead users），有時候來自於供應商，有時候來自於企業夥伴，也有時候來自於其他組織的研發實驗室。

領導者必須時刻主動找尋最細微的跡象，留意聆聽最微弱的信號，早一步發現地平線那頭正在崛起的新事物。你要開啟大門留條通道讓點子和資訊源源不斷地進來，才能知曉四周的動靜。缺少向外觀察力的內省力，就像在裝了百葉窗的窗前看風景一樣，永遠看不到全貌。

跳脫你的經驗往外看　伊路米歐商業數據和雲端公司（Illumio）數位行銷總監安妮・王（Anne Wang）總是對四周的動靜感到好奇，永遠抱持開放的態度。她向來以不恥下問著稱。有一位下屬曾形容她，「不管在討論什麼，除非她完全弄懂內容，否則她會鍥而不捨地追問到底」。[16] 安妮說她這麼做的理由是，她「總是想設法搞清楚別人眼裡看到的是什麼」。

對資深主管做過追蹤調查的研究人員發現到，最成功的執行主管都不會被動等待資訊送到面前，而是主動對外搜尋，增長見識，這樣一來，就會知道下一步該怎麼走。[17] 舉例來說，他們會查看晨間新

聞，經過同事的辦公室順道進去打聲招呼，大概了解一下現況，到走廊或廠區逛一下，去自助餐廳喝杯咖啡或跟同儕吃個午飯，參加一些私下的聚會和慶祝活動，參與訓練課程和會議。他們盤算的是「先一步掌握組織內外正在發生的事」。他們保持警覺，確保自己不會坐等問題發生：「怎麼會發生這種事，我卻不知道？」

這種走動詢問的領導方式，不只能讓領導者跳脫自己的經驗往外看，也能促進內外的對話，找到創新的契機。此外人們對組織的自豪感和忠誠度也會受到影響，於是願意多走一步，把專案計畫做到最完美的地步。舉例來說，我們的數據顯示，人們越常觀察到領導者「主動積極地搜找創新的方法來改善我們的工作」，他們就越覺得自己在工作上發揮影響力。

針對大腦處理資訊方式的研究指出，想要用不同的角度看事情，希望要有更具創意的想法，就必須先拿一堆大腦從來沒碰過的事情來轟炸它。根據艾默里大學（Emory University）神經系統科學家葛雷戈利‧伯恩（Gregory Berns）的說法，這種新鮮感很重要。因為大腦被進化得很有效率，它會為了節省能量而習慣性地在概念上走捷徑。只有強迫自己打破先入為主的觀念，才能讓大腦重新分類資訊。跳脫習慣性的思維模式會是一個起點，將有助於你想像出新的可能選擇。[18]

由於人的腦袋擅長用根深蒂固的方式去看待世界，而且會主動過濾跟它看法不同的證據。因此麥肯錫管理資詢公司研究人員建議最好的解決辦法，是直接親身去體驗：「眼見為憑式的親身體驗最能撼動人們的想法，解決會議桌上的抽象式討論。因此在辦公室以外的地方展開創作練習或動腦作業，絕對很管用，而方法就是設計出可供個人親身體驗的經驗，直接挑戰對方隱性和顯性的假設看法。」[19] 有種說

法是，如果只坐在辦公桌後面，就算了解四周出了什麼問題，也無濟於事。

考特妮‧巴拉格是在一家零售店當副理時才明白這個道理。當時業務團隊非常墨守成規，變不出新花樣。在零售業裡，就跟其他組織一樣，人們通常會抱住一套對他們來說還算管用的戰術不放，除非被迫改變。這家店表現不錯，她回憶道：

直到有一天，我們用來賣產品的那套戰術成效極差，但是沒有人能想出新點子攤在桌上，改變當時的做法。於是我請每位同事各自挑選二到三家店進行觀察。我想要激勵和挑戰這個團隊，讓他們近身觀察同行如何販售產品，再把新點子帶回來跟大家分享。於是他們到處去看，從品級中等、不會對顧客咄咄逼人、重視顧客滿意度的美式休閒時尚品牌GAP，到強調業績、以佣金為誘因的時尚奢侈品牌路易威登（Louis Vuitton）都有。等他們回來之後，再把蒐集到的資訊拿出來分享，思維才能跳脫既有的框架，學習別人的成功做法。新的銷售技巧協助團隊打破窠臼，重振旗鼓。

考特妮繼續解釋道，「如果你只對四周的人說話，沒有走出去看看新的風景，你就永遠想不出新點子。新東西都很有挑戰性也很刺激，需要你走出自己的舒適圈才看得到。」

領導者了解創新比例行作業更需要傾聽和有效溝通。成功的創新之舉，不會從總部大樓的第五十層樓或者市政廳的事務部裡突然冒出來。你必須建立關係、打通人脈、取得聯繫、出去外面走動。和周遭世界保持聯繫，是皮里亞‧邵德加蘭（Priya Saudagaran）在某非營利

機構為印度偏鄉地帶落實淨水系統的經驗談。當她得知管理高層決定關閉一套特殊的處理系統，造成當地村民無法取得乾淨用水時，她感到非常難過。雖然她明白這是公司考量財務所做出的決定，但她還是覺得不符公司的使命宗旨。於是她去找頂頭上司，希望他能直接跟村民對談，了解他們為什麼不買水。此外，她也把目光探出組織以外，研究競爭者如何解決同樣問題，並找其他類似的非營利組織商討。

皮里亞走出辦公室，進入實地現場，想要「知道問題究竟何在，而不是循往例將一陣子表現不佳的生意直接收起來」。也因為她的發現和分析，終於讓社區的參與度提高，也調整了原來的業務模式，在十二個月內改頭換面成有盈餘的單位，最後這套模式也被複製到當地其他場所。她的經驗證實了傾聽和推動多樣觀點很重要。

傾聽和推動多樣觀點　要求變革的聲音來自於組織內外。假如一切都運作完善，也許對改革的要求就不會那麼急迫。但真相是，如果你的抱負是讓一切都變得更好，那麼有些事情就一定得改變，哪怕是在還沒出問題的情況下。標準作業流程（Standard operating practices，簡稱SOPs）可以讓事情按部就班地處理，但通常不適用於動盪不安、不確定，或者對提高成果標準有一定要求的情況下。

事業生涯之初就在富國銀行（Wells Fargo Bank）擔任財務分析師的路易斯・薩瓦萊塔（Luis Zaveleta）告訴我們，公司如何用標準作業流程在訓練他，希望他在部門裡有一套標準可循。他有部分工作是處理每日、每週和每個月的報告，這些都很適合照SOP來做，「至於其他工作比較需要創意性的思維」。而隨著具有挑戰性的作業數量不斷增加，他發現越來越難靠公司的SOP來應付：

　　等我越來越有工作經驗，也越來越精通管理技巧之後，我開始質疑做事的方法。我開始去請教比較資深的員工和經理，為什麼要在部門裡使用SOP解決所有問題。沒多久我就發現，之所以大量使用這套SOP，是因為缺少其他替代品。那十年來，每個員工都被教導在工作上要使用這套SOP，卻沒有人想過可以更新，甚至用不同的方法來解決問題。

　　每當新的挑戰出現，路易斯就必須在繼續循用那套效率不彰的舊SOP，和挑戰部門既定流程兩者之間做出選擇。雖然路易斯覺得「身為一位領導者，必須勇於逆勢而上，改善行之多年的既定流程」，但也深知領導者必須自知所學有限，願意敞開心房去探索任何乍現的點子。於是路易斯去找不同部門的同事、經理以及幾位董事討論，想了解他們的想法。出乎意料，最佳建言者竟然是在一家地方分行擔任櫃員的同事。「領導者必須知道好的點子可能來自任何人，才不會錯失創新的機會。」路易斯告訴我們。「以我為例，我為了克服眼前的挑戰，請教過公司裡的每個人，我願意敞開心房接受來自部門以外的任何點子。」

　　路易斯證實了如果領導者想要有效地挑戰舊習，那麼接納新點子對領導者來說絕對是必要的。你必須知道在面對問題時，光靠一個人，可能只能想出四平八穩的看法，但如果是來自不同背景的人，就可能提出各種不同見解。這些額外多出來的資訊和見解，可以協助你規畫出更好的對策，改善過時的系統。成功的領導者必須鼓勵所有利害關係者共同分享資訊，接納各種來源的點子，運用集體知識來想出有效對策。

　　研究人員發現到，除非人們被鼓勵對外溝通、搜尋各種看法，否

則都不太會跟外界互動，新點子於是被阻斷。曾有研究調查針對某特定專案中人們合作共事的時間，和小組自創立以來不同階段的三種人際溝通（專案內部的溝通、組織內的溝通和外部專業團隊的溝通）之間的關係進行研究。此外也檢視了每個小組的技術成果，而這些成果都是由部門經理和實驗室主任來評定。[20]

　　他們發現到，成果表現較佳的小組都跟實驗室以外的人有較多的溝通，可能是組織裡的單位，譬如行銷部和製造部，也可能是外面的專業社團。有趣的是，合作共事時間最長的小組回報他們在那三個領域裡的溝通比較少。他們「不太接觸來自外界的新點子和先進的技術，也不太接觸組織裡其他部門所提供的資訊。」[21] 合作最久的團隊會自我隔絕於這些資訊之外，但這些都是他們最需要用來發想新點子的資訊，於是久而久之，成果表現自然較為低落。他們共事太久了，久到覺得不再需要跟外人談，只要內部彼此談一談就夠了。

　　人們通常都很怕到處徵求意見和聽取別人的看法，原因之一是，他們認為這樣做就表示或至少暗示他們很無能，證明他們不懂一些早該知道的事。但是研究證實，這種擔心是不必要的。人們其實認為那些徵求意見的人比從不徵求意見的人更有能力，而且在任務作業比較困難的時候，這種看法更是強烈。[22] 你可以向懂自己在說什麼的人請教問題和徵詢意見，藉此提升別人對你能力的評價。這麼做也可以讓對方覺得自己受到肯定。因此，當你遇到尤其令人為難的問題時，不要猶豫，趕緊找一個處理過類似狀況的人談一下。他們很可能事後對你做出更高的評價。

　　敞開心房接納新的資訊，方法是多傾聽各種觀點。你要如何擁有更開闊的視野？研究人員建議了三種方法：[23]

- 用令你受挫或惹惱你的人的視角來看事情，試想這個人可以教會你什麼。
- 把別人的勸告聽進去，換言之，從傾聽裡頭去學習，而不是一定要去改變對方的看法。
- 找你舒適圈以外的人徵求意見，也就是你通常不會一起聊天的人。

　　向他人請教問題和徵詢意見，可以自然而然地得到組織上下正在分享的知識。這種好學精神也能鞏固人際關係，所以傾聽外面世界的聲音和提出好問題是絕對必要的。你永遠不知道偉大的點子會從哪裡現身，意謂你必須建立一種態度，把每份工作都當成是在探險。

把每份工作都當成是在探險　我們請人們告訴我們，在他們描繪的個人最佳領導經驗裡，專案計畫都是由誰主動發起的。我們本來以為大多數人會回答是由他們自己發起。結果不然。我們發現到有過半的例子都不是對方發起，而是另有其人 —— 通常都是這個人的直屬主管。一開始，我們很意外，後來才明白一般人的工作大多是被指派的。這是組織裡的實際狀況，很少有人可以從無到有地展開任何作業。也因此，不管專案計畫是自己發起還是被指派，都不算是重要的變數。真正重要的是，位在接收端的這個人如何看待這份被指派的任務。他們可以只把它當成另一份工作 —— 一個有待完成的任務 —— 又或者他們可以把它看成是某種探險 —— 很可能因此成就某件非常之事。

　　在組織裡和生活中，總會發生一些事情。究竟是你去找到那些挑戰，還是它們找上你，其實並不重要。真正重要的是你所做的選擇，你為了挑戰現狀所找到的那個目標。所以問題在於：當機會敲門時，你做好準備了嗎？你已經準備好要打開門，走到外面，追尋那個機會了嗎？當克雷・阿爾姆（Clay Alm）接下租客公司（OneRent Inc.）的資深經營領導職務時，剛好遇上一連串危機。曾經有段時間，他對業務同事的回應感到沮喪，對方總是說這不是經營上的問題。克雷知道他必須從不同角度切入，才能得到業務團隊的重視。於是他主動擬訂策略。克雷告訴我們，他「很清楚如果你拿出一份提案說要改變現狀，可能就會直接吃到閉門羹。而且會不只一次地被拒絕。但是優秀的領導者在遇到逆境時是不會放棄的。他們會搬出另一套對策來扭轉困境，而且會不斷拿出更多辦法，直到問題被解決為止。」

　　就算你這份工作已經做了很多年，也要把今天當成是你第一天上班，反問自己：「如果我才剛開始做這份工作，我會怎麼做？」從現在起就做這些事情。時時提醒自己有什麼地方可以改善組織，找出那些你一直想做但從來沒有機會做的專案計畫，要求你的團隊成員也這樣做。

　　當一個探險家和探索者。組織裡還有什麼地方是你沒去過的？你服務的社區還有什麼地方沒到訪過？訂出計畫去探索，到工廠、倉庫、物流中心或零售店實地參觀。探訪某職務、部門、工作地點裡的人，甚至是客戶總部裡那些令你好奇的員工。

　　就算你不是組織裡的高層，也可以去了解四周正在發生的事。不管你在哪個位子，都要對外搜找新點子。如果你真的想推動創新，想要大家多聽聽外面的聲音，就把新點子的蒐集當成首要任務。鼓勵他

們對組織以外的世界睜大眼睛和豎起耳朵。蒐集點子的方法很多，包括焦點小組座談會、顧問團、意見箱、早餐會、動腦研討會、顧客評鑑表、神祕購物客、神祕嘉賓、探訪競爭對手等等。線上聊天室也是一個跟不同領域的人交換點子的絕佳場所。

把點子蒐集放進你的日常作業和每週、每月的行程表裡。打電話給好一陣子沒用過你的服務，或者最近才上門購買的三名顧客或客戶，請教他們原因是什麼。當然也有人會用電子郵件，但是真人致電會比電子郵件理想。到櫃臺去請教顧客對公司的評價。到競爭對手的店裡購物。更理想的方法是，匿名購買組織裡的其中一項產品，看店裡的銷售人員如何介紹它。打電話到你的工作場所，聽聽看他們接聽電話和處理問題的方式。每週的幹部會議上至少花四分之一的時間傾聽外面的點子，以便改善流程、技術以及開發新產品和服務。不要讓幹部會議流於內部的例行性每日現況報告。廣邀顧客、供應商、其他部門員工或外來者與會，請他們針對如何改善這個單位提供建言。不管你在哪個位子，都要記得隨時伸出觸角。你從來不知道何時何地會找到點子。

這些方法會幫忙你睜大眼睛和豎起耳朵找到新點子。保持開放的心態，擴大你的視野，傾聽、思考、接受來自公司以外的點子。如果你從不轉過身去查看外部正在發生的事，那麼你被變革的大浪迎頭痛擊，也就沒什麼好奇怪的了。

【行動Tips】
尋找機會

　　致力於成就非常之事的領導者會敞開心房，接納來自任何人和任何地方的點子。他們善於利用觀察力去勘測科技、政治、經濟、人口、藝術、宗教和社會領域，從中搜找新點子。他們已經準備好去找出機會，迎戰組織裡經常會發生的變化。

　　你不必改變歷史，但你的確需要改變「一切照舊」的思維。你必須主動出擊，廣邀和創造新的點子。隨時警惕是否有什麼習慣痲痺了自己和同事，讓你們有自以為安全的錯覺。變革、創新和領導統御幾乎是同義詞，代表你的注意力盡量少放在例行作業上，多去看看沒有嘗試過的新事物。千萬記住，最創新的點子通常不是你自己想出來的，也不是來自於你的組織。它們會從別地方冒出來，所以最優秀的領導者都會四處探看，尋找它們的藏身之處。他們會請教問題和徵詢意見。模範領導需要的是對外觀察力而不是內省力。

　　對變革的追尋是一場探險。它會考驗你的意志力和技能。它不是那麼好處理，但是很刺激。逆境會幫助你看清自己。為了讓你自己和別人拿出最出色的表現，你必須先了解是什麼為你的工作賦予了意義和目的。

　　為了挑戰舊習，你必須尋找機會，主動出擊，對外尋求創新的改良方法。這表示你必須：

1. 每天都做一點改變，讓今天的你比昨天更好。
2. 到你舒適圈和技術背景以外的地方尋找第一手的經驗。
3. 要常常問：「有什麼新鮮事？接下來會是什麼？更好的是什麼？」不要只為自己問，也要為你四周的人問。
4. 找到一個有意義的目標，才對付得了具有挑戰性的艱難任務。
5. 請教問題，徵詢意見，傾聽不同觀點。
6. 勇於探險，不要墨守成規。

▶8 實驗與冒險

　　畢威拓軟體公司（Pivotal Software）長久以來在軟體開發流程裡都是使用敏捷開發這套方法（agile methodologies），但鮮少將它運用在組織裡的其他地方。凱瑟琳・麥耶（Cathryn Meyer）上了敏捷開發（agile development）和精實創業（lean startup）原理的訓練課程之後，就急著想落實這些概念。「我決定在我領軍的專案計畫裡落實一套強調敏捷性、可以反覆驗證的方法。」她告訴我們。

　　她的挑戰是把公司上下的職稱悉數標準化，整合成一套合乎邏輯的簡單架構。過去也有過類似的計畫，當時是由幾位人資專員找出問題，想出對策，然後塞進組織裡。「通常這些辦法都是在真空狀態下研擬出來，」凱瑟琳失望地說道，「公布的時候如果還不夠完善，那就慘了 ── 因為要改也來不及了。」

　　但在這個專案上，我採用的精實法是很不一樣的。我先訂好最後目標，並做出如何達成這個目標的假設，再展開各種微實驗來測試這個假設，透過意見反饋在解決辦法上不斷反覆驗證，從中學習教訓。專案團隊裡的人很早就知道，我們並不曉得這個問題的完美對策究竟是什麼，但我們會設計實驗來協助自己四處尋找好的點子，盡其所能地蒐集各種可能。

　　凱瑟琳和她團隊對員工做了簡單的調查，先蒐集大家的意見和想法，也跟全體職員個別交談，進行深入的探查。他們也研究了從外部找到的各種最佳實務作業。他們還致電給精實法方面的專家，請教他們的意見。「最後我們整合出一份信心滿滿的建議案。」她說道，「這個建議案是根據各方意見不斷反覆驗證下所得出的成果。我們將它拍板定案，因為這是我們盡能力蒐集資訊後做出的最好選擇。」最後凱瑟琳的團隊因為這套周密的流程而得到所有利害關係人的認同。

　　他們的下一個挑戰是在組織上下展開新工作職稱的落實作業。凱瑟琳把這個落實流程根據工作部門切割成好幾塊：「一次只在一個部門裡落實，這是很有效的方法，可以讓我們漸進式地朝最後目標邁進，同時也靠成功建立每一個里程碑來取得更多人的支持。」

　　在初期階段就從各種實驗裡頭汲取教訓的凱瑟琳，受到了莫大的鼓舞，開始簡化和合併同類工作，再進一步現代化公司的職稱方式。「就我所知，這向來是需要多費點力氣的一個領域。」她告訴我們，「第一個建議案聲勢起來之後，我就變得更有自信，敢主動出擊，做出必要的變革。」

　　這個流程剛開始的時候，很多人都說我們的任務根本不可能成功，我們絕對找不到一套對策來滿足大家的需求。但我們還是滿懷熱情地接下這個挑戰，拒絕放棄，哪怕當時我們研究的結果並不十分確定。我們繼續學習、實驗和微調，直到找出最佳對策。我現在知道我能夠挑戰傳統，自信可以帶領團隊展開全新的做事方法，哪怕逆境當前。

　　為了成就非常之事，你必須像凱瑟琳一樣願意去做以前從沒做過

的事。在個人最佳領導經驗案例中都會談到大膽採用新點子的重要性。你不能靠以前的做事方法來成就任何非常之事，必須嘗試未證實過的策略。你必須打破當下的標準框架，走出自我設限，向外探索嘗試新事物，抓住機會。

領導者必須往前再跨一步，不只願意嘗試大膽的點子和適度冒險，還要找其他人一起參與不確定的探險歷程。單獨出發，進入未知領域是一回事，找夥伴一起暗中摸索又是另一回事。模範領導者和冒險者之間的差別在於，領導者會創造條件讓人們想要加入，願意一起奮鬥。

領導者會讓風險變得安全，這聽起來可能有些矛盾，主要是他們會把實驗轉化成學習的契機。他們對大膽的界定並非是那種放手一搏、大躍進式的專案計畫，反而認為變革是從小地方開始做起，先推出試行性計畫，慢慢建立起聲勢。他們的願景也許偉大深遠，但實現的方法卻是一步一腳印地做。靠著可以看得到的小小足跡，才可能在初期有所斬獲，提早擄獲成員的心。當然實驗的時候，也不是所有結果都如預期，一定會有犯錯和起步失誤的問題。它們都是創新過程中的一部分，因此很重要的一點是，領導者必須鼓吹大家記取教訓，從失敗中學習，把最後成果建立在這些經驗上。

模範領導者會全力以赴地展開實驗，不怕冒險。他們知道要成就非常之事，領導者就得：

- 創造小贏成果
- 從經驗中學習

　　這些必不可少的條件有助於將挑戰轉化成探索，不確定性轉化成冒險，恐懼轉化成決心，風險轉化成報酬。它們是進步的鑰匙，而且這種進步將變得勢不可擋。

創造小贏成果

　　有句非洲諺語是這樣說的：「絕對不要光腳試水深」。進行任何新嘗試時，這絕對是明智的忠告。領導者應該勇於夢想，但起步要小心。通播集團（Comcast）矽谷創新中心（Silicon Valley Innovation Center）執行總監加里・傑米森（Gary Jamieson），曾分享他在跨國網絡公司進行某項專案時得到的經驗：

　　原本大家都認為這個專案不可能完成，所以我一開始就得向團隊證明它是可以被實現的。為了讓他們相信這一點，我精心架構整個專案，讓它早期就能有一些可以明確交付的成果作為重要的里程碑，讓大家看到在艱困的環境下還是會有收穫，而且因為這些早期里程碑的建立而相信自己有能力達成使命。然後我也確保中期的里程碑同樣會被當成計畫裡的成就公布出來，向大家證明實現這個里程碑的好處。這些方法不僅有助於引發大家的興趣，也有助於聲勢的建立。

　　為了讓人們去做他們從來沒做過的事，就得漸進式地推動，像凱瑟琳和加里那樣。你要把這場長途旅行分成好幾個階段。你要逐步進行，打造出一種正在往前邁進的聲勢，就像密西根大學榮譽教授卡爾・威克（Karl Weick）口中所謂的「小贏」。小贏是「一種被執行

完成、還算重要的具體成果」[1]，它會確定一個起點。小贏會讓這個專案看起來是可行的，也就是說，在現有技術和資源的參數裡，它是可行的。小贏策略可以極小化嘗試成本和降低失敗的風險。這個策略最有趣的地方是，一旦人們有了一次小贏的經驗，就會自然而然地繼續前進，不會退縮。種植一棵樹並無法阻止全球暖化，但種植一百萬棵樹就能發揮作用。而這一切都要從種第一棵樹開始。雖說谷歌的登月工廠（moonshot factory）很鼓舞人心、很有企圖心、也獲得了極大的矚目，但谷歌還有眾多偉大的創舉，都是靠少有人談到的各種小贏成果，一步一腳印地成就出來的——也就是靠連續的、短程的、漸進式的「攻頂」（roofshot）策略，讓產品年年精益求精。[2]

　　圖8.1顯示出認同／強烈認同領導者卓有成效的受訪者百分比，會隨著他們多常觀察到領導者利用小贏策略而大幅增加。對卓有成效的認同，從最底部的百分之十九飆到最頂端的百分之九十七，幾乎增加了五倍之多。下屬的參與因素也呈現出類似的看法。舉例來說，如果領導者非常頻繁/幾乎總是利用小贏策略，就會有超過百分之九十的下屬覺得自己在工作上有很高的生產力，很清楚身上背負著什麼樣的期待，而且覺得自己可以有效地達到工作要求。

　　科學界都很清楚，重大的突破其實是靠數以百計的研究人員所累積出來的成就，那是無以數計的付出最後集結出來的一個對策。所有在科技上的「小小」改良，無論是哪一個產業，所提升的組織生產力絕對超過偉大的發明家及其發明加總起來的影響。[3] 快速原型技術（rapid prototyping）和大量的快速原型技術，可以為市場更快帶來更高品質的產品。[4] 研究已經普遍發現，不分職業和專業知識，人們所想出的點子絕對比他們最初自信能想到的還要多。[5]

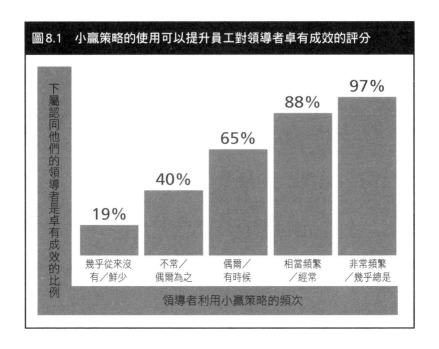

圖8.1　小贏策略的使用可以提升員工對領導者卓有成效的評分

下屬認同他們的領導者是卓有成效的比例

97%
88%
65%
40%
19%

幾乎從來沒有／鮮少　　不常／偶爾為之　　偶爾／有時候　　相當頻繁／經常　　非常頻繁／幾乎總是

領導者利用小贏策略的頻次

　　哈佛商學院教授泰瑞莎‧阿瑪比爾（Teresa Amabile）和獨立研究學者史帝文‧克萊默（Steven Kramer）曾針對「是什麼因素讓知識工作者更卓有成效」進行廣泛調查，結果發現「當人們的工作心態正面時，也就是當他們感到快樂，受到工作本身的內在激勵，以及對同事和組織有正面看法時，就會變得更有創意和生產力。」[6] 這些感受都會因為具有意義的工作有進展而出現。「我們一想到有進展這三個字，通常都會聯想到長程目標終於實現或有了重大的突破，那種感覺非常棒。但重大的勝利固然感覺很棒，卻相當罕見。好消息是，即便是小贏的局面也對工作心態有非常正面的影響。」[7] 不斷一小步一小步地往前跨出，一樣會對人們的內在動機產生正面影響。我們的數據顯示，「領導者有多常找到可量測的里程碑來讓專案計畫繼續發展下

去」，跟下屬對工作期待值的清楚程度有直接關係，也和他們對組織成功的積極程度與承諾程度呈正相關。

　　如果人們知道你是在要求他們做自己相當在行的事，他們會很有把握自己一定能夠完成任務。當人們不會對眼前任務感到不知所措時，就會全力以赴完成工作，不會老是去想「我們哪有辦法解決這問題」。模範領導者會找到一些小地方，讓人們用不一樣的方法成功達陣，藉此讓他們產生參與感，甚至想要繼續下去。

建立心理抗壓性　問題牽扯到的層面太多或太廣時，除了很嚇人之外，也扼殺人們對自己未來能力的想像，更遑論現在的能力。領導者經常得面臨這樣的處境，他們想要人們攀上高峰，但不會害怕跌落；想要人們有被挑戰的感覺，又不至於手足無措；想要人們感到好奇，而不是失落；感到興奮，而不是備感壓力。英特爾的供應鏈管理專員克爾絲汀・科爾（Kirstyn Cole）告訴我們，當她首度接下重要的領導職務時，她有多「興奮又焦慮」，而且也領會到「當你成為領導者的時候，難免會感到害怕」。她本來可以沿用以前的方法來做事，免得找別人麻煩或者花額外的時間及力氣做出變革，但是她明白如果要把事情做得更好，就必須有決心和毅力，還要懷抱熱忱。

　　心理學家已經發現，那些覺察到壓力很大但又能用正面態度面對壓力的人，都具有一種被稱之為「心理抗壓性」的特質。[8]無論是企業經理、創業家、學生、護士、律師、上場作戰的士兵或囚犯，心理抗壓性高的人較能承受重大的挑戰，也比抗壓性低的人容易從失敗中站起來。[9]抗壓性是人們可以學習的一種特質，也是領導者可以提供支持的地方。

　　要建立心理抗壓性，有三個關鍵要素：承諾、掌控和挑戰。要想把逆境轉變成優勢，就必須先讓自己對眼前事務做出承諾。你必須親身參與，且要有好奇心。你不能袖手旁觀，被動坐等事情上門。你也必須掌控自己的生活，努力去影響眼前正在發生的事。就算你的嘗試不可能都成功，也不能消極。最後，你必須視挑戰為契機，從正、負面經驗中學習。

　　請看一下德拉・杜薩（Della Dsouza）所遇到的挑戰。當時她正要離開鮮少有人際互動的某資訊科技部門，進入另一家公司的業務部，在那裡她必須與顧客有直接的互動。她告訴我們，這份新工作跟過往完全不同，是從來沒有接觸過的領域，她需要「跳出以前的慣性思考模式」：

　　這個挑戰有三個層面：我去到一個不同的地方，那是在國外；英文不是我的母語；我以前沒有業務方面的經驗。最初的那幾個禮拜，我一天幾乎做不到一筆生意（規定一天起碼要有四筆交易）。於是我為自己訂下一個目標，一定要設法做到業績，最起碼一個禮拜拿到一筆訂單。這表示我必須拉長工作時間，我必須時時記住一定要達成自我設定的基本目標。我必須專注在那些小有斬獲的地方，以它們作為求勝的基礎。

　　過了一陣子，德拉發現她比較能自信地面對顧客了。她的業績也開始上揚。建立起這些小小的里程碑，可以幫助她堅持下去。她說：

　　沒多久，我就不再像以前那樣擔心有沒有做到最低的目標了，我對每一筆交易變得越來越有信心，而這也鞭策我努力完成下一筆交易。每

天我都會遇見新鮮的事情，它是一種持續學習的曲線。一整年下來，我在這個領域磨練出不錯的技能。我也從一個怯生害羞、什麼事都不懂的菜鳥，變成了充滿自信的業務代表。這需要靠毅力和勇氣，才有辦法繼續往前走。

德拉利用小贏策略來保持專注和自我激勵，同時建立起必要的心理抗壓性來迎戰眼前的阻礙，不斷進步。誠如她的經驗所證實，這種應付變化和壓力的能力，取決於你看待事情的視角。你要啟動新的專案，你要踏出第一步，就必須先相信自己一定可以做出成果。無論眼前發生什麼事，你都必須對它們感到好奇，找到方法從中一步步學習。你要有肯吃苦耐勞的態度，才能把壓力轉化為成長和重新開始的契機。更重要的是，你可以協助你的團隊得到同樣的體驗。

加以分解，強調進展　像德拉這樣的領導者都知道要把大的問題分解成幾個可行的小問題。此外他們也明白在啟動新計畫時，必須從小地方試起，才能把事情做對。不是每一個創新之舉都管用，要確保成功，最好的方法是先實驗很多點子，不要只實驗一、兩個很大的東西。模範領導者會協助他人認清唯有把整趟旅程拆解成幾個可量度的重要階段，才能鞭策他們繼續前進，不斷進步。

吉塔‧拉馬克里希南博士（Dr. Geeta Ramakrishnan）加入印度新德里一家龍頭級私立醫院，負責掌理微生物部門。她注意到那裡有很多現有流程需要改進，但也很清楚改變現存系統既複雜又具風險。不過她認為如果把必要的改革分解成幾個部分，再有條不紊地落實，就可能減低風險做出成果。吉塔在提出點子之前，先展開密集研究，查

核這套計畫的可行性，並調查全國其他頂尖實驗室所遵循的流程。

　　她為這場可能的變革表列出一份優先待做的清單，先拿自己部門裡的人工檢測流程作業開刀，因為這套作業相當耗時，而且誤差率很高。她告訴實驗室主任，採購自動化檢測設備可大幅降低人工成本，改善周轉時間，降低誤差率，結果說服了對方。他們決定先從她的部門開始，看結果再決定是否擴大到整個實驗室。在那份呈交給醫院高層的提案裡，囊括了她針對幾個主題所做的詳盡調查：初期的設備投資、勞動力的減少、機器監控人員和操作人員的培訓、多餘人力轉調至其他部門的各項作業、未來節省的時間和成本，以及誤差率降低也連帶減少責任事故。如其所料，管理高層給了通行的綠燈，准他們放手去做。[10]

　　就像以往的案例，吉塔也認清了「任何大事都要靠許多小事的累積才能成功」的道理，而這也是個人最佳領導經驗個案裡常見的現象。不管你怎麼稱呼你的實驗 —— 模型站點、試行性研究、示範性計畫、實驗室檢測、田野實驗、市場測試 —— 它們都只是用來嘗試許多小型作業的方法，以便為日後的大事做好準備。而這些手段可以不斷製造出許多小贏成果。

　　實驗是指做各種嘗試和學習。此外它們也是很棒的視覺教具。當你展示你實驗過的「小東西」時，就等於讓人們具體感受到成功的樣子，連帶提振起士氣和自信。你讓人們了解到集合小事可以讓巨大的成果變得可能，於是他們知道原來可以做點事情來處理原以為很難對付的問題。

　　招商銀行（China Merchants Bank）協理賈斯汀娜・王（Justina Wang）告訴我們她的早期領導經驗，當時她負責某跨國公司的全球

銷售管控作業，結果她在海外作業流程裡找到一些問題。賈斯汀娜知道這套系統需要變革，但她不是很懂變革的方法，尤其這是一套複雜又冗長的流程，分散在許多不同部門。於是她向全球銷售供應鏈裡的每個人請益，談完一輪後再將問題拆解成幾個部分，並決定在海外某家子公司試用其中一個點子。結果效果相當不錯，於是很快拓展到分布於六大洲的三十家子公司。回想起這個經驗的賈斯汀娜說道：「沒有任何改變是一步登天的。你要靠很多的小贏策略，才能集合成最後的勝利成果。」

個人最佳領導經驗中有一個不言明但又明顯的「學習框架」。當事情進展不如預期時，模範領導者總是會問：「我們可以從中學到什麼？」在圖8.2，你可以看到有這種行為的領導者，下屬對他們卓有成效的評分爬得很快。只要適度地提問，下屬對你在「卓有成效」這部分就會有不錯的評價。

雖然人性比較側重負面，但你必須專注在進展上──不過這不是要你去強調抱負和現實之間的差距，而是你已經往前推進了多少。負面性這種東西會很快地瀰漫和傳染開來，進而扼殺了成果表現。你要知道一定會有外力影響情勢，而許多外力是你無法掌控的。重新框架最後的結果，強調大家在過程中實現了什麼和學到了什麼。如果人們老是犯同樣的錯，這種犯錯就學不到任何東西。模範領導者會不惜代價糾正錯誤，把事故當成黃金學習機會。此外，他們也會確保其他成員知道其中的進展。唯要靠從經驗中學習和正面態度，同樣錯誤才不會一再發生。你和同事才能更好整以暇地迎接下一個挑戰或機會。

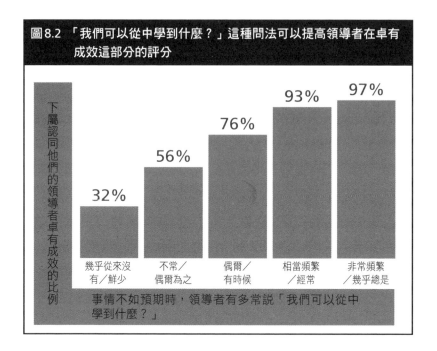

圖8.2 「我們可以從中學到什麼？」這種問法可以提高領導者在卓有
　　　成效這部分的評分

下屬認同他們的領導者卓有成效的比例

32%　　56%　　76%　　93%　　97%

| 幾乎從來沒有／鮮少 | 不常／偶爾為之 | 偶爾／有時候 | 相當頻繁／經常 | 非常頻繁／幾乎總是 |

事情不如預期時，領導者有多常說「我們可以從中學到什麼？」

　　態度正面的領導者不僅會鞭策自己和團隊成員繼續學習，完成日後的作業任務，研究也證實能保持樂觀態度的領導者由於不會沉緬於挫折和失望裡，因此較具有創意，也較為創新。他們會對各種新的可能保持開放的心態。就個人來說，他們得憂鬱症和心血管疾病的比率較低，壽命因此較長。[11]

　　模範領導者會接受現實，但是絕不會輕易接受失敗，絕不會變得自艾自憐或沉浸在悲傷裡。他們會重整旗鼓、重新評估，再往前邁進。[12] 他們也會分享自己想要克服挑戰的決心，藉此激勵他人。哥倫比亞賀爾米鋼營造公司（Hormigon Reforzado）資深專案經理卡蘿萊娜‧羅哈斯‧薩爾塞多（Carolina Rojas Salcedo）告訴我們，她最欣

賞的領導者總是抱著「沒什麼不可能」的態度。「雖然這樣的想法不會讓問題自動消失，」她說道，「卻能幫助我和其他人相信未來會變得更好。除此之外，當別人也有這種正面態度時，就會集結出一股驚人的力量。」要把挫敗轉變成東山再起的優勢，就必須先有正面的樂觀態度，矢志從經驗中汲取教訓。

從經驗中學習

　　無論你在什麼時候挑戰現狀，難免都會失敗。不管你多清楚地將挑戰視為一種契機，也不管你當下的目標多明確，或者多麼全力以赴地往成功目標邁進，都有可能會遭到挫敗。當你嘗試不同於以往的新鮮事時，總難免會犯錯，但這就是實驗的真諦。所有科學家都很清楚測試新的概念、新的方法和新的作業時，中間一定會經歷許多錯誤的試驗。

　　誠如前面的圖8.2所示，根據下屬的說法，最卓有成效的領導者都是那些會問「當事情不如預期時，我們可以從中學到什麼」的人，而不是指著別人罵，或者把錯怪到別人頭上。他們的上司和同事談到「領導者的卓有成效」和「從經驗中學習」之間的關係時，也都持有同樣看法。除此之外，如果領導者能這樣提問，其下屬覺得組織很重視他們工作的比例，比領導者鮮少這樣提問的下屬多兩倍。

　　再重複一次，受訪者告訴我們，不管是個人還是專業層面，犯錯和失敗都對他們日後成功具有關鍵性的影響。若是不犯錯，他們就不知道自己能做什麼和不能做什麼（至少在當時來說）。受訪者還說，如果不是偶爾失敗，他們哪有可能實現自己的抱負。這聽起來好像很

矛盾，但很多人都呼應這樣的說法，也就是說，只有在可能失敗的情況下，整體的工作品質才會提升。這也正是某陶藝老師在課堂上進行實驗時學到的。這位老師在學期一開始就把學生分成兩組，他告訴第一組學生，他們可以靠製作更多陶器來拿到高分（也就是說製作三十只陶器可以拿到B，四十只陶器可以拿到A），不用管品質如何。然後告訴第二組學生，他們的分數完全看製作出來的陶器品質而定。結果不出所料，第一組學生埋頭猛做，盡可能衝高數量，而第二組學生則是在製法上非常小心謹慎，試圖製作出品質最優的陶器。可是令這位老師意外的是，那些製作數量最多的學生 —— 也就是量重於質的做法 —— 竟也製作出品質最優的陶器。原來大量的製作練習，能自然而然地產製出最優質的品質。因為學生對複雜的窯燒技巧越來越純熟，知道不同的燒製位置如何影響成品的美感。[13]

　　在這個實驗裡，犯錯最多的學生做出了最優質的成品，這樣的結果完全吻合其他針對創新流程所做的研究。舉例來說，針對美國太空總署太空梭專案計畫的員工所做的研究也證實，從失敗中學到的經驗比從成功個案所學到的還要多，而且更能記取教訓，並確保在後續計畫裡不會再犯錯。[14] 成功不會孕育出成功，研究人員的結論是：成功會孕育出失敗，但失敗卻是成功之母。當然任何的努力從來不是以失敗為目標。可是成功還是需要一定數量的學習經驗，而學習過程中難免會涉及到犯錯、誤差和失誤。

當一個主動積極的學習者　由於對領導統御和學習這兩者之間的關係感到好奇，於是我們進行了一系列研究，想知道學習手段的廣度和深度是否會影響領導行為。我們只調查領導者對學習的投入程度，因為

我們知道每個人對學習方法的喜好不同。結果發現，不管偏好的學習風格是什麼，對學習比較投入的領導者比不投入的領導者，更懂得善用模範領導的五大實務要領。[15] 有學習傾向的領導者，比較能接受隨著實驗或者領導過程所出現的各種不明確性、錯綜複雜性，甚至模式的轉變。

其他研究人員也曾發現學習和領導成效之間有強烈的關聯性。要預言某人接下管理新職日後能否成功，最好的方法是，看當事者能否反省自己的經驗，加以調整，表現出新的作為。[16] 你必須誠實檢討自己的價值觀和行動，尋求意見反饋，虛心接受任何建言，放心實驗新的作為。這個過程跟人稱速克達（Scooter）的史考特‧德律農上校（Colonel Scott Drennon），在阿富汗坎達哈機場（Kandahar Airfield, Afghanistan）擔任某醫療工作隊指揮官時所學到的經驗類似。

他剛被調到那裡沒多久，總部支隊司令就來找他，給了一個點子，令他措手不及：我們下戰帖給坎達哈的海軍外科醫院（Navy Surgical Hospital）指揮官，海陸軍的奪旗橄欖球賽日期，就跟美國本土實際舉辦的海陸軍對抗賽同一天。在同意這個點子之前，速克達猶豫了一下，因為他在想這其中的風險和機會。畢竟有些人可能不贊同在戰鬥部署期間舉辦橄欖球賽，這並不符合使命。要是有人因此受傷，恐怕也影響關鍵人力。再說海軍醫院的員工人數比陸軍多，所以陸軍很可能會吃鱉，對士氣造成不良影響。但在考量過利弊之後，速克達認為這些風險可以接受，而且他覺得好處可能更多。他解釋：「就算我們輸了這場比賽，但光是讓部隊參與其中，暫時不必去煩惱部署的事情，也絕對有其價值。」他接受了挑戰，他的海軍對手也一樣欣然接受。

　　有關這場比賽的消息迅速傳播開來。速克達本來以為軍種之間的這場小比賽只會吸引少數人注意，卻沒想到它竟然有了自己的生命力。他開始覺得他們陷了進去，因為就連坎達哈文康辦公室（Kandahar Morale, Welfare, and Recreation office）也都聽聞了這個消息，自願提供裁判、講解員及一套音響設備，供他們開賽使用和播放國歌。美國軍中廣播電台（Armed Forces Network，簡稱AFN）也來參一腳，允諾會播映球賽，這樣的能見度就很夠了。

　　開賽日終於到了，當天場面更是盛況空前。人造草皮球場就位在坎達哈基地營正中央一處叫做木板道（Boardwalk）的地方，那裡有架高的環狀步道圍繞球場，步道上商店和小吃店林立。來自美國各軍種分部的官兵及不同國家的聯盟夥伴擠滿了木板道，觀看這兩支隊伍在這場歷史性的橄欖球賽裡對決。等到最後一次哨聲響起，陸軍最終以39比22大勝海軍。

　　速克達從這個經驗裡學到什麼？第一，他告訴我們，「我當時其實並不完全明白，在這場慎重其事的賽事裡拿下『小贏』，會對我的單位造成什麼影響。」

　　結果第二天，以及後來幾個禮拜甚至幾個月，每當我去工作時，都不免注意到那裡瀰漫著一種正面的氛圍。每個人都笑容滿面、自信滿滿，以身為我們醫療工作隊的一員為榮。此外，我也注意到各方面的工作表現都有長足進步。事實上，我們單位的士氣高昂到士兵以為坎達哈機場是他們的天下！更錦上添花的是，那場勝仗過後，好幾個月AFN都不斷重播勝利球隊的訪談內容。後來每次只要士兵有點想家，就會在AFN重溫那場球賽，重新獲得求勝的意志。這就像是一再賜予我們的

一份好禮。

　　學習是最重要的技巧。當你完全投入學習中時 —— 也就是當你全神貫注於實驗、省思、閱讀或接受指導時 —— 你就會在一種不斷進步的亢奮氛圍裡，逐步體驗到成功的滋味。說到學習，當然是學越多越好。模範領導者在體驗全新陌生的事物時，都是抱著願意學習的態度，因為他們很清楚學習的重要性，也承認學習過程中無可避免會犯錯。

　　已退休的寶僑董事長、總經理兼執行長萊富禮（A.G. Lafley）就曾意識到：「我擔任執行長多年，從失敗中學到的經驗多過成功帶給我的。我認為失敗就像禮物一樣。如果你不這樣看待它們，就無法從失敗中學到任何教訓，無法進步 —— 這家公司也無法更上一層樓。」[17] 他的看法相當類似全壘打王漢克‧阿倫（Hank Aaron）的說法：「我的座右銘就是不斷揮棒。無論我的打擊表現是在谷底，心情惡劣到極點，還是在球場外面遇到問題，我唯一能做的事情就是繼續揮棒。」《哈利波特》（Harry Potter）作者 J. K. 蘿琳（J. K. Rowling）也有同樣看法：「生活中難免會有失敗，除非你日子過得非常非常小心，但那還不如不要活算了，你的失敗是被默許的。」[18] 針對創業家所做的各種研究調查也發現，曾嘗試自體經營（或者說自行創業）但後來放棄的人，相較於從來沒在事業生涯裡有過失敗經驗的受薪員工，前者的財務表現比較好。[19]

　　你必須留意這些教訓。如果你從失敗裡學到教訓，歷史就不會嚴厲批判你曾經失敗。但如果你不去嘗試、停止揮棒或者活得太過小心翼翼，歷史也不會讓你好過。那些留下久遠遺產的人都是曾經犯過

錯、失敗過，但再度嘗試的人。最後那次的奮力一搏才是最重要的。
無論在哪個領域，若無失敗的可能，就沒有成功的機會。[20]

　　要建立主動積極的學習能力，可以先從史丹福心理學教授卡蘿‧
德威克（Carol Dweck）所謂的「成長心態」（growth mindset）開始，
她說成長心態是「建立在你的信念上，你相信你的基本特質可以透過
各種努力培養出來」。她把這種心態拿來跟固定心態做比較。後者認
定的是「你的特質已經被印刻在石板上，無法更改」。[21] 具有成長心
態的人相信人們可以透過學習，成為優秀的領導者。而固定心態的人
則認定領導者是天生的，不是靠後天養成，所以再多的訓練也無濟於
事，無法將你培養成一個優於你自然本質的人。研究人員模擬處理業
務問題時證實，有固定心態的人比有成長心態的人更快放棄，表現成
果也較差。這現象也適用於學校裡的孩童、運動場上的運動員、課堂
上的老師，甚至男女關係裡的伴侶。[22] 在迎接挑戰的時候，攸關結果
的是你的心態，而不是技術能力。

　　要幫自己和其他人培養成長心態，就必須先擁抱當前的挑戰。
那裡是學習的開，當你們遭逢挫敗時 —— 而且會有不少挫敗 ——
都必須堅持下去。你必須明白你的種種努力 —— 以及他人的種種努
力 —— 正是你們制勝的手段。要成為人上人，靠的不是天分也不是
財富，而是不斷努力來達成目標。[23] 向人請益你的表現如何，虛心接
受別人給你的建設性批評，把周遭人士的成功視為對自我的鞭策，而
不是威脅。當你相信自己可以不斷學習，你就會不斷學習。只有深信
自己可以更上一層樓的人才會努力達成這個目標。

創造學習的氛圍　我們曾針對二百二十五位負責教育、開發和指導領

導統御的人展開調查，而根據調查結果，要提倡學習和培養成長心態，最重要的就是信任。[24] 如果領導者想要成長茁壯，就必須讓大家相信彼此。他們需要一個安全的環境，可以敞開心房誠實以對。他們需要互相支持彼此的成長，當彼此的靠山，當有人跌倒或失敗時，扶他們起來。他們必須能夠合作，互相加油打氣。他們必須尊重每個人的差異，願意接納另類觀點和背景。針對績優人士所做的研究充分證明，人們要拿出最出色的表現，得先有一個願意支持他們的環境。研究人員發現，工作環境裡的人際關係良好，人們較能展現出學習的行為。[25] 相較於以內部競爭為主、贏者全拿的人才遴選方式，強調合作的工作氛圍反而更有助於領導者的養成。

納門里司鋁業公司（Novelis）的前任執行長菲爾・馬頓斯（Phil Martens）提到，信任的重要性是他早期學習到的領導課題。[26] 他很清楚當一位事必躬親的微觀管理者，絕不是一條通往成功的道路：

你必須放手讓別人犯錯，只要不是大災難就行了。最重要的是，我必須打造一條安全的道路供他們跑跳，順道把緩衝器的定義說清楚──而這緩衝器可能是行為守則，也可能是我們的決策方式。只要大家沒有超出這條道路的界線，愛走多快都可以。但如果撞到緩衝器，一定要把他們拉進來，提醒他們那個緩衝器是什麼，為什麼有它的存在。

朗恩・傅利曼（Ron Friedman）在他的著作《最佳職場：打造非凡工作環境的藝術與科學》（*The Best Place to Work: The Art and Science of Creating an Extraordinary Workplace*）裡，質疑了最棒的工作環境「鮮少出現犯錯」的迷思。他的觀察是，最理想的工作環境犯

錯次數反而比較多，而不是比較少。原因是工作者比較不怕承擔犯錯的責任。[27] 犯錯是一條通往偉大點子和創新之舉的道路，在領導者的支持下，團隊成員會做好學習的準備（而不是失敗的準備），到舒適圈以外的地方進行實驗和探險。以護理單位為例，很多研究都發現到有一點很反常，那就是領導者和同事之間的關係良好時，犯錯的次數反而比較多（譬如藥物治療會出錯）。但是這並不是因為他們在工作上比較無能，而是在這些單位裡，人們出錯時比較願意自承錯誤，然後想出辦法來確保下次不再犯同樣錯誤。[28]

願意創造學習氛圍的組織，會提供各種系統性的學習契機，包括正式的培訓機會和私下的分享，譬如以課堂為主的學習課程、各種線上學習機會、外面的研討會，以及各種私下指導。輪調式工作或特殊專案也可以挑戰人們，給他們自我養成教育的機會。怡安全球管理顧問公司（Aon Hewitt）就指出，頂尖公司對領導者的養成方式「向來都是透過內部的養成機制，讓人才在組織上下歷練」，相較之下，只有百分之六十六的一般公司透過這種方式培育領導者。[29]

除此之外，鼓勵學習和創新的組織會給人們時間去處理正職以外的專案計畫。這樣的環境才能夠培養出好奇心，而這是讓思維跳脫框架的先決條件。加州大學戴維斯分校（University of California, Davis）神經科學中心（Center for Neuroscience）所做的研究顯示，保持好奇，大腦才會隨時去學習。刺激大腦中跟獎勵和快樂有關的迴路，會讓學習的經驗變得更令人滿意。[30] 對周遭正在發生的事有強烈的好奇心，你才會想去探查和理解接下來會發生什麼事。

布萊恩・葛雷瑟（Brian Grazar）是享有盛名的成功電影製片，近年來有多部熱門影片都是他的作品，包括《阿波羅十三號》（*Apollo*

13）、《美麗境界》（*A Beautiful Mind*）、《美人魚》（*Splash*）、《為人父母》（*Parenthood*）。他把這些非凡的成就歸功於誰呢？答案是：「確切地說，是好奇心。它是我通往成功的鑰匙，也是讓我快樂的鑰匙。」然後他繼續補充道，「好奇心給了我活力和洞察力去做每一件事 —— 對我來說，好奇心會把一種充滿無限可能的感覺注入我做的事情裡。」[31] 提出問題是布萊恩表達好奇心的方法，他說這會擦撞出一些很有意思的想法，建立起合作關係。

　　想想看，你怎麼做才能跟人們在組織內外進行布萊恩口中所謂的「好奇心對談」呢？你可以先利用類似以下的開場白：「我向來很好奇你是怎麼成為〔某個職務或職業〕的。我在想你是否願意花二十分鐘分享你是怎麼辦到的？—— 你生涯裡的重要轉折點是什麼？」[32] 你可以透過這樣的對話，請教對方他們在生涯裡所面臨到的艱難挑戰是什麼，或者他們為什麼會用某種特別的方法來處理某件事，抑或他們是怎麼解決某個特別棘手的問題，或者是怎麼想出某個點子。通常並沒有既定的提問內容，完全視對象和情況而定，但是這種受到好奇心及學習欲望驅使下的提問方式，往往能夠成為對話的開端。由於要做好提問的準備，你一定會強迫自己先想清楚想學到什麼。

　　《富比世》（*Forbes*）雜誌專欄作家瑪姬・沃瑞爾（Magie Warrell）在她的著作《不要再穩扎穩打》（*Stop Playing Safe*）裡說，要打造出有助於學習的氛圍，方法是先協助大家務實地思考風險對他們的意義。[33] 她提到大腦造影先進技術證明人類的大腦天生就會高估風險、誇大後果，以及低估自己的處理能力。也因此，他們做出的選擇多半是基於他們害怕那些不想有的遭遇，而不是基於矢志想去完成他們希望達成的目標。奎西生活用品公司（Quidsi）的資深商品企畫經理萊

恩‧迪門（Ryan Diemer），就用自己的個人最佳領導經驗證實了瑪姬的說法：「風險的承擔從來不是件容易的事，有時候甚至很可怕。」但是他明白「風險的承擔是必要的，因為它會要求你和你的共事者不只挑戰眼前的工作，也要挑戰工作的方式。有時候風險會讓你獲得回報，有時候不會。但真理是，如果你不去冒那個風險，你永遠沒有收穫。」

人們都知道不管自己嘗試什麼，都不太可能第一次就做對，而且也知道學習新東西會有一點可怕。他們不想在同儕面前出糗，也不想讓自己在老闆面前看起來很蠢。所以如果你要打造學習的氛圍，就必須讓別人可以放心去嘗試、去好奇、去提問，就算失敗也沒關係，因為最終目標是從經驗中學到。

強化韌性和恆毅力　處理生活中和領導統御上的各種困境需要決心和意志力。你不能讓挫敗打趴你，也不能讓路障擋住你的去向。你不能在事情不按計畫進行時，就變得垂頭喪志。你不能因為有阻礙或競爭激烈就輕言放棄。你也不能讓其他很有吸引力的新專案分散了你的興趣，讓你分心。

這個看法正是國家籃球協會（National Basketball Association）奧蘭多魔術隊（Orlando Magic）資深副總帕特‧威廉斯（Pat Williams）所奉行的。[34] 在他擔任體育幹事幾近五十年的生涯裡 —— 從小聯盟棒球隊的管理到菁英級籃球特許經營權的共同創辦 —— 曾經歷過不少得失成敗。而他早期學到的教訓是什麼呢？

就算身處在艱困時刻，也不要浪費那些時間。當處境艱難，挫敗和

失望接二連三時，你等於有了更多的受教機會。如果我沒有好好利用那些挫敗和失望，就不可能有今天的成就 —— 我在這些挫敗中學到了很多，也得到長足的進步，甚至多過於風光的時候。

整個事業生涯裡都在學習領導統御的帕特提醒我們，史上最偉大的領導者都曾面臨巨大的阻礙。他說他們本來早該放棄，但是他們沒有。帕特說，他們都有：

華特・迪士尼（Walt Disney）口中所謂的「勁草性格」，哪怕處境艱困，還是會戰鬥到最後一刻。而我們之所以佩服這些領導者，是因為他們絕不輕言放棄。領導統御仰仗的永遠都是堅持到底的人。

在帕特的描述裡，韌性就是可以從挫敗裡迅速恢復、繼續追求未來願景的能力，類似賓州大學心理學教授安琪拉・達克沃斯（Angela Duckworth）所謂的恆毅力（grit）。她和她的研究同仁將恆毅力簡單定義成「一種毅力以及對長期目標的熱情」，還說它「會讓人奮力一搏地迎戰任何挑戰，而且多年來始終堅守這份興趣，努力不懈，哪怕過程中會有失敗、困難或停滯。」[35] 恆毅力的展現意謂你會設定目標、執著於一個點子或計畫、很專注、堅持做一些花很長時間才能完成的事情，以及會克服挫敗等。在實證研究裡顯示，無論受訪者是學童、軍校生、上班族、藝術家、學者或任何人，最有恆毅力的人，最有可能得到好成果；你越能展現恆毅力，成果就越好。[36]

韌性和恆毅力就像成長心態一樣可以被培養和強化。根據研究人員的說法，不肯輕易放棄的人都「有一種習慣，他們會把眼前的阻礙

詮釋為暫時的、局部的和可以改變的」[37]。當失敗或挫折出現時，不要一直想著這是自己的錯或是某人的錯，反而應該去思考造成失敗的環境因素是什麼，然後信心喊話這種特殊狀況只是暫時的。要強調這次的失敗或挫折僅是偶爾有之，並非所有情況都如此。就算身處在高壓和極度艱困的情況下，適應力強的人也會繼續朝目標前進，深信這些問題並非永久，他們一定可以做出成果。

每當達成重要的里程碑和小有成就時，就將成果歸功於團隊成員的投入和努力，藉此培養出成長心態。要信心喊話還有更多的勝利即將到來，永遠保持樂觀，相信自己的團隊絕對會好運連連。此外適應力也需要鍛鍊，方法是指派具有挑戰性但仍在能力範圍內的工作，強調獎勵而不是處罰，並鼓勵大家將變革視為一種無限的可能。[38]

個人最佳領導經驗都涉及領導者在生活上的改變以及各種壓力事件，而且每個人用來描述自身經驗的字眼，幾乎都吻合心理抗壓性、韌性和恆毅力的定義。他們會投入而不是疏離，會控管而不是無力以對，會挑戰而不是威脅，他們有熱情，他們不屈不撓，就算失敗或挫折，也不輕言放棄。他們證明儘管處於最艱困的時刻，也能體會其中的精妙意義。他們可以克服任何艱難險阻，不斷進步，改變現狀。

【行動 Tips】
實驗與冒險

　　變革是領導者的工作，是他們必須做的事情。他們總是在找方法改良、成長和創新。他們知道今天的做事方法，絕不可能讓人們實現他們所勾勒出來的明天，所以要進行實驗，不斷修補，甚至打掉重練。他們會提問：「我們可以在哪裡做實驗？我們可以怎麼改進？」

　　但是變革會令一些人不知所措、害怕，動也不敢動。模範領導者相信，也會讓其他人相信，變革是他們可以成功達陣的一種挑戰，每個人都可以掌控自己的生活，影響最後的成果。他們會確保每個人都清楚知道變革的意義和目的；他們會打造出一種強烈使命感，全力以赴。

　　他們會利用小贏策略讓事情往正確方向前進。他們會分散作業，設定短程目標。他們會採用一種小額下注的手法（也就是訂出許多實驗、測試版方案、先行計畫）來讓人們有一個起步，看見實際進展，建立承諾，打造聲勢。

　　每當你在嘗試新事物時，無論大小難免有意外，也無可避免地出錯甚或失敗。你絕對不可能第一次就做對──而且也可能第二次或第三次的嘗試照常敗北，這也是為什麼模範領導者會打造出一種有助於學習的氛圍。這表示他們不會處罰勇於實驗和冒險的人，而是讓人們可

以放心地從經驗裡學習，並把學到的經驗分享給大家。事實上，最優秀的領導者也是最佳的學習者。你必須要有成長心態；你必須相信每個人都努力學習時就會有進步。此外，也必須打造學習的氛圍 —— 大家在這裡會覺得備受信任；就算勝算不大，也被鼓勵繼續堅持下去；無論成功或失敗，都能自在分享；把不斷的改良和進步視為一種例行作業，而且有機會觀察到正面的榜樣，彼此互動。

要挑戰舊習，就得勇於冒險地展開實驗，不斷製造小贏成果，從經驗中學習。這表示你必須：

1. 製造小贏的機會，倡導各種饒富意義的小小進展。
2. 制訂漸進式目標和里程碑，將大型專案打散成幾個可以完成的步驟。
3. 讓人們全神貫注於工作上可以自我掌控、生活上可以完全投入的事情。
4. 讓人們可以放心地展開實驗、不怕冒險，方法是鼓勵大家從經驗中學習，並認真聽取他們成功或失敗的經驗，蒐集學習教訓，廣為分享。
5. 強調個人的成就是來自於不斷地挑戰自我、精益求精。
6. 透過小額下注的方式，不斷實驗新點子。

促使他人行動

- 建立互信，增進關係，促進合作。
- 藉由自主權的提升和能力的培養來強化他人的分量。

▶9 促進合作

　　「當年我在企業界跨出第一步的時候，」波南‧賈達夫（Poonam Jadhav）回憶道，「曾有一個絕佳的機會，實驗領導者創造的合作互信環境如何影響最後的表現。而所謂的合作和互信環境，是指在那樣的環境下，點子和資訊是暢通無阻的。」

　　波南在孟買的花旗技術服務中心（Citi Technology Service）擔任技術副理時，必須在兩處跟兩個團隊輪流工作，每次為期六個月。她告訴我們其中一個團隊的領導者很不信任自己的團隊，總是微觀管理每位成員的工作內容，哪怕他們都是很厲害的工程師，非常清楚自己的工作是什麼。所以他們都很不喜歡在她底下做事，不會在工作上拿出最出色的表現。波南解釋因為這位領導者不讓他們有任何自主權：

　　每當出了問題或程式漏洞有待修補時，她都不准團隊成員自主作業。她要求他們先把問題提報給她，等她確認之後，才能動手處理。這表示要解決一個問題得花很長的時間，因為她有二十位成員提報的問題要處理。他們都懊惱她的做事方法，他們完全沒有自主權，一點都不受到信任。

　　這位領導者的行事方法阻礙了團隊的生產力和表現。成員們休息

時都在抱怨她有多不信任他們，多低估大家的本領，士氣也被打壞。根據波南的說法，這位領導者幾乎從來不跟團隊有任何面對面的互動，所有溝通都是透過電子郵件。「這中間沒有任何人與人之間的關係、沒有信任、沒有工作動機，也不對團隊目標或組織目標做出任何承諾。」她說道。

　　但她在另一個團隊裡的工作經驗就完全不同。波南說那位領導者很相信自己的團隊成員，也很尊重他們。領導者會跟他們面對面互動，讓他們有自主決定權。她會鞭策團隊想出對策來解決自己遇到的問題，不必擔心犯錯。她也會靠提問的方式協助他們思索對策，提升他們的邏輯思維。也因此這個團隊比另一個團隊更快修補好軟體漏洞。而且這裡的成員都能跟領導者公開討論問題，放心地分享他們在工作上或私底下遭遇到的問題。她會專心傾聽他們的難處，提供管用的建言。她的行事作風讓人覺得很有同理心，能夠體恤下屬，因此能在團隊中建立互信的氛圍。波南注意到，團隊成員休假時，負責的作業萬一臨時出狀況，他們也都會在家裡或遠端上線處理。波南說，她的行事方式讓這個團隊變得強大，能成就出非常成果。

　　她給了團隊成員們很高的自主權，讓他們有機會在專業知識和技能上充分運用自己的判斷力。在個人責任的承擔上，她也給了他們自由選擇權。她鼓勵責任制，培養他們的信心，因此團隊都很有自信、很創新、也很有責任感，對工作非常敬業。他們的表現十分優異，因為一個有能力又有自信的團隊，一定是由一個有能力又有自信的領導者領軍。

　　誠如波南的經驗所證實，領導統御是一種人際關係，領導者為促

進合作所展現的作風絕對會影響人們的行為方式。[1] 在談到個人最佳表現和他們所欽佩的領導者時，受訪者都熱情地表示，團隊作業和合作精神是通往成功的人際大道，尤其是在情況危急、具有挑戰時。來自全球各行各業和各經濟領域的領導者，自始至終都很清楚「你不能孤軍奮鬥」這個道理。模範領導者都知道要打造合作的氛圍，必須先確定這個團隊需要靠什麼才能做好眼前的工作，然後在共同的目標上建立起團隊意識，讓大家相互尊重。領導者必須把信任和團隊合作列為第一要務。

　　除非對共同的創造和共同的責任有強烈的認同，否則不可能有非常的表現。模範領導者會全力促進合作，所以一定會做到以下兩點：

- 創造信任的氛圍
- 增進關係

　　合作是實現和維繫高效能表現的關鍵因素。由於組織越來越多樣化而且分散世界各地，因此當利益衝突和緊張對立出現時，就必須靠合作的技巧來走出一條路。我們的實證研究證實，花最多時間和精力為同事們培養合作關係的領導者，被下屬認定是最卓有成效的領導者，也因此這些下屬的工作參與度往往最高。要在人們共事的地方促進合作和增進人際關係，靠的就是信任。

創造信任的氛圍

　　信任是人際關係裡的重要關鍵。沒有信任，就無法領導。沒有信

任，就無法讓別人相信你或互相信賴。沒有信任，就不能完成非常之事。對人不信任的人，是無法成為領導者的，因為他們沒辦法相信別人的話或者他們所做的事，最後只能一手包，再不然就是事必躬親到微觀管理。對別人缺乏信任致使對方也不信任他們。為了建立和維繫社交上的連結，信任是必須互惠和互相回報的。信任不能光用腦袋想，必須打從心底去相信。

投資信任　研究證明，用信任程度來預測個人、團隊和組織的表現是非常準確的。[2] 容易信任別人的人，比總是用懷疑的目光看待世界的人快樂，而且較能在心理上有所調適。[3] 被認為比較容易信任別人的人，容易被別人當成朋友，也較常有人找他們傾訴，因此具有影響力。研究人員從針對七千七百個團隊所做的一百一十二項研究調查裡得知，團隊成員互相信任的程度對團隊的表現影響甚鉅。[4] 安永會計師事務所（Ernst & Young）負責全球多樣性和包容性的主管凱倫・特瓦倫奈（Karen Twaronite）就贊同這一點。她的公司曾針對巴西、中國、德國、印度、墨西哥、日本、英國和美國等地的九千八百名全職員工進行調查，得到的結論是「要創造一個工作環境讓員工願意全心投入、發揮生產力、持續創新，基石就在於信任」。[5]

　　再者，在重要企業目標的實現上，備受信任的公司的表現會大幅超越同業，這其中包括顧客忠誠度和顧客保留率、競爭市場的地位、道德行為和行動、可預測的業務和財務目標及利潤成長。[6] 比方說，值得信任的公開上市公司的股價表現，照例都是標準普爾500指數（S&P 500）的一點八倍。[7] 在英國，基於信任而非基於特定協議和懲處而外包出去的合約，被證明增值可達百分之四十。[8] 美國《財富》

雜誌列出百大最佳雇主（the 100 Best Companies to Work For）時，「信任」這個變數在遴選標準上占了三分之二的比重，而且這些企業的財務表現都優於同業，缺勤率、工傷、自願離職率等也都降低。[9]更甚者，全球有幾近三分之二的受訪者指出，他們拒絕向不信任的公司購買產品。[10]

　　最卓有成效的領導情境是團隊裡的每位成員都相互信任。當信任成了常態時，決策就能有效率地做成，也更勇於創新，獲益性會跟著提高。在某項角色扮演的作業練習裡，幾個小組的企業主管被告知同一個難題，製造－行銷政策的決策有些棘手，要求他們以團隊身分來解決這個問題。其中有半數小組被告知可以互相信任（「過去的經驗告訴你，你可以信任其他高層成員，你可以在他們面前公開表達自己的感受和異議。」），其他小組則被告知不能互相信任。在經過三十分鐘的討論之後，所有團隊成員再針對這次的作業經驗完成問卷。[11]

　　被告知可以信任同事的參與者，在對話和決策的態度上，比各種衡量因素的信任度都很低的參與者更積極正面。高信任度小組的成員對感受表達的接納程度比較高，清楚小組的根本問題和目標是什麼，也較能找到更多的替代辦法。此外，對會議的最後成果、會議滿意度、決策執行動機以及團隊凝聚力，也都有較高的交互影響力。

　　但是在其他小組裡，就算想真正地開誠布公，也往往受到忽略或扭曲。這些被否定的參與者會以牙還牙地說：「真是一群草包！我是想跟他們開誠布公，可是他們根本不肯合作。要是照我的做法，早把他們全開除了。」小組裡的其他成員也不客氣的回應：「我們才相處十分鐘，我就受夠了，我才不跟你們一起合作呢。」也難怪在低信任度小組裡，有超過三分之二的參與者都說會慎重考慮另覓新職。[12]

別忘了，這還只是模擬性的作業練習。這些真實生活裡的主管之所以會有這樣的反應，是因為他們被告知不能信任那些扮演同事的人。這證明了信任或不信任這種東西只是靠告知就能成形，而且是在短短幾分鐘內。在模擬作業之後，參與者被要求去思考造成兩組人最後成果和感受有極大差別的原因，結果沒有任何一個人想到信任是其中的關鍵變數。

當你打造出信任的氛圍時，你就創造一種可以讓人們自由貢獻和創新的環境。你支持點子公開交流和開誠布公的討論。你鼓勵人們不要只懂得服從，要拿出自己最出色的表現。你讓大家相信他們可以信任你，可以放膽去做他們最有興趣的事。要有這樣的成績，就得在信任遊戲裡下注，你必須傾聽別人的聲音，向對方學習，還必須和大家分享資訊和資源。先有信任，才會有人追隨。

先釋出信任　谷歌供應鏈計畫經理雅各·菲爾波特（Jacob Philpott）在個人最佳領導經驗裡學到的一個重要教訓是，「要贏得別人的信任，就得先釋出你的信任」。他解釋道，「如果你不能信任別人，將無法成為領導者，因為你沒有辦法相信別人說的話和做的事，以至於最後只能自己一手包辦，或對工作事必躬親到團隊成員都看不起你。」他告訴我們一個失敗的例子，那是他在另一家公司共事過的經理：

當時這位經理（叫做AJ）一開始就急著向管理高層證明他的團隊可以成功，不過他不相信他們能靠自己做到。他覺得把自主權下放給下屬的風險太大。

AJ會把他的個人技巧和方法強行加諸在下屬身上,要是他們不聽從,他就坐在他們後面,實際秀給他們看他想做出來的東西。結果最後就只能做出他想要的東西,而且大多時候,都是AJ自己坐在下屬的辦公桌前完成。我的同事都受不了他的作風。他們對他沒有任何一絲尊重或信任,而且一直在背後說他壞話。

AJ的做法跟模範領導者完全相反。建立信任是一種過程,一開始一定要有人(不是你就是對方)願意冒險率先敞開自己,秀出弱點,釋出掌控權。領導者都會率先為之。如果你想靠信任和合作來取得更好的表現,就必須在要求別人信任你之前,先證明你信任對方。

率先踏出第一步好像很可怕。你等於是在冒險,賭別人不會背叛你的信任,會好好利用你所提供的資訊和分配的資源,也會珍惜你所分享的感受。你也等於是在冒險賭別人不會占你便宜,你信任他們會去做對的事情。這些都需要相當程度的自信,但是報酬可觀。信任是有感染力的,當你信任別人時,他們才可能信任你。但是如果你選擇不去信任別人,你要知道不信任也會傳染。所以如果你展現出不信任的姿態,對方對你和同事的信任也會變得舉棋不定。要不要樹立榜樣,願不願意卸下刀槍不入的外殼,得由你來決定。凱尼・湯瑪斯(Keni Thomas)回顧他在美國陸軍突擊隊(U.S. Army Ranger)的經驗時曾說:「信任不是用公告的,而是去掙得的。」[13]

敞開自我是跨出第一步的方法。讓別人知道你的立場何在,你重視什麼,你想要什麼,你期待什麼,你願意(和不願意)做什麼,這些都能披露出你這個人的真實面貌。你無法確定別人是否欣賞你的坦率、認同你的渴望,或者照你所想的去詮釋你說的話和你做出的行

動。但是一旦你冒險敞開自我，別人就比較可能也做出同樣的冒險，朝互相理解的目標邁進。

這也正是瑟米索諮詢顧問公司（Semedsol Consulting）總經理馬蘇德‧法哈扎德（Masood Fakharzadeh），召集一個海外產品開發小組時有過的經歷，那也是他個人最佳領導經驗的部分體驗。馬蘇德把這個團隊集合在一起，他說，「初期我就拜託大家前來協助我。我告訴他們這是我第一次帶領這樣的專案計畫，這個計畫的成功得靠他們的協助和專業知識。我用請他們幫忙的方式來證明我完全信任他們。」

信任是不能被強迫的。要是有人拒絕了解你，認為你不懷好意或者沒有能力，就算你想做點什麼來改變他們的看法和行為，也是機會渺茫。但是一定要記住一點，對別人釋出信任，在多數時候以及對多數人而言，都是一種比較安全的下注方法。人類天生就懂得信任這回事，少了它，便無法在這世上有效運作。[14]

對別人釋出關懷　你對別人釋出的關懷，是一種明確又清楚的信任訊號。當別人知道你把他們的利益置於你的利益之上時，就會毫不猶豫地信任你。[15]但是你必須讓他們在你的行動作為裡看到這個訊號──譬如傾聽，重視他們的點子和疑慮，幫忙他們解決問題，敞開心房接受他們的想法。當你表現出你很歡迎他們的點子，很在乎他們的顧慮時，對方就更能接納你。

在研究中我們發現，「下屬認為領導者對各種觀點的主動傾聽程度」和「下屬對工作環境的感受」之間有關聯。認同或強烈認同領導者會主動傾聽的下屬，幾乎百分之百地說自己「非常具有團隊精

神」。當下屬指稱他們的領導者幾乎從來沒有、鮮少或甚至難得傾聽時，只有不到三分之一的受訪者會說他們非常具有團隊精神。這個結果證實，下屬對動機和生產力的評量結果，跟他們判定領導者的主動傾聽程度有直接關係。

主動傾聽不是只專心聽而已。曾有研究針對技能開發課程的近三千五百名學員進行調查，結果發現最佳傾聽者不是只靜靜聆聽對方說話，[16] 他們在聽的時候也會提出問題，以便能「深入的挖掘和認識」。這種主動傾聽很像是對話，需要的不只是用耳朵聽對方說，也必須交談，使這場對話變成一種正面的體驗，也讓被傾聽者備感支持和重視。對對方的獨特觀點表示欣賞，是在證明你尊重他們和他們的想法。能體恤別人的經歷，將有助於拉近彼此間的關係，也較容易接受彼此的建言和指導。真正厲害的傾聽者多半會提供意見，他們被形容成「跳跳床」，讓你覺得有一些點子會從他們那裡蹦出來。[17]

這些作為會讓彼此有同理心、相互理解，進而建立信任關係。誠如加拿大科視公司（Christie Digital Systems）的全球供應經理西尼薩・柳依奇（Sinisa Ljujic）所解釋：「為了你的下屬好，你必須先接受他們真正的本性。我們都是平凡人，需要以尊重的態度對待每一個人。我會去聽別人想要說的話，這樣才知道他們在想什麼。唯有如此我才能跟他們一起進步。」[18] 很明顯的，他每天都在傾聽別人的心聲，關心他們的需求。你看到的是他會去鼓勵別人自己想辦法解決問題，而不是跳下去幫他們解決。你也會看到他提早進到公司，跟每個人打招呼，問他們過得好不好。你更會看到他花時間指導剛接下新工作或新職務的人。

同理心的表現非常有助於建立信任。[19] 甲骨文公司社群雲端服務

系統（Social Cloud at Oracle）集團副總梅格・貝爾（Meg Bear）甚至說：「同理心是二十一世紀很重要的技能。」[20] 你可能沒想到竟然會從科技主管的嘴裡聽到同理心三個字。但現在已經越來越明顯，越是科技自動化的工作，人際關係技巧就越重要，尤其對領導者的工作而言。研究顯示，對下屬展現最多同理心的主管會被上司認為表現優異。[21] 能對別人表示關切、體恤別人所遭遇到的問題，以及慈悲憐憫他人，都能提升領導者和團隊成員的工作能力。羅曼・柯茲納里奇（Roman Krznaric）利用十多年的研究成果寫成《同理心：為什麼很重要，要怎麼樣才有同理心》（*Empathy: Why It Matters, and How to Get It*），他在書裡說同理心「不只是從別人的角度去看事情，也是聰明領導的基石。人類在工作上的競爭優勢是有能力建立人際關係，意思是同理心比經驗更重要。」[22]

蘋果公司財務經理馬克・安德森（Mark Anderson）告訴我們，他的新業務總監如何在行動上展現出關懷和同理心。馬克說，雖然那位領導者已有五十多年的資歷，但從第一天起，這位總監就對整個團隊釋出信任，他會在介入之前，先聽一下他們的建言。

這個小動作大幅影響了我們對他的看法，我們相信他很信任我們的分析和看法。除此之外，他會安排時間跟我們共進午餐，以便了解我們私下的一面，而不是只談工作。這種舉動使得團隊成員都跟他建立起私人的友好關係，因為他真的很關心我們每一個人。這也使得我們對這位領導者感到好奇，開始會去傾聽他的想法，也經常詢問他的意見，因為他打一開始就把我們之間的關係鞏固好了。

　　像這些關切別人的舉動都可以培養出合作精神，因為就像馬克說的，「我們把他看成可以合作的夥伴，而不是一個只會下命令的人。」

　　模範領導者知道必須透過別人的眼睛看世界，才能確保自己有顧及到各種觀點。這也正是蘋果公司全球產品行銷經理安迪・程（Andy Cheng）跟別人分享的課題，這些都是他從個人最佳領導經驗中學到的：「同理心很重要，你必須先了解別人的感受，才能確定自己能做什麼來幫助他們成功。我希望大家記得的是，我曾經如何服事這個團隊，而不是那個被服事的人。」安迪說，你所建立的這種人際關係「可以發揮很大的影響力」，人們感覺到可以跟你無拘無束地暢談自己面臨的挑戰。對他們來說，要跟你分享他們的點子、挫折甚至夢想，就必須先相信你的回應是體恤和有建設性的。他們必須感覺到「你在乎他們的利益。」

　　很有趣的一點是，被認為是朋友之間才會有的非批判性的傾聽方式，跟成功的領導統御所用的技巧一樣，都帶有友誼的成分。雖然沒有人指望你去當每一個人的好朋友，但研究人員已經透過各種設定證實，在工作上有朋友及跟上司有友好關係，都能大幅提升工作環境的健全性和生產力。[23] 比方說，在某場模擬管理的作業練習裡，充當執行長的人被告知他們的財務副總是朋友（或者不是朋友）── 哪怕這樣的「資訊」無論如何都不足以影響這家公司的問題解決能力，[24] 但是當人們相信你會把他們的利益放在心上 ── 你很在乎他們時 ── 他們才會敞開心房，願意被你左右。

分享知識和資訊　要對領導者信任，能力是重要因素。誠如我們的研

究所證實,人們想知道他們所相信的領導者很清楚自己在說什麼和做什麼。身為領導者有一個方法可以證明自己的能力,就是分享你所知道的事,並鼓勵他人也這麼做。你可以表達你的見地和專業知識,分享你從經驗中學到的教訓,幫團隊成員牽線認識重要的資源和人脈。能扮演知識建立者的領導者等於是在樹立榜樣,教導團隊成員也應該對別人這樣做。於是團隊成員間會變得互相信任,除了有更好的表現之外,也間接培養出更多的領導者。[25]

這正是薪酬顧問凱瑟琳‧麥耶(Cathryn Meyer)在畢威拓軟體公司(Pivotal Software),第一次督導暑期實習生時學會的做法。她訂定了一系列的「工作見習」日,讓實習生珍納(Jenna)可以全天跟著不同工作的成員見習。凱瑟琳的目的是讓珍納接觸組織裡各種面向的人力資源,讓她更清楚各個職責的核心技術,以及這些不同職責的互補性。此外凱瑟琳也會跟實習生定期檢討,趁機提供建言,也順道聽聽珍納的反饋。凱瑟琳說,這種做法「可以幫忙鞏固我們的關係,打造我們之間的互信基礎」。

團隊成員之間的信任程度會隨著專業知識和資訊的分享而提升,成果表現也會跟著變好,這在在強調和證明關注團隊需求對領導者來說有多重要。如果你表現出信任別人,願意分享資訊(個人資訊和專業資訊),團隊成員也會拋開疑慮和你交流。但是如果你的信任表現得很勉強,刻意扣住資訊不放 —— 又或者你太想保住自己的地盤,什麼事都不告訴對方 —— 就會打壞他們對你的信任,也損及他們的工作表現。把工作環境的氣氛搞得彼此猜疑的經理人,往往都是採取自我保護的姿態。他們總是在下指導棋,緊抓權力不放。為這種主管工作的人很可能也會有樣學樣,心生猜疑,扣住資訊不放或者扭曲資

訊。[26] 這一點也證實，分享資訊時你一定要先主動。

增進關係

　　人們彼此信任合作才會成功，請求協助和分享資訊也才會順理成章，至於共同目標的設定也幾乎變成一種本能反應。這些都是克里斯帝安‧努涅斯（Cristian Nuñez）在智利奧特瑪燃油公司（Ultramar）業務拓展部擔任副理時的經驗談。當時公司成長停滯，利潤下滑，主要是因為十八個分散在該國各主要港口、具有相當自主權的經銷處彼此競爭。再者總部的冷漠管理風格形成不信任的氛圍，造成雙方認為都是對方的努力不夠，才沒辦法改善盈虧。

　　克里斯帝安知道各經銷處需要有更好的合作關係，於是開始從各層級的溝通互動做起，在各單位之間提倡共同目標和合作關係。他和上司也前往各經銷據點拜訪。克里斯帝安回憶道，「我知道面對面關係的改善助益很大，哪怕之前只是每天通電話而已。直接互動所帶來的長效影響，是其他溝通手段無法取代的。」

　　後來他們和所有經銷處派出的代表會談問題，商討解決之道。他們很快就明白，必須調整誘因讓大家願意透過共同的方法來做生意，於是設計出一種有利於合作的利益共享方式。此外他們也同意所有經銷處都要參加每週電話會議，期待透過這個管道互相分享各自管區裡的商機。隨著合作的深化，利潤也開始上揚。

　　迪維亞‧帕里（Divya Pari）加入中央銀行業務機構時，立刻領悟到人際關係的重要性。迪維亞一開始很擔心，因為她沒有銀行業務方面的背景，也不熟悉當地社區或當地語言。但是她告訴我們，「我

的恐懼在第一天就消失了」，從那位初見面的經理跟她打招呼的那一刻起，恐懼就不見了。

　　她先是恭賀我的到任，詢問我對這個新環境和這份工作的感覺如何，提供的住處是否舒適，還有我的抱負、興趣是什麼等等。她向我保證語言不是問題，同事們在跟我說話的時候，的確都使用英語。她還分享了這個部門裡各種形態的工作，以及部門所面臨的重要議題。這種友好的互動、資訊的不吝分享，以及對初來乍到者面臨適應問題時噓寒問暖，立刻建立起了某種信任關係，也讓我開始樂觀以對這份工作。此外也幫助我敞開心房，跟我的老闆建立起互信的基礎。

　　迪維亞的經驗說明了增進關係是領導者在團隊打造互信氛圍的一種重要方法。誠如她所告訴我們的，「這在在證明了關切別人所遭遇的問題和所懷有的抱負，以及專心的傾聽，這些舉動都能建立信任，培養合作的關係。」

　　就像克里斯帝安和迪維亞所證明的，要合作，就得先彼此信任。大家必須領會一個道理，要想成功，就得通力合作。而領導者要打造出一個讓人們可以互相信賴的環境，就必須先研製出合作目標和設計工作角色，全力支持互惠法則，架構出可以推動合作的專案計畫，以及鼓勵面對面的互動交流。

研製出合作目標和設計工作角色　不管領域是運動或醫療保健、教育或管理、公營或民營，整個團隊若要有正向經驗，就必須先有共同目標讓他們有理由可以一起合作。沒有人可以一手包辦所有事情，包括

教育孩子、製造出有質感的車子、拍攝電影、打造世界一流的顧客上門經驗、讓顧客連結雲端或根除某種疾病。在每一次的集體成就當中，最重要的元素就是共同目標。共同的目的可以把人們跟共同努力兩者結合起來。沒有「同舟共濟」感 —— 意思是這些人的成功是環環相扣的 —— 就不可能打造出良好的團隊作業環境。如果你希望個人或群體可以合作共事，就必須先給他們一個好的理由，譬如一個只能靠合作才能完成的目標。

這正是某國際績效管理服務商專案經理莎拉・巴爾杜奇（Sara Balducci）回憶個人最佳領導經驗時所得到的體悟。她的小組重組之後，她就被拔擢為這個部門的領導者。過了沒多久，部門人數多出兩倍。由於突然出現這麼多新的職務和新進人員，以至於很難看出每個人的日常作業對整體組織的重要功能。莎拉當時馬上召集大家，向他們解釋每一個新的管理職務會如何支援他們的作業活動。

我提醒這些代理人，我知道他們都很能幹，畢竟我們已經合作了相當長的一段時間，而且我再度重申，我跟很多人討論過，如何利用彼此的長處持續提供優良的顧客服務。

這是很重要的一步，它讓我得以打造出一種信任的氛圍，促進我跟全體員工之間的關係。我在向他們證明，我很關心他們，對他們的專業深具信心。這個舉動為團隊成員們建立了自信。而且我全力支持互惠規範，要求同事們要在互信的基礎上充分利用彼此的長處，才能更有效率和更有品質地完成工作。

為了強調他們之間的互通性，莎拉特地將部門的工作打散，分成

六個小組，再根據每個人的專長領域分派到不同的小組。比方說國外小組負責的是美國境外會說英語和不會說英語的顧客；裝運小組負責曾針對裝運問題提出質疑的顧客；退貨小組負責協助需要退還貨品和索回款項的顧客。為了給團隊成員一個機會證明和養成自己的領導技能，莎拉還打造出一種新的職務叫做小組領導。擔任這個職務的人必須確保工作會平均分配給所有代理人，工作要如期完成且符合品質標準。此外，她也把重要資訊透過他們傳達給其他組員，而他們也會反過來擔任她和組員之間的聯絡管道。這個架構強化了他們通力合作為顧客提供頂尖服務的團隊作業模式，完成作業的效率最高，成效也最好。

　　莎拉就像我們研究過的其他領導者一樣，明白讓每個人全神貫注在一個共同目標上，比強調各自目標更能培養團隊合作精神。要靠分工合作來成功，工作裡的每個角色都得經過設計，才能對最後成果有所貢獻，甚至有附加的貢獻。每個人都必須明白，除非盡其所能地貢獻一己之力，否則這個團隊一定失敗。如果船上有兩個人，不可能由其中一個人對另一個人說：「你那頭正在下沉，而我這頭看起來不會有問題。」

　　甲骨文公司軟體開發經理舒巴格姆・古普塔（Shubhagam Gupta）曾告訴我們，他的團隊裡有兩個很厲害的工程師，但他們在工作上很不合，總是互相批評。有一次，他決定派他們兩人加入同一個專案計畫，而這是一個兩人必須一起交出成果的作業計畫，結果他發現「當這兩人有共同目標時，就會變得相互尊重，兩個人都承認他們各有長處，而且需要彼此才能在成果上勝出。」舒巴格姆於是明白「領導者必須在團隊裡訂定一個共同目標，打破障礙和功能局限，才能促進合

作」。資料數據顯示，下屬對領導者整體成效的評分跟一個因素有直接關係，那就是在他們的認知裡，「領導者有多積極地促進團隊成員間的合作關係」，就像圖9.1所示。

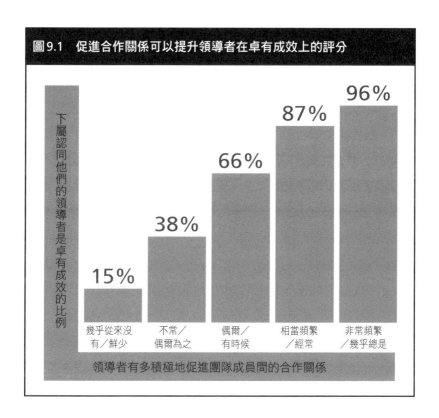

圖9.1 促進合作關係可以提升領導者在卓有成效上的評分

下屬認同他們的領導者是卓有成效的比例

15%　38%　66%　87%　96%

幾乎從來沒有／鮮少　不常／偶爾為之　偶爾／有時候　相當頻繁／經常　非常頻繁／幾乎總是

領導者有多積極地促進團隊成員間的合作關係

全力支持互惠法則　在任何卓有成效的長期關係裡，一定都有互惠感。如果其中一方總是付出，另一方總是接受，付出的那一方就會覺得自己被占便宜，接受的那一方則會出現優越感。在這樣的氛圍下，根本不可能合作。密西根大學政治學者兼美國國家科學獎章獲獎者羅伯特·阿克塞爾羅（Robert Axelrod）曾利用一系列研究證明互惠的

力量，這些研究涉及到囚犯困境（The Prisoner's Dilemma）的實驗設計。[27] 困境如下：兩方（不管是個人或團體）都面對決定是否合作的一連串情境，而任何一方都無法事先知道另一方會做什麼選擇，因為只有兩個基本策略 —— 合作或競爭 —— 所以參賽者做出的選擇會出現四種可能結果：一贏一輸、一輸一贏、雙輸和雙贏。

個別報酬的最高值會出現在第一個參賽者選擇不合作策略、第二個參賽者基於善意選擇合作策略的情況下。在這種「我贏但你輸」的做法裡，其中一方是靠犧牲對方來獲益。要是雙方都選擇不合作，都想極大化個別報酬，最後結果就是雙輸。但要是雙方都選擇合作，兩邊都會贏，只是短期來看，因合作策略而得到的個別報酬，會比競爭策略低。

羅伯特邀請世界各地的科學家，在一場電腦模擬雙贏VS有贏有輸的試驗裡提出勝出的策略。「令人驚訝的是，」他說道，「在所有提出的策略裡，最後勝出的竟然是最簡單的一種：打從一開始就採取合作策略，然後不管對手做什麼都跟著照做。這個策略之所以成功，是因為它誘出了對方的合作意願，而不是靠打敗對方來成功。」[28] 簡而言之，彼此互惠的人比試圖極大化個別利益的人更可能成功。

這種策略所能順利解決的困境，絕不僅限於理論上的研究而已。類似困境每天都會出現：如果我想極大化自己的個人好處，可能要付出什麼代價？我應該為了對方著想，多少放棄一點嗎？如果我願意合作，別人會趁機占我便宜嗎？對於日常生活裡的這些決策，互惠竟然是最好的辦法，因為它證明了雙方都有合作的意願，而且也不想被占便宜。作為長期策略的互惠法則可以極小化風險的升高：要是大家都知道你會善意以對，他們為什麼要找麻煩呢？如果大家都知道你採取

的是互惠原則，他們就會明白，對待你的最好方法就是跟你合作，成
為你的合作夥伴。

　　互惠可以帶來人際關係的穩定和可預測性，換言之，就是信任。
如果你很清楚工作夥伴會以什麼行為來回應 —— 尤其是協商時和意
見分歧時的回應方式 —— 你跟對方一起工作的壓力就會比較小。[29]
哈佛公共政策教授羅伯特・普特南（Robert Putnam）解釋，「普遍互
惠的法則對文明生活來說是很基本的，以至於所有重要的道德規範
多少都包含一些等同這套黃金法則的道理在裡頭。」[30] 你想要別人怎
麼對待你，就得先怎麼對待別人，而且他們可能會加倍奉還。如果你
因為助人一臂之力，使對方成功了，那就大方承認那是對方自己的成
就，讓他們去發光，但他們絕對不會忘記你曾經幫過他們。互惠法則
自會發生作用，於是對方會更願意回報你，也會盡其所能地協助你成
功。不管合作下的報酬是有形的還是無形的，唯有人們了解透過合作
才能更上一層樓時，才會比較願意承認對方為自己打算也是合理的。

架構出可以推動合作的專案計畫　合作下的報酬如果大過於獨自打拚
的報酬，人們才比較可能想要合作。西方國家強調的是個人主義和競
爭下的成就，在這種環境下長大的人多半認定，自憑本領爭取報酬才
會更打拚。但他們錯了。在一個努力想要事半功倍的世界裡，競爭策
略是不敵合作的。[31]

　　當報酬的給與是視最後成果而定，而非只看個人的努力時，才能
強化那股在工作上勤奮打拚的動力，同時也時刻謹記總體的共同目
標。舉例來說，多數的分紅計畫都是看公司的整體目標能否達成而
定，而不是各單位或部門的個別表現。當然團體裡的每一個個體都有

其獨特的角色功能，但世界級團隊的成員都知道，如果只把自己的部分做好，不太可能完成團體的目標。畢竟如果你自己就能完成，何必還大費周章地成立一個團隊？

　　合作的行為是需要每個個體都深刻理解，只有團結一致才能完成單靠一己之力做不到的事。中國廣東省芬尼新能源環保科技公司（PHNIX）執行長安德魯・宗（Andrew Zong）曾透過企業內部創業啟動模式（spin-off start mode）── 也就是在母公司的保護傘下衍生出新的獨立公司 ── 將這套原則落實在實務作業裡。每個經理或每位員工只要有好的點子和合理的營運計畫，都有機會成立新創公司。每家新創公司都是派任芬尼的員工過去，由員工自己領軍，甚至直接投資，這表示芬尼對外擴張的市場，其風險和報酬都得由他們自己承擔。母公司只提供專門技術、基礎設施、辦公室和實驗室等初期支援，新創公司則是以獨立實體自行運作，有自己的股東。這些新創公司的經理人在做決策上已經得到完整授權，所以會以業主的身分對自己所做的決策負起完全責任。十年後，已經有十家公司站穩市場，沒有任何一家關門。這些新創公司不是延伸芬尼的產品組合，就是向後整合，專門製造委外供應商以前提供的零件。總經理佛斯・佐（Forth Zuo）相信他們的成功歸結於一套系統，這套系統是在重疊性目標下為共生企業架構出商機，將員工轉化成商業夥伴。所以任何一家新創公司的成功都跟這家母公司的成功息息相關。[32]

　　華頓商學院（Wharton）教授亞當・格蘭特（Adam Grant）在他的著作《給予：華頓商學院最啟發人心的一堂課》（*Give and Take: A Revolutionary Approach to Success*）裡主張，充滿「給予者」的組織 ── 那些協助者 ── 向來會比充滿「接受者」的組織更卓有成

效。只要知道人們願意互相幫忙到什麼程度，就能夠準確預測出這個團隊的成效。[33]

　　舉例來說，在某一系列的研究裡，有些團隊因為整體表現最優才受到獎勵，等於鼓勵成員們要像給予者一樣一起合作，而有些團隊只有表現最佳的成員才能獲得獎勵，因此助長了接受者文化。雖然強調彼此競爭的團隊，在作業任務的完成速度上比合作型團隊快，但是很多東西比較不精準，因為成員們拒絕分享重要資訊。[34]

　　為了幫講究競爭的團隊提升精準度，研究人員要求他們在合作型獎勵結構下 —— 換言之，就是只獎勵團隊的整體績優表現 —— 完成第二項作業任務。這一次的成果如何？精準度沒有提升，倒是速度降低了，原因是成員們都在努力地想要從競爭狀態轉變成合作模式 —— 也就是從接受變成付出。但一般而言，一旦成員們有過相互較勁的經驗，就不太能相信對方。哪怕只曾經在獎勵「接受心態」的架構下完成過一個任務而已，也會定型出互爭勝負的心態，就算這種架構後來遭到移除，心態還是一樣。

　　共同努力可以強化同心協力和互相幫忙的重要性。如果一心只想著如何從別人那裡挖出更多東西，自己盡量少付出一點，這樣的心態絕對會造成反效果。你必須確保共同努力的長期好處，大過於單獨打拚或互相競爭的短期好處。你必須讓人們明白，相較於各做各的、不停抱怨指責、為了取得稀有資源而互相較勁和一心只想到短期勝算，團隊合作將能讓他們更快完成專案計畫。

鼓勵面對面和耐久的互動交流方式　　要合作，團體目標和工作角色分配、共同認知、互惠法則及共同努力缺一不可。另外還有一點很重

要，就是必須積極地面對面互動交流。人們要能像合作團隊一樣展開
作業，前提是必須有可以面對面交流的時間。這不只適用於同在本地
的工作關係，也適用於分散在全球的工作關係。親自認識對方，對信
任和合作關係的培養至關重要。而這種面對面溝通的需求會隨著議題
的複雜性而上升。[35] 誠如威睿軟體公司（VMware）主要產品經理威
爾森‧周（Wilson Chou）所領悟：「在你看到對方的臉之前，他們對
你來說並不真實存在。」

　　這也是為什麼威爾森在管理海外開發團隊時，會要求成員們把他
們的網路攝影機都打開，好讓大家看到彼此。他覺得這種方法可以
讓「每一個人更自在地表達自己的想法，因為這是一種比較親切的互
動交流方式 —— 我們不是只各自擁有一個名字代號而已，我們也都有
五官和臉」。就像威爾森說的，領導者的工作就是提供經常性和持續
性的機會，讓不同專長、不同部門，甚或橫跨各大陸的團隊成員可以
彼此交流。科技和社交媒體確實能增進彼此之間的溝通。如今虛擬連
線到處充斥，在一個全球經濟體裡，若是大家都得飛越半個地球才能
交流資訊、做出決策或解決爭議，任何組織都無法繼續經營下去。儘
管如此，敲一下鍵盤、點一下滑鼠或者打開視訊，都比不上私下當面
對話溝通。網路的虛擬信任是有局限性的，唯有跟對方親身接觸才是
證明彼此身分的一種可靠方法，並更快適應彼此，降低誤解機會。[36]

　　虛擬信任就像虛擬實境一樣，離實體都仍有一步之遙。人類是社
交的動物，天生就想互動交流，位元組和像素化影像都是不夠牢固的
社交基礎。[37] 如今在全球經濟體裡的工作關係的確越來越仰賴電子裝
置的連結，而且有很多工作「場所」本質上都是虛擬的。但是你必須
在「虛擬組織的存在現狀」以及「靠彼此之間深入的了解來建立信任

關係」這兩者之間取得平衡。除了靠電子郵件、即時訊息、電話會議和視訊會議之外，你也必須尋求像腳踏車、汽車、火車、飛機等科技的協助，來讓大家真正聚首。

　　希望互動交流不僅一次的人、相信大家未來還是可以繼續互動的人及喜歡交往的人，才可能在當下就展開合作。因為知道明天、下個禮拜或明年，還是得再跟對方打交道，才能確保你不會很快忘記今天彼此之間的對待方式。會持久的人際關係才會讓你為了明天的往來，而在今天做出明顯有助於你們之間關係的舉動。此外，人與人之間的經常性互動，可以增進雙方的好感度。鼓勵員工在小組工作站之間輪調，可以確保大家熟悉彼此的文化和作業方式。在速度才是競爭優勢、忠誠不再是美德的全球化經濟環境裡，耐久的互動方式看起來好像有點過時，但是實體世界從來沒有消失過。如果你希望能極大化你的領導成效，一開始就要先假設你將來會繼續以某種方式與人互動，而你們之間的關係將會是未來雙贏的重要關鍵。

【行動 Tips】
促進合作

「你不能孤軍奮鬥」這句話是模範領導者的座右銘 ——
這是有充分理由的。你不能單靠自己來成就非常之事。企
業、社區、甚或網上教學，有效運作都得靠合作來促成。要
保持合作的態勢，你就要在團隊成員中打造出信任的氛圍，
推動長期有效的關係。倡導相互依存的感覺 —— 這種感覺
就是群體裡的每個人，都知道自己必須仰仗別人才能成功。
少了「同舟共濟」感，團隊作業就不可能有效運行。鼓勵人
們互相照應，盡其所能地為團隊的整體成功而努力。

信任是合作的命脈。要打造和維繫可以經久的關係，
就必須先信任對方，對方也必須信任你，大家都必須互相
信任。在缺少信任的基礎下，你是無法領導的，也沒辦法成
就非常之事。與你的成員大方分享資訊和專業知識，讓他們
知道你很清楚他們的需求和興趣，敞開心房，不怕他們影響
你，善用他們的能力和專業，最重要的是，證明你在要求他
們信任你之前，就已經先信任他們了。

要增進關係，挑戰在於你必須確保大家能夠意識到有多
需要彼此 —— 他們有多麼依賴彼此。合作性目標和合作性

角色有助於集體目的的認同，而要讓人們一起攜手完成共同目標，最好的誘因，就是讓大家知道這是互惠的，最後都會反過來幫到自己。助人就會有人助，這就像你信任別人，別人也會信任你一樣。只有全力支持互惠法則和架構出可以推動合作的專案計畫，你才能讓大家了解，唯有合作方能利己。讓人們互動交流，鼓勵大家盡量面對面溝通，才有助於關係的持久。

　　模範領導者會建立互信，增進關係，促進合作。這表示你必須：

1. 先信任別人，哪怕對方還不信任你。
2. 花點時間認識你的團隊成員，了解他們工作的動力是什麼。
3. 關心別人所遭遇的問題、所懷有的抱負。
4. 傾聽、傾聽、再傾聽。
5. 架構出專案計畫，計畫中要有一個需要靠合作才能達成的共同目標，確保大家了解他們對彼此的仰賴程度。
6. 找方法讓大家面對面聚首，提升彼此關係的耐久性。

▶10 強化他人的分量

DSV全球運輸物流公司（DSV-Global Transport and Logistics）供應鏈策略和轉型顧問凱西‧莫克（Casey Mork）曾跟各種不同組織合作，多次目睹領導者的舉動如何打造或破壞團隊的工作成效。他分享某新進經理的過渡經驗，因為之前的主管總是自以為比誰都聰明。

新進經理一開始接管，就大方地跟凱西的團隊分享資訊，找他們加入討論和協商過程，允許他們有自主決定權，提供足夠的自由選擇權供他們打造自身的疆界。因此凱西和他的團隊明白，從現在起得為自己的成敗負起全責，於是變得比以往更懂得自主管理。凱西說：

> 我們的團隊突然覺得自己更強大，因為決策權轉移了，當（這位經理）告訴我們這個專案看起來很棒時，我們覺得自己好像創造了什麼，不再只是執行別人的計畫而已。他把權力與我們分享，進而提升了我們的執行能力。由於有更多機會可以自我管理，做出真正的決策，於是我們開始變得很有自信，非常相信自己的能力──因為我們很清楚成敗完全取決於我們自己，而且只有我們。

凱西回想這個經驗，思考「為什麼提供真正的自由選擇權和採取寬鬆的監督方式，反而可以成為最有效的合作手段」。他注意到，將

權力轉移給團隊成員，「就像是在傳遞信任，而這種信任幾乎都可以帶領出更好的工作成果」。凱西明白最卓有成效的領導者會讓人們感受到自己強大的實力，而且真的變得更強大和更有實力，靠自己去成就非常之事。

凱西的經驗說明了模範領導者會全力以赴地強化他人的分量。他們會讓人們當自己團隊的主人，為團隊的成敗負起全責，而方法就是提升團隊成員的勝任能力和自信，傾聽他們的點子，按他們的想法去做，找他們參與重要的決策，感恩他們的貢獻，把功勞歸給他們。

打造出一種讓人們可以完全投入的氛圍，覺得能夠主宰自己的生活，這正是強化他人分量的核心所在。模範領導者會建立一種環境來開發大家的作業執行能力，提升他們的自信。在一個對能力深具自信的氛圍裡，人們會毫不猶豫地為最後成果扛起責任，把它當成自己的成就，而且會盡一切可能去成就非常之事。

為了強化他人的分量，領導者一定協助他人做到以下兩點：

- 提升自主權
- 培養勝任能力和自信

領導者會增進人們的信心，讓他們相信自己有能力做出改變。領導者會從「完全掌控」轉變成「讓出控制權給他人」，當對方的指導教練，協助他人學習新的技能，使他們能充分發揮現有的才華，在制度上提供必要支援，以利他們繼續成長和改變。總之，領導者會把團隊成員培養成領導者。

提升自主權

　　領導者會接受以下這種自相矛盾的權力論，並依據它來行事：當你拱手讓出權力時，反而變得更強大。早在賦權（empowerment）這個字眼進入主流字彙之前，模範領導者就知道讓團隊成員自覺實力強大、能幹、卓有成效，是一件多麼重要的事。自覺軟弱、沒有能力和無足輕重的人，往往表現不佳。他們會抽身，想要逃離組織，瀕臨覺醒的邊緣，甚至想要發動革命。

　　對自己的實力沒有自信的人，不管是在組織裡的哪個位置或地位，常常都會緊攢著那一點點僅剩的權力不放。沒有實力的經理人在管理作風上通常都很瑣碎又專橫。而這種缺乏實力的狀態也往往造成組織系統得靠政治手段才能運作，而在處理各部門之間的差異時，「不讓人抓住痛腳」和「互踢皮球」就成了最常用的模式。[1]

　　過去三十年來，我們曾詢問數以千計的受訪者，他們對無力感和實力強大的經驗感受。想想看是什麼樣的舉動或情境會讓你自覺無力感、處於劣勢或者無足輕重，就像是別人棋盤裡的卒子。你的這些感受跟那些受訪者說的一樣嗎？

受訪者認為會讓自己覺得無力感的代表性舉動和狀況

「沒有人對我的意見或提問有興趣，也不會仔細聽我說話，或者根本漠不關心。」

「我完全不能對重要決策置啄，可是那個決策會影響到我的工作方式。」

「我的老闆在我同事面前跟我爭吵 —— 甚至罵我。」

「我的決策不受到支持，哪怕我的老闆曾說過他會挺我。」

「跟我工作有關的重要資訊都被扣住，不然就是把我排除在資訊鏈之外。」

「他們要求我負責，卻不給我權力去追究其他人的責任。」

現在再想想看在什麼情況下，你會自覺實力強大、很有成效，就像是自身經驗的創造者一樣。你的回憶內容跟其他受訪者的答案類似嗎？

受訪者認為會讓自己覺得實力強大的代表性舉動和狀況

「我可以分享到所有重要資訊和資料。」

「我能夠自行決定我們要如何處理某種狀況。」

「專案計畫裡的關鍵部分由我來決定。」

「組織會投資一些有助於我學習的資源。」

「管理階層公開表達他們對我的能力深具信心。」

「上司會告訴別人我的工作表現有多棒。」

「我的經理會花時間讓我知道我的表現如何，哪裡還有待改進。」

　　如果你去檢視人們對無力感或者自覺實力強大的看法，裡頭都會有一個清楚又一致的訊息：**自覺實力強大 ── 直白地說，就是感覺「有能力」── 這是因為你終於能夠掌控自己的生活。**全世界的人都有這類基本需求。當你覺得你能夠決定自己的命運時，當你相信你能夠動員必要的資源和援助完成某項作業任務時，你就會繼續努力，堅持下去，直到完成為止。但是當你感覺到自己受控於他人，當你相信自己缺乏資源或援助，自然會對勝出這件事意興闌珊。就算你可能服從，也很明白自己有很多本領不願使出來，除非你有那個意願。

　　領導者在強化他人分量時，會表現出他們相信對方是聰明的，有能力釐清問題。誠如SAP Success Factors人資雲的產品經理兼企業架構師里斯·梅塔（Ritesh Mehta）所回憶：

　　我以前第一次被賦予領導角色時，只是單純把它當成一種權力在握的職務。當時我的作風獨裁，結果發現這種做法很難取得團隊的信任。放眼所及，都是對我的憎恨。我立刻明白自己犯了錯，於是開始將權力下放給團隊。我的團隊因此開始信任我的作為。團隊的工作成果使我們在組織裡得到很高的能見度，身為高績效團隊的領導者，我也因此受到特別的讚譽。

　　同樣的，奎斯克資訊科技公司（Quisk）軟體工程主管金傑・沙哈也認為領導統御「不是擁有更大權力」，而是「授權你身邊的人，使他們也成為領導者。當人們擁有可以發揮真正影響力的決策權時，才會覺得被真正授權」。在開發新的軟體設計時，每個成員都被寄望貢獻一己之力，要是有人出現任何疑慮，一定先解決完才會繼續研發下去。根據金傑的說法，這有兩個目的：「因為每個人的意見都受到尊重，所以他們會覺得自己是有權威的，再者，每個人都很清楚奎斯克系統任一地方出現的問題，所以對於它的發展方式，他們都有置啄權。」他說也因此「團隊成員會自覺對整個系統的未來負有更大責任。因為他們覺得自己握有實權，所以願意在組織裡的其他地方也承擔起領導責任，畢竟那是他們可以自我表現的機會。」

　　像里斯和金傑這樣的模範領導者，會基於自由選擇權和個人責任等原則來釋出權力，提升團隊成員的自主決定權。而這兩人也很快明白，這些能讓他人擁有自由決定權，提升自信和個人成效的領導作為，會使團隊成員變得實力更強大且更有活力，也更能矢志去達成共同目標。[2]

提供選擇權　自由是指有選擇的能力。自認沒有任何選擇的人會覺得自己被困住，就像迷宮裡的老鼠一樣。人們在沒有任何選擇權的情況下，通常都會停止前進，最後停工關機。領導者唯有給員工真正的自主權，才能降低他們的無力感和壓力，讓他們願意使出更多本領。羅格斯大學（Rutgers University）德爾加多實驗室（the Delgado Lab）專責社交和情緒神經科學的研究人員在報告裡說，若是認知到可以有更多選擇，就會激活大腦裡跟獎勵有關的迴路系統，這會使人們感覺更

自在，更想去實驗以及往舒適圈以外的地方探險。[3] 高績效組織源於人們願意在工作表現上做得比原本要求還要好，這是因為他們對自己的工作和工作方式，都有自由和自主的選擇權。

我們在研究調查裡請教受訪者，他們的領導者能多大程度地「提供人們自由選擇權去決定工作的方式」，再檢視這種領導作為會如何影響受訪者對工作環境的態度。受訪結果請看圖 10.1，裡面顯示出「他們有多自豪地告訴別人自己的工作組織」。請注意只有不到百分之一的下屬，就算領導者「幾乎從來沒有或鮮少」給他們自由選擇權，還是可以很自豪地告訴別人他們在為這家組織工作。就算領導者「相當頻繁或經常」表現出這種領導作為，這個看法的改善程度也有

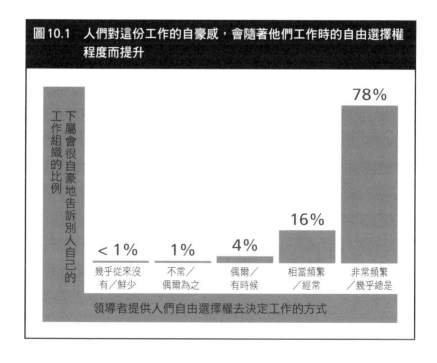

圖 10.1　人們對這份工作的自豪感，會隨著他們工作時的自由選擇權程度而提升

限。自豪感的大幅提升（上升到幾近百分之八十），都是在受訪者提到領導者「非常頻繁／幾乎總是」提供很多自由選擇權時才會出現。這種曲線形狀很類似下屬對工作方式的決定有自由選擇權，而在工作的投入度、工作動機和生產力上所呈現出來的成果曲線。

下屬如何評定領導者的整體成效，跟領導者多常給他們自由選擇權有強烈的關聯。同樣的，曲線的上升坡度也很戲劇化。在低點的時候，只有百分之二十的下屬認同或強烈認同領導者是卓有成效的，而當領導者非常頻繁或幾乎總是表現出這種領導作為時，這個認同比例就會上升到幾近百分之九十五。

提姆・豪恩（Tim Haun）是脊椎按摩師也是私人教練，在加州聖塔克拉拉海灣健身房（the Bay Club Santa Clara）工作超過三十年。身為管理高層的他曾經歷多次變革，有些變革的成果相當卓越。[4] 他回憶其中一次重組經驗，當時強調的是，如果希望有高績效的報酬，就必須提供自由選擇權。

在第一批的組織變革計畫裡，其中一部分是針對工作時數訂定每個月的團隊目標，再交由教練自己設定個人目標，並自行負責招攬客戶來填滿時數。然後在月會上宣布教練所訂定的目標及實際工作時數。這種責任制讓教練們覺得他們能掌控自己的命運，認為這就像在一個較大的企業裡各自經營自己的事業一樣，自我掌控權被大幅提升。更重要的一點是，一年中公司會在不同的時間點提供各種教育訓練，而且完全免費。教練可以自行選擇是否參加，但大多數的人都會參加。

根據提姆的說法，讓教練們在各方面的工作職責上享有更多自由選擇權的變革，不僅提升了他們的總收費時數（薪水也因此增加），

也讓他們對這份工作更加投入，生產力跟著上升。這個例子證明了領導者可以如何運用導向性的自治權：先設定標準，要求每個人對共同價值觀和願景的實現擔起責任，同時給下屬機會，自行選擇執行的方式。

你想要人們主動出擊，須懂得自我引導。你想要他們用自己的腦袋思考，不要老是問別人「我該做什麼」？但是如果你經常告訴別人該做什麼或怎麼做，就沒辦法幫他們培養以上能力。除非讓他們開始某種程度地行使選擇權，否則永遠學不會獨立行事。又或者如果他們只會照組織的交代辦事，萬一有顧客或員工不按牌理出牌，他們怎麼知道自己該如何回應？就算他們認為自己很清楚需要做什麼，也覺得做得到，但還是得凡事先問過「老闆」才能動手做，這種做事方式一定會拖慢整個組織的辦事效率。再者要是他們的老闆也不知道答案，就得再去問更高層的頂頭上司，然後一路往上問。要創造一個有效率又有成效的組織，唯一的方法，就是給人們機會拿出自己最好的判斷力，充分發揮自身的專業知識和技能。當然這也代表你已經讓他們做好準備，可以自行判斷和做出選擇；你已經提供了足夠的教育訓練，他們也已經了解組織的方針。

給人們選擇權，讓他們自己做決定，萬一事情不如預期或他們不喜歡事情的走向，也很難回過頭去責怪公司（或管理階層）。畢竟，若是他們不喜歡某件事的做法，可以自己想辦法解決 —— 而主動出擊本來就是領導者的要務之一。所以提供選擇權，也是在促使人們自我領導。

架構出思維自由的工作　如果你想要團隊成員拿出更優異的表現，更主動出擊，你就應該先一步設計出思維自由的工作，自由思維乃自由選擇的近親。要使人們感覺到可以掌控自己的工作，就必須先讓他們能有一些非例行公事的作為、能拿出獨立的判斷、能做出可以影響工作方式的決策，不需要先找別人商量過。[5] 這表示要有創意和彈性 —— 從標準的規範、程序或工作計畫裡跳脫出來 —— 但是最後的報酬會很可觀。

　　對很多公司來說，全球營運的整合是個挑戰。吉安・帕特拉（Gyan Patra）在沃爾瑪線上商場（Walmart.com）擔任軟體開發經理時碰到的經驗也不例外。他在早期生涯裡就已經學會一件事，跟海外團隊整合有關的問題多數「幾乎都跟技術勝任能力沒什麼關係」。他自己做的研究顯示出，最佳實務要領的充分運用，不分海內外團隊都能有非常好的成果，比方說確保每個人都清楚自己的角色和職責，明確定義可交付的標的，所有參與者都要全程負責。誠如吉安所解釋：

　　在設計階段時，海外團隊成員就要能夠全程負責所有的設計，並自行進行研究調查，而不是由現場協調員負責所有監督事宜。海外團隊成員覺得他們在創意上擁有更大的自由，對於自己所開發的產品，無論好壞都是他們自己的作品。海外的研發者覺得自己可以思維自由地進行產品研發，充分發揮所有的技能。他們不會互相指責，而這樣的工作文化也會高度鼓勵成員們承擔責任。海外團隊成員從來不覺得自己會被牽著鼻子走。也因此他們會花更多時間修補真正的技術性問題，而不是一昧地跟總部爭辯對錯。

當人們有了必要的自由發揮空間來滿足顧客的需求（不管是內在或外在），也有充分的權力可以針對顧客的要求採取行動時，他們不只會思考要不要再多加把勁，對任何事情的反應也會變得更靈敏。

有的組織可以信任員工，讓他們有自由思維的空間去自行判斷，也有的組織把員工當成機器裡的齒輪，連他們的基本常識都不太信任和尊重，這兩種組織在根本上是完全不同的。當然給人們自由思維的空間去做出重要決策，可能會有風險，但是充分信任之餘也連帶讓對方主動扛起全責，於是能得到更高的滿意度和獲益性。舉例來說，研究人員已經證實，如果讓採購員在採購決策上有更大的自由裁量權，成效就會提升，此外也發現到，做決策時採躲避姿態的經理人，會對組織的績效表現造成負面影響。[6]

只有懂得變通的個人和組織，才能在今天這個瞬息萬變的全球環境裡茁壯成長。這代表你必須支持更多和更廣的個人自由裁量權，才能配合顧客、客戶、供應商和其他利害關係者瞬息萬變的需求。自由裁量權的提升，也代表更有能力充分發揮個人的才幹、訓練成果和經驗所學，最後的報酬就是績效表現獲得改善。

鼓勵承擔責任　如果你問人們：「你會在歸還租賃車之前把它洗乾淨嗎？」他們都會大笑，心想你一定是瘋了才這麼問。「當然不會，」他們會這樣說。為什麼要洗呢？車子又不是他們的，他們只是租車而已。他們知道租賃公司一定會在他們還車後去洗車。你再去問同一批人，他們會不會洗自己的車或者開到當地的洗車場去洗，多數人都會回答：「會啊。」為什麼會洗？因為那是他們自己的車，他們擁有那部車。當人們覺得自己擁有某樣東西，那東西是他們的，就會特別小

心呵顧。但是當他們覺得自己只是租用而已，對待它的方式就不像擁有它的時候那般小心翼翼了。人們對於自覺不是自己的東西或者不用問責的東西，都不會想努力去維護、保管和負起責任。

在你的組織裡有多少人會說他們不用對某件事負責，因為那不是他們的責任？比方說，有多少人會說他們不必負責「洗那部車」，或者不必採取防護措施、不必修補軟體的故障問題、不用管別人的顧客等？有多少人只是在租賃自己的工作空間而已？有這種感覺的人，他們對組織的投入程度都會受到這種感受的負面影響。雖然不管是正式的字面意義還是法律上的意義，人們都不算是擁有自己的工作，但有研究指出，當他們在心理上覺得擁有它時，才比較有可能對自己的組織全心投入。[7] 模範領導者很清楚如果他們想要成就非常之事，就必須打造出這種心理上的歸屬感。

賈斯汀・德彭（Justin Depenhart）哈特承認，他第一次當上經理人的時候，並不懂鼓勵承擔責任這件事有多重要。他自承：

> 我的領導方式通常是我會告訴團隊需要做什麼，然後監督他們，確保做法是正確的。我以為我做得很好，因為我為團隊提供支援，也為公司創造價值。在我的團隊裡有很多成員沒什麼經驗，所以一開始他們都喜歡這種領導方式。可是漸漸有了經驗之後，他們開始不滿我的作風，我才明白我沒有給團隊足夠的自由去施展和發揮。經過六個多月後，我知道自己必須改變。

賈斯汀是歐文斯康寧公司（Owens Corning）加州聖塔克拉拉廠營運主管，也是多倫多和艾德蒙頓（Edmonton）廠的地區技術負責

人，他明白他必須有不同的作為。那次的經驗教會了他很多，「但有一件事最重要，」他說道：

> 我對團隊說過一段話：「領導者越懂得栽培團隊，團隊成員的實力就越強，成果表現也會越好。」但是要栽培一個團隊，就必須讓他們接受新的挑戰，勇於冒險。如果你只專注於今天的成果，對明天的潛力漠不關心，你和你的團隊永遠不會成長。

當人們開始負起個人責任，對自己的行動擔起責任時，他們的同事才會想跟他們一起工作，也較有動力想要一起合作。個人責任的承擔是每一件合作案的促成要素，每個人都必須扮演好在團體裡的角色，才能有效運作。

安娜・阿柏依提・德爾加多（Ana Aboitiz Delgado）在菲律賓花旗銀行主導一套流程改善方案時，就明白自己必須找更多人來參與和負責這套專案。但是劃分任務和分派職責對她來說有點棘手，安娜解釋那是因為「我對這套計畫的成敗負有完全責任，但我不知道要如何把承擔責任的感覺，傳遞給其他主管的下屬。我擔心他們的失敗會影響到我。」她一開始就先向她的團隊承認，她對銀行聲明裡的施行細節不太清楚，但她相信他們都有這方面的技術專長。因此她提議她的角色是提供方向指導、六標準差訓練，以及幫團隊成員排除過程中可能會遇到的阻礙。而就像她所提議的自我角色一樣，她決定給團隊成員機會，根據自我專長或興趣，找出自覺最能為組織增加價值的作業職責。由於他們可以在這個專案裡自行打造自己的角色，因此變得很投入，很快就開始展開動腦作業，彼此互動。

　　安娜把自己的權力（以這個案來說，是指她的知識）跟團隊共享，她認同他們，強調他們才是專家。她提供他們選擇權和自由思維的空間去承擔起責任，因為他們會是整個過程裡的利害關係者。她會做到她的承諾，在營運層面上落實他們所提出來的任何想法，讓他們的實力更強大。安娜說：「我學會一件事，要鼓勵承擔責任就必須先下放權力，給別人機會去負起責任。唯有把責任託付給別人，才能讓他們知道你是相信他們的，你有自信他們可以實現目標。」

　　對於強化他人的分量，安娜了解到一個基本道理：有權力做選擇是必須建立在願意承擔責任的基礎上。她知道人們有越多的選擇自由，就有越多的責任得自己去承擔。此外，還有一個好處是，人們越相信別人在這個專案裡會為自己的角色負起責任 —— 而且有能力去做好它 —— 他們就越信賴彼此，也越能互相合作。當人們相信別人會扮演好自己的角色時，他們對自己份內的工作也就越有自信。這種選擇權與責任承擔之間的相互關聯性，對虛擬連結的全球化工作環境越來越重要。而另一個好處是，因為別人擔起了更多責任，領導者就可以把更多精力放在其他領域上，擴大自己的影響範圍，為自己的單位帶來更多資源。

　　有些人則相信團隊作業和其他類型的合作方式，會極小化個人責任承擔的意願。他們認為如果人們被鼓勵去集體合作，會比被鼓勵去互相競爭或獨立作業更不願為自己的行動負起責任。但所得證據並不支持這個論點。[8] 在團體裡工作的時候，的確有人會打混，但這種現象不會持久，因為同事很快就會對幫他們負擔額外工作感到厭倦。所以最後不是那位摸魚打混的人洗心革面，扛起工作責任，就是團隊要求那人離開 —— 前提是這個團隊有共同目標和共同責任。

　　提升自主權的意思是，讓人們對自己的生活有更多的掌控權。這代表你必須給他們一些實質的東西去掌控，讓他們可以為它們扛起責任。以下是如何鼓勵個人承擔責任的例子：

- 不管作業任務是什麼，都要確保每個人都有一個顧客。
- 實質提升各個層級的署名權。
- 移除或刪減不必要的核可步驟。
- 廣泛定義各種工作（例如當成專案計畫，而不是作業任務）。
- 提供更大的自由進出權，水平和垂直、組織內和外的進出。

　　要記得提供必要資源 —— 譬如物資、金錢、時間、人力和資訊 —— 好讓人們可以獨立自主地施展本領。最剝奪權力的方式莫過於讓別人扛起一堆做事的責任，卻不提供任何資源給對方。人們影響力的提升，跟迫在眉睫的問題和企業的核心技術脫不了關係。幫走廊挑選油漆顏色或許是個起點，但在經過一段時間之後，最好還是讓人們在比較實質的問題上有影響力。舉例來說，如果品質第一優先，就設法擴張人們在品管和流程改善上的影響力及自由裁量權。

培養勝任能力和自信

　　選擇權、自由思維和承擔責任都能讓人們感覺到實力的強大，能夠掌控自己的生活。自主權雖然不可少，但光靠它還不夠。若是缺乏知識、技術、資訊和資源，沒有能力可以嫻熟地執行做出的選擇，他們就會覺得無力招架，不足以勝任。有時候雖然有資源和技術，但可

能會沒自信，不相信自己有實力處理，或者不相信萬一事情不如預期會有人在背後支持。但也可能只是純粹缺乏自信，不相信能做到自己必須做的事情。

　　培養勝任能力和建立自信，對履行組織承諾及維繫領導者與團隊成員的信譽非常重要。要成就非常之事，就必須勇於投資，先強化組織裡每一個人的能力和自信心。這件事在局勢高度不確定和面臨重要改革時尤其重要。

　　你以前是否曾遇過超出技術能力的挑戰，當時你的感覺是什麼？如果你像多數人一樣，想必一定會感到焦慮、緊張和害怕。現在當你的技術能力遠遠超過工作挑戰時，你的感覺又如何？可能會感到無趣和漠然以對。你在緊張或無趣的時候，會盡你最大的努力嗎？當然不會。只有在面對超過現有技術能力一點點的挑戰時，你才會付出努力。這時候的你會覺得自己是竭盡全力，而非筋疲力竭。

　　當人們覺得雖然某個經驗很棘手，但還是能嫻熟和不費力地施展出自己的本領，就會出現「揮灑自如」這樣的說法。他們自信自己的技術對付得了眼前挑戰的困難度，哪怕可能必須全力以赴。克萊蒙研究大學心理學教授，也是生活質量研究中心（Quality of Life Research Center）創辦人兼聯合主任的米哈利・奇克森米哈依（Mihaly Csikszentmihalyi），整個學術生涯都在潛心研究挑戰、技術和最佳表現之間的關係。他發現到「當高難度挑戰對上高超技術時，就會心無旁騖地埋首其中，如行雲流水般自如揮灑純熟的技術」。[9] 圖10.2就呈現出這種關係。

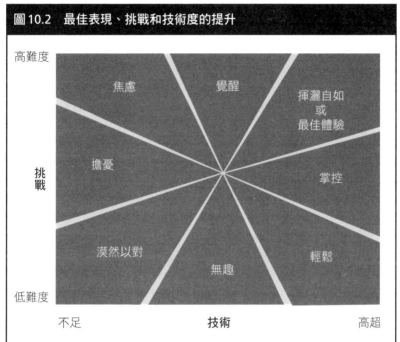

圖10.2　最佳表現、挑戰和技術度的提升

高難度

焦慮　　覺醒　　揮灑自如
或
最佳體驗

擔憂

挑
戰　　　　　　　　　掌控

漠然以對　　　　　輕鬆

無趣

低難度

不足　　　　技術　　　　高超

來源：M. Csikszentmilhalyi, *Finding Flow: The Psychology of Engagement with Everday Life,* New York: Basic Books, 1997, p. 31
版權歸屬於 Perseus Book Group 子公司 Basics Books，翻印必究

　　雖然不是每種情況下的每項作業都能做到揮灑自如的地步，但它卻完美刻畫出頂極表現的真諦。模範領導者都很努力地想要創造條件，讓下屬的高超本領能揮灑自如。這表示你需要不斷評估正在面對挑戰的成員的能耐。這樣的評估需要你去留意每一位下屬的意志力和技術狀態。PW營建公司（PW Enterprises）營運作業總監傑夫‧艾利森（Jeff Allison）從北達科他州法戈（Fargo, North Dakota）的營運作業中心調到加州聖塔克魯茲（Santa Cruz, California）的研發中心時，正好遇到同樣情況。這種調動意謂法戈的營運作業員工不會再跟他有

日常的互動。就像傑夫所解釋，「他們必須學會相信自己和彼此，自行解決問題，變得更獨立。」他知道「如果我能把他們的能力培養出來，由他們來負責營運作業，自信心就會跟著提升，也會拿出最出色的表現。」傑夫的這些舉動就是在充分利用「揮灑自如」這個理論。

教育訓練和資訊分享　人們不會做他們不懂的事情。因此當你給成員自由的思維和自由裁量權時，也必須增加教育訓練和人才培訓的費用。如果人們在面對重要任務時，不確定自己要怎麼施展本領或者害怕犯錯，可能就沒有了自己的判斷力。「確保員工得到必要的教育訓練，找他們參與對工作有影響的重要決策，這些都能幫忙他們打造能力和矢志投入的決心。」研究人員麥可‧伯切爾（Michael Burchell）和珍妮佛‧羅賓（Jennifer Robin），針對多家「擁有優良工作環境」的公司進行研究後有這樣的觀察。那些組織「都明白當業務持續成長時，它們會需要有員工能夠迅速接軌明天的工作，而不是匆忙地幫他們訓練必要技能，或者從外面找新人進來，抑或乾脆坐失市場良機。」[10]

　　以傑夫的經驗為例，他曾花一個月時間，跟法戈的員工排練過去一年來他曾解決過的二、三十種問題，套句他說的話，藉此「確保他們擁有核心能力，能在未來解決這些問題或類似問題。」舉例來說，傑夫問他們能不能想到更好的方法來解決這類問題，或者更厲害的是，能不能想到預防的方法。

　　我的目標是要讓他們主動解決問題和想出點子。我的想法是他們越能徹底思索整個營運流程，就越能了解其中作業。營運是公司的核心所

在，我希望這個團隊相信自己，自信什麼事都難不倒他們。他們必須知道自己想出來的點子對公司來說有多麼珍貴，我們都願耳聞其詳。

等傑夫看到他們因為有了專業知識而培養出核心能力和自信之後，就在教育訓練上更進一步，開始對每位員工提出一套假設性問題，要他們自己想出對策。他要他們運用從訓練課程中建立起來的能力，協助他們建立自信：

靠著解決問題，他們才能發揮己身的技能，針對如何改善營運作業，發想出更好的點子。一旦他們有了自信心，也解決了問題，我就會進一步要求他們去教導整個團隊如何解決那個問題。事後證明這種訓練方式是我所運用過最好的方法，而且對團隊的助益遠比我想像得大。在跟這個團隊排練這些問題時，其他團隊成員也很投入，你看得出來他們的自信心正在提升。他們知道他們可以彼此依賴，也知道他們有能力解決被丟在他們眼前的任何問題。

誠如傑夫所證明，強化他人的分量需要先在各種培養員工能力和自信的訓練方案上進行投資。這種投資一定會有獲益。研究發現，教育訓練支出超過平均值的公司，會比低於平均值的公司得到更高的投資報酬。前者的員工參與度和承諾度比較高，顧客服務水準也比較好，而且更了解和配合公司的願景及價值觀。[11]再者，研究報告也指出，聲稱沒有得到良好培訓的員工，其中有百分之四十的人會在第一年離職。缺乏技術培訓是他們離職時所列舉的決定性因素。[12]

資訊的分享是另一個重要的教育手段，別忘了這個因素也明顯出

現在「什麼東西可以讓人們感覺到自己有強大的實力，一旦少了它，就覺得很無力」的那份清單裡。全球策略家兼矽谷作家的尼洛弗也呼應這個說法：「如果每個人對決策的做成原因都能精準地了解，就會有更好的表現。因為他們會知道重點要擺在哪裡，有什麼地方可以提供有助於迅速完成每筆交易的資訊。」要是不把決策背後的原因拿出來分享，這些決策就會給人專橫武斷和自肥的感覺。[13]

對領導者來說，培養團隊成員的能力和自信心，是要讓他們更有資格、能力和成效，讓他們也可以憑藉自己的努力成為領導者。這也代表領導者很清楚一件事實，那就是他們不可能單憑自己的力量來成就非常之事。讓人們變得更聰明是每位領導者的職責。在今天這個世界，如果你的團隊成員在工作中沒有成長，也學不到東西，他們可能就會離開，去尋找更好的機會。

打造出可以培養能力和自主權的工作　人們在個人最佳領導經驗個案研究裡，發現自己都曾遭逢重大的組織問題。雖然人們好像都是在工作攸關成敗時，才會拿出最好的表現，但是我們對工作的日常設計卻常常忽略這個要素。你要像模範領導者般組織作業任務，讓人們覺得自己的工作和企業迫在眉睫的問題很有關係。再者，確保人們可以在作業任務裡得到各種不同體驗，並且有權決定工作目標的實現方法。找機會讓你的團隊加入專門處理關鍵性問題或負有關鍵性功能的任務小組、委員會、團隊工作和對策小組。找他們來參與對工作表現會有直接影響的計畫、會議和決策過程。這樣的舉動能幫員工培養能力，提升自主權和責任感。

千萬記住，要是你的團隊成員對組織的運作方式缺乏基本的認

識，就不可能有自主的作為，也不敢挺身領導。要徹底了解組織的關鍵性問題和任務，須能回答以下問題：「你最重要的顧客、客戶、供應商和利害關係者是誰？他們對我們的看法是什麼？」「我們如何衡量成敗？」「過去五年來，我們的業績如何？」「未來六個月，我們要推出哪些新產品或服務？」如果你的團隊成員無法回答這類關鍵性問題，他們怎麼有可能一起合作，實現共同的價值觀和目標？又怎麼可能知道自己的表現會如何影響其他團隊、單位、部門，以至於整個企業或所有努力下的最後成敗？每一位「擁有自主權的業主」或執行長對以上問題都有答案，要是你的團隊成員對這些問題回答不出來，他們怎麼可能會覺得自己有分量或很有能力？[14]

潘妮・梅奧（Penny Mayo）是某當地政府機關的會計主管，這個機關一直在合併一些服務項目，因此潘妮承擔的責任越來越多。潘妮發現自己正在設法放手薪資結算方面的職責，雖然她向來都全力以赴不讓薪資結算出現任何差錯，她也承認這份工作很耗時，但有心就可以學會。「問題出在我身上，而不是團隊，」她說道，「有好幾個人都很適合接下這份結算工作。而且我想過，如果我不放手，就無法證明我對團隊的真正信任。」她明白這是一個跟他人合作和強化他人分量的好機會，於是她分階段地建立他們的自主權。首先，她徵求一位願意學習薪資結算的志願者，再訓練和指導對方。沒多久，這位新人就可以自己作業，在薪資結算工作上負起全責，取得權限。[15]

模範領導者就像潘妮一樣，會小心觀察團隊成員在做什麼工作，該從哪裡去豐富他們的作業與職務，方法又是什麼。領導者也會提供足夠的資訊，人們才會覺得擁有自主決策的高度，從而培養出更好的能力，也提升自信。

培養自信　就算人們知道如何做某些事情，但缺乏自信卻可能阻礙他們去做這些事。強化他人分量是心理過程中很重要的一步，它可以影響一個人對自主權的內在需求。人們會為了要有穩定的生活和秩序感，而起了想去影響別人和生活中大小事的念頭。但除非他們有信心足以應付各種事件、情境和人物，否則不算是做好領導統御的準備。沒有足夠的信心，在面對棘手的挑戰時就會缺乏自信。自信的缺乏會害你感覺無助、有很嚴重的無力感，甚至自我懷疑。要建立人們的自信，得先強化他們的內在力量，讓他們可以在未知的領域裡勇敢向前、做出艱難的抉擇、不怕面對異議，只因為他們相信自己的技術和決策能力。

　　自信會影響人們的表現。在某個經典研究裡，研究人員告訴一組經理人，做決策是透過練習培養出來的一種技能：在這方面越用心就做得越好。但在另一組裡頭，他們對經理人說，做決策會反映出他們的基本智能：也就是基本的認知能力越強，決策能力就越好。這兩組經理人都在一個模擬的組織裡工作，負責處理一堆生產訂單，過程中需要做出各種人事決策，訂定不同的績效目標。在面對嚴格的績效標準時，相信決策是一種可得性技術的經理人，都能為自己不斷設定挑戰性目標，也會利用各種好的策略來解決問題，促進組織生產力。至於另一組人，因為認定決策能力屬於潛在本質（意思是要嘛你有這個能力，要嘛沒有），因此在遇到各種困難之後，就會漸漸失去自信。他們會降低對這個組織的期待，問題解決能力慢慢退化，組織生產力也跟著下降。[16]

　　在另一套相關研究裡，研究人員告訴其中一組經理人，人們很容易被改變，但是跟另一群經理人說「員工的工作習慣不是那麼容

易改變，就算有好的指導也一樣。小小的改變也不見得能提升整體成果」。於是自信能影響組織成果的經理人，會透過行動來維持住績效，其成績好過於自覺對改變現況使不上力的經理人。[17] 另外還有一個針對資淺會計師的研究，結果發現高度自信的會計師，在十個月後都被主管評比為工作表現最優。原來自信程度會比實際的技能和在職訓練程度，更能預測未來的工作表現。[18] 同樣概念也適用於青少年，譬如研究人員發現，在土耳其全國草地曲棍球錦標賽裡，光從密集的日常訓練中便可以看出，自信心最強的孩子在表現上也最積極。[19]

這些研究證明了我們的經驗實證：擁有自信和相信自己有能力處理這份工作 —— 不管它有多困難 —— 是敦促你繼續堅持下去的重要因素。告訴團隊成員你相信他們可以成功，有助於他們在艱難的環境下仍竭盡所能地堅持下去。

教練指導 雖然模範領導者會表現對他人深具信心，但是如果對方沒有那個本領，你也不能只是告訴他們一定辦得到。領導者還是必須提供指導，因為如果過程中沒有好的教練給過任何建言、質疑和指導，就不可能把事情做到最好。[20] 比方說，業務經理具備銷售專業，可以自己培訓人員。在一項為時三年、針對訓練的影響力所做的研究裡，進步幅度比少有進步或毫無進步的學習者多出四倍的人，可能曾經跟他們的經理有過教練式的對話與討論。[21] 換句話說，改進不只靠訓練，也跟教練的指導有關。當人們在真實情境裡運用自己的所學時，你必須騰出時間提供建言和忠告。

丑角橄欖球俱樂部（Harlequins）是英國橄欖球超級聯賽裡的一支隊伍，馬克‧索頓（Mark Soden）是這支隊伍的首席績效教練，也

是任務表現管理顧問公司（Mission Performance）的助教。他的觀點是「教練必須給每位球員做夢的權力」。他認為教練的角色──不管是運動員的指導教練還是準領導者的指導教練──都必須從推的方式（教練制訂計畫），也就是固定心態的作業方式，改成拉的方式（球員制訂計畫），而這會培養出成長心態。[22] 旅行家集團（Travelers Companies）發現當領導者被評定為卓有成效的教練時，他們的員工在參與程度上會高出八倍。這些員工證明他們在能力、效率和投入程度上都有提升，也自覺得到公司最大的支持。[23]

　　阿比吉特．奇尼斯（Abhijit Chitnis）是總部位在印度的塔塔諮詢服務公司（Tata Consultancy Services）負責卓越企業事務的經理，他就有過很好的受教經驗，也從中獲益良多。當時他才剛跨入企業界，就面臨到人生第一場「真槍實彈」的諮商作業。當他被選中要在客戶面前做對策提案時，壓力直接爆表。因為那是他生平第一次在為數不少的資深客戶面前進行提案，想當然耳感到緊張和焦慮。但阿比吉特的經理把他帶到一旁，表示對他的能力和這個提案很有信心，並提點阿比吉特要好好利用這次機會。上場時，經理又趁中間休息空檔告訴阿比吉特他表現得很棒，不用擔心，客戶都很喜歡這次的提案。阿比吉特說這些舉動提升了「我的自信，最後完成時獲得了如雷掌聲。」在回顧這個經驗時，阿比吉特領悟到「領導者一定要指導自己的團隊，不斷激勵他們，讓他們保持充沛的活力，才能把潛力徹底地發揮出來」。

　　從個人最佳領導經驗來看，領導者從來不會奪走別人的主控權。他們會讓團隊成員做決策，交由他們來負責。當領導者指導和教育團隊成員、提升他們的自主權和分享權力時，就是在證明自己非常信任

而且尊重對方的能力。當領導者協助他人成長和發展時，這種協助會是互惠的。自覺有能力影響領導者的人，其實都很看重他們的領導者，也會全力以赴地有效履行自己的責任。他們視這份工作為自己的成就。好的教練很了解要強化他人的分量，就必須留意對方和相信他們夠聰明，如果給他們機會做選擇、提供必要的支持和建言，他們就會自己想出辦法。教練指導有助於人們成長和培養能力，讓他們在富有挑戰性的作業裡得到磨練的機會，使技能獲得提升。

　　好的教練指導也會提出好的問題。美國女童子軍（the Girl Scouts of the U.S.A.）前任執行長，同時也是弗朗西斯·海瑟班領袖學院（Francis Hesselbein Leadership Institute）創會主席兼執行長的弗朗西絲·海瑟班（Francis Hesselbein），就在她的座右銘裡總結了這個實務要領：「用問的，不要用說的。」她是從管理大師彼得·杜拉克（Peter Drucker）那裡學會的。杜拉克曾提到，「未來的領導者會開口問，過去的領導者會開口說。」[24] 提問問題的好處有很多，其中一個是，它可以給別人空間思考，再從他們的角度去架構問題。第二，提問問題表示，你透過責任的轉移對對方的能力表現出基本的信任，而且還有一個好處是，對方幾乎會立刻買帳所提出的解決辦法（畢竟那是他們自己想出的點子）。請教問題會把領導者擺在指導對方的位子上，擔任起導引的角色，他們才能騰出更多時間做其他策略思考。

　　每一家組織的成功都是共同責任下的結果。誠如我們在第九章說過，你不能孤軍奮鬥。你需要有一個很有能力又有自信的團隊，而這個團隊需要一個很有能又很有自信的指導教練。在你當教練的同時，也可以思考一下幫自己找個教練。畢竟以身作則的最好方法，莫過於親身示範給別人看。

【行動Tips】
強化他人的分量

　　強化他人的分量，是協助對方轉型為領導者的必要過程 —— 讓他們有能力行使主動權。創造良性循環，下放權力和責任給他們，若成效不錯，就再釋出更多權力與責任。當領導者讓選擇權和自由裁量權的行使變得可能，工作方式和服務方法也會設計出更多種可能，鼓勵承擔責任，就是在強化他人的分量。

　　領導者會幫別人培養出行動的能力和勝出的能力，以及他們的自信心。他們會確保成員取得必要的資料和資訊，了解組織的運作方式，交出成果，製造利潤，把工作做好。他們會投資人們未來的能力，指導他們如何實踐所知所學，竭盡所能地協助他們做自以為不可能做到的事情。模範領導者會利用提問的方式來協助人們自我思考，指導他們如何拿出最出色的表現。

　　要促使他人行動，你必須先強化對方的分量，方法是提升他們的自主決定權和培養勝任能力。這表示你必須：

1. 採取的行動要讓人們感覺到自己是實力強大的，可以掌

控周遭環境。

2. 給人們選擇的機會，讓他們自己決定工作方法和服務顧客的方式。

3. 架構好工作，讓人們有機會運用自己的判斷力，培養出更優異的能力和更有自信。

4. 在人們的技能和工作挑戰之間找到平衡點。

5. 證明你對下屬和同事的能力都深具信心。

6. 提出問題，不要給答案。

鼓舞人心

- 對個人的傑出表現表達謝意，肯定貢獻。

- 大力頌揚價值觀和勝利成果，打造社群精神。

▶11 肯定貢獻

　　Wavefront人資作業經理安妮塔・李姆（Anita Lim）曾親身體驗，積極正面的領導者對生產力和工作滿意度所帶來的影響。此外，她也遭遇過上位者完全不支持下屬時，是一個多麼累人又悽慘的工作環境。她有過這兩種經驗後，領悟到對人們表示肯定和欣賞非常重要。因為做到這一點，大家才會齊心合力推動組織，使它更上層樓。

　　安妮塔告訴我們，她曾在一家高級服飾零售店工作，店經理「治理的方法就是讓團隊成員心生畏懼，她威脅我們要是沒有做到自己的業績目標，就會被炒魷魚」。

　　她的心情每天都陰晴不定，要是我們前一天績效沒有達標，她的情緒就更糟。她要我們每天一早到店裡就先去她辦公室報到，下班前也要再報到一次，這樣她才能追蹤我們每天的工作時數。報到的時候，我們必須即刻回答問題，譬如「我們上禮拜賣出了多少個X產品？」她完全不給我們事先準備資料的機會。要是業績很差，她會直白地說對我們很失望，我們一定要加緊販售。可是當我們達標時，她連一個虛情假意的笑容都吝於給予，只是叮嚀我們明天也要有好的表現。

　　某個月，安妮塔做到了雙位數的業績成長，對這家店來說實屬

罕見。「但這樣的業績並沒有為我帶來任何公開的肯定，」她告訴我們，「就連我的店經理也沒有馬上向我道賀。」反而寫了一封很草率的感謝函，放在安妮塔的信箱裡。等到下一次安妮塔跟她說話時，對方竟也完全不提安妮塔的業績表現。「一切又回到從前。」安妮塔說道，「這對我的工作成就投下了陰影，我沒有任何動力想再超越自己。這位經理的管理方式令團隊很灰心，人員流動率非常高。」最後安妮塔決定不再面對店經理陰晴不定的脾氣和冷淡的行為，離開那家公司。

安妮塔下一份工作是在某全國咖啡連鎖店擔任店長，得到的經驗卻完全相反：

我的地區經理跟我以前的老闆完全相反。她是一個溫暖熱情，常鼓勵團隊成員的人。她相信我們都有做大事的潛力，所以總是期許我們拿出最出色的表現。她會花時間跟我們一起坐下來，陪我們爬梳所有的商機和缺失，這樣一來，我們才能把眼前的問題處理得更好。她會為我們設身處地著想，也了解我們平日面對的挑戰是什麼。

如果團隊的表現低於平均值，地區經理不會訓斥，反而提供她以前用過的方法來協助我們克服障礙。她會定期到各家店探訪店長，也會去需要額外人手的店裡幫忙，跟大家一塊工作，「親身去參與」。如果某家店的業績超好，她會親自到店裡向團隊道賀。要是無法成行，也會打電話告訴團隊她有多驕傲。

「在店長季會裡，」安妮塔告訴我們，「她會頒獎給那些在工作上有出色表現的店長。」

　　她不會光拿業績表現來當得獎的標準，反而會找方法獎勵突破框架的人。比方說，有最進步獎、互助獎，也有最佳勇氣獎。在頒發這些獎項時，她還會迎合得獎人的個人特色來發表演說，強調對方在工作上為公司帶來的成就。有一次她難掩激動，竟在演說中淚眼盈眶。看見這一幕，我才明白她有多在乎自己的團隊成員。也因此，我不會嫉妒同事得到我沒拿到的獎項，反而很為他們感到高興，也很自豪是這個一級棒團隊的一份子。

　　地區經理打造出了一種社群精神，安妮塔和其他店長因此得到很大的鼓舞，也互相仿效，拿出最出色的表現。誠如安妮塔的經驗總結：「這樣一個懂得找方法跟成員打成一片的領導者，讓我終於明白，當你身邊越是充滿各種正面鼓勵，整個團隊的未來成就越大。」

　　模範領導者就像安妮塔的地區經理一樣，知道必須跟周遭的人打成一片，不會把任何人視為理所當然，會欣賞別人本來的樣子和他們所做的事情。所有模範領導者都懂得肯定別人的貢獻。他們之所以會這麼做，是因為人們需要鼓勵才能拿出最出色的表現，哪怕工時長、工作困難、任務艱鉅，也會堅持下去。在任何一場嚴苛的旅程中，要想抵達終點，靠的就是你的體力和承諾。人們需要精神上的鼓舞來重振士氣。

　　要肯定貢獻，就必須身體力行以下兩個要素：

- 期許有最出色的表現
- 迎合個人的肯定手法

期許有最出色的表現

相信人們的能力，對成就非常之事非常重要。模範領導者會引導出最出色的表現，因為他們堅信成員實踐目標的能力，哪怕是最艱鉅的目標。因為正面的期許不只能深切影響團隊成員的自我抱負，也會下意識地影響你對待他們的行為方式。你會在不自覺的情況下傳遞出你對他們的看法，你給的線索可能只是跟對方說「我知道你辦得到」，也可能是「你絕對辦不到的」。除非你用言語和行為讓人們明白你自信他們辦得到，否則恐怕永遠無法看到他們的最好表現。

社會心理學家稱這個為「畢馬龍效應」（Pygmalion Effect）。它源自於希臘神話，傳說有位雕刻家畢馬龍刻了一尊美女，結果愛上了它，於是向女神阿芙蘿黛蒂（Aphrodite）祈求它能變成真人。阿芙蘿黛蒂最後應允了他的祈求。領導者在培養團隊成員的時候就是在扮演畢馬龍的角色。當人們被要求去形容他們所遇到過最棒的領導者時，都會不約而同地說這個人會挖掘出自己的潛能。針對各種自我實現預言所做的研究也提供了足夠的證據證明，人們的作為方式往往會符合別人的期待。[1] 當你期待別人失敗時，他們可能就會失敗；當你期待別人成功，他們可能就會成功。就像美鐵（Amtrak）的IT策略總監蘇馬亞・沙基爾（Sumaya Shakir）的個人最佳領導經驗：「我相信團隊的能力。我知道他們會不負所望。我讓他們知道我對他們有很高的期許。我相信他們對自己有信心，一定能夠成就非常之事。」

用比喻來說，這就像是模範領導者會讓別人活起來。他們會喚醒團隊成員的潛能。如果某人身上存在某種潛力，他們總是能找到方法將它釋放出來。這些領導者能大幅提升他人的表現，因為他們非常關

心對方，對團隊成員的能力始終具有信心。領導者會培育、支持和鼓勵他們所相信的人。在某一系列的研究裡，心理學家證明了如果一開始就聲明「我給你這些評語是因為我對你有很高的期許，我知道你辦得到」，最後證明這些建言對後來目標行為的改變多出百分之四十的成效。[2]

　　下屬所指稱的動機程度、承諾程度、團隊精神和生產力，也都跟「領導者有大程度地讓下屬知道他對他們的能力深具信心」有很大的關聯性。這會不斷循環，就像圖11.1所示，因為「下屬對領導者的信任程度」，跟「他們有多常觀察到領導者表現出對下屬能力的信心」有直接的關聯。

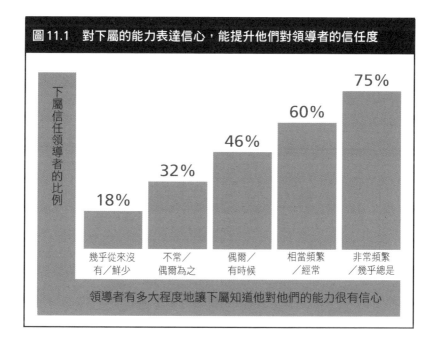

圖11.1　對下屬的能力表達信心，能提升他們對領導者的信任度

下屬信任領導者的比例

18%	32%	46%	60%	75%
幾乎從來沒有／鮮少	不常／偶爾為之	偶爾／有時候	相當頻繁／經常	非常頻繁／幾乎總是

領導者有多大程度地讓下屬知道他對他們的能力很有信心

證明你相信他們　領導者的正面期許不能只是言而無心，[3] 不能只是表面樂觀，幫人打打氣而已。身為領導者你所抱持的期許，會提供一個架構供人們在其中實踐。這種期許會形塑出你對他們的行為方式，以及他們在作業任務上的行為方式。你也許沒辦法把一尊大理石雕像變成真人，但是你可以激發出團隊成員的潛能。

　　當芭芭拉‧王（Barbara Wang）加入中國一個規模最大、成長最快速的社會公益組織時，她的領導者用信念和行動來幫助她相信自己。芭芭拉加入幾個月後，經理就請她負責組織的經營計畫。她跟我們分享：「我嚇壞了，因為我來自不同的背景，以前是在資訊科技業擔任程式設計師。」她告訴經理這個責任讓她很緊張，但他反而跟她說，這幾個月來他都在觀察她的做事方法，要是對她有任何疑慮，就不會把這案子交給她了。「他信任我的技術和才能，使我相信我可以獨當一面，處理好這個案子，也讓我在心理上變得更強大，促使我用正面的態度來面對。他相信我能拿出最出色的表現，一定會不負所望，於是激發出我的潛能。他相信我已經是優勝者。」

　　這位經理將芭芭拉視為成功者對待。比方說，每當她有任何問題或疑慮時，經理都會全力支持，要她放心，也會回答她的每一個問題，協助尋找改進的方法。「這讓我覺得受到尊重，」她這樣告訴我們，「也鼓勵我以後要做得更好，而不是難過自己的表現沒有達到他的預期。」

　　相信別人是一股強大的力量，可以激發出更好的表現。如果你想要你的團隊成員保持求勝的態度，就必須做到芭芭拉的經理所做到的事情：向團隊成員證明你相信他們本來就是成功者。不是有一天他們會成功，而是早就是優勝者！當你相信人們是優勝者時，你在行為方

式上就會傳遞出他們確實是優勝者的訊息 —— 不只是透過你的言語內容，也可能透過你的語調、姿態、手勢和臉部表情。你不會在別人面前吼叫、皺眉、哄騙、取笑或奚落，而是友好、正面積極、全力支持和鼓勵。正向獎勵、分享大量資訊、深入傾聽他們的想法、在工作上提供足夠的資源、交付更富有挑戰的任務，以及不吝於給予支持和協助。

「我是利用三個便士來練習鼓勵別人，」聯合汽車信貸公司（United Auto Credit Corporation）財務長拉維・甘地（Ravi Gandhi）這樣說道。[4] 每天上班的時候，他都會在電腦的左邊放三個便士，一整天下來，「我會找機會肯定、感謝和鼓勵身邊把事情做得很好的人」。只要鼓勵過一個人，他就把其中一個便士移到電腦的右邊。要是他不在辦公桌前，就會把便士放進左邊口袋裡，當天要是有鼓勵到人，就把其中一個便士移到右邊口袋。拉維解釋道，這個小小動作「可以隨時提醒，我們是住在一個對鼓勵極其渴望的世界裡。我只是想盡點棉薄之力去修補這個問題 —— 至少跟我的團隊一起努力。」一天工作結束時，拉維的左邊口袋裡若仍有便士，他就在回家路上，打電話鼓勵他的孩子和朋友。

想像自己處在以下情境裡：當你知道有人正要前來視察，你會有什麼樣的行為表現？普遍的答案都是：一旦發現老闆要來了，就會趕緊拿出最好的行為表現。錯了！他們會搬出不一樣的行為表現，但通常不是最好的。事實上，可能是最差的行為表現，因為他們會緊張到全身緊繃。此外，如果你知道有人要來找出問題，可能你會趕緊把問題藏起來而不是曝露它。在高度控管型經理底下做事的人可能較會保留資訊，隱瞞真相，謊報現況。相反的，誠如我們在第八章所言，被

找出很多錯誤的組織，可能只是因為工作者敢放心地把問題和阻礙攤開來，以便得到必要協助，解決後才好繼續前進。

這是一種良性循環：你相信團隊成員的能力，你的善意期許使你的行動更積極正面，而這些鼓勵行為將帶來更好的成果，於是你更相信他們辦得到。而另一個良性循環也會開始，因為當人們看見自己能夠拿出非常表現時，也會開始自我期許。

說清楚目標和規則　要有好的表現，正面的期許是必要的，但是除非人們很清楚基本規則和預期成果，否則很難維持同樣的表現水準。[5]你小時候可能讀過路易斯・卡羅（Lewis Carroll）的《愛麗絲夢遊仙境》（*Alice's Adventure in Wonderland*），還記得那場槌球比賽嗎？火鶴是木槌，紙牌兵是球門，刺蝟是球。每個人都在不停移動，規則老是變來變去。你根本不知道要怎麼進行這場比賽或者怎樣才算贏。你不用掉進兔子洞裡，也能知道愛麗絲做何感想。

醫學博士亞當・哈爾蒙（Adam Harmon）是心臟外科醫師，他會讓人知道他希望大家拿出最出色的表現，對目標和各種期待值要很清楚。[6]他會花時間去認識自己的病人和他們的家屬，向他們說明可以預期的創傷手術經驗。他也會對他的心臟外科團隊做同樣事情。他期許他們拿出最出色的表現，而且親自示範，其中一位成員形容，「他有讚揚傑出成員的習慣，這會營造出一種氛圍，使大家都想努力拿出最出色的表現，希望能成為他下次肯定的對象。」

如果有任何成員沒有達到高標，亞當會明確指出他們必須改善的地方。此外他會再多跨出一步，譬如他會跟剛指導過的成員說，「我知道你辦得到，因為你以前就辦到過。」他向團隊保證他們一定能把

工作做好，並把他們的表現跟病人的術後成果劃上等號，使團隊成員對這份工作產生依戀。他總是把注意力放在重要目標上：「我們表現得越好，病人術後結果就會越理想。」他對團隊這樣說道。「他讓我們知道如何拿出最出色的表現。」其中一位成員說，「我們都喜歡當他的下屬。」

相信別人可以成功，只是這個方程式的一部分。如果你希望人們全力以赴，全心投入工作，你必須先確定他們知道自己應該做什麼。你必須說清楚預期成果是什麼樣子，確保比賽和計分方法的規則前後一致。

目標和價值觀提供了人們一套標準，讓他們可以專注地努力。目標通常是短程的，價值觀（原則）則是長遠的。價值觀和原則的功能就像是目標的基石，它們是你的高標，是你最遠大的志向，可以界定出能讓你訂定出目標和指標的舞台。價值觀會找到行動的道路，目標則會釋出行動的能量。

不管在職場上、運動場上，還是日常生活中，最完美的作業狀態通常被稱之為「得心應手、揮灑自如」。誠如第十章所言，所謂的「揮灑自如」，是指你在做事當下能感覺到純粹的喜悅和應付自如的從容。要想有這樣的體驗，就必須先有明確的目標。目標可以幫忙你全神貫注，避免分心。目標可以給你行動的企圖和意義，為你所從事的事情提供一個目的。就組織的角度來說，沒有目標的行動就只是庸碌的工作而已，徒然浪費寶貴的時間和力氣。

但是目標跟肯定有什麼關係呢？和鼓舞人心又有什麼關聯？目標給了肯定一個背景脈絡，可以讓人們為某件事情去奮鬥打拚 —— 而那是一件重要到一定要做到的事情 —— 比方說，獲得第一名、打破

紀錄、立下新的完美指標。目標可以帶出肯定的高度，因為你的致謝是為了感謝某人實現或示範的事情。雖然為團隊成員確定個人價值很重要，但是要獎勵大家都了解那個可取行為和成就，最有意義的方法就是肯定對方。

　　目標會讓人們把注意力專注在共同的價值觀和標準上。它有助於人們把目光鎖定在願景上，保持方向正確。目標會促使人們找出必須採取的行動，了解自身的進展，看出什麼時候需要調整路線。它也會讓人們把手機調成請勿打擾的模式，把自己的時間做最好的安排，全神貫注在最優先的要務上。[7]

提供和尋求意見反饋　人們需要知道他們是朝目標前進，還是只是原地踏步。當他們有一個極具挑戰的目標，且過程中不時得到意見反饋，才會有更大動力堅持下去。[8] 缺少意見反饋的目標或者只有意見反饋卻沒有目標，會使人們缺乏動力和意願付出更多的努力。一項針對一百五十多國的一千多家組織所做的研究發現，超過三分之一的員工，必須等待三個月以上才能得到直屬上司的意見反饋，幾近三分之二的員工希望能得到更多同事的意見反饋。[9]

　　在巴特勒營造公司（W.L. Butler Construction）擔任資深經理的艾迪・泰（Eddie Tai），負責專案工程師和實習生的招聘、培訓、職涯發展、升職和留任。艾迪指出「經常性地給予意見反饋有助於人們自我糾正，以及了解自己在整個大環境裡的角色。設定了目標卻不針對目標進度和過程表現提供意見反饋，是非常不完善的做法」。他的團隊成員又是怎麼說呢？其中一位告訴我們，「得到意見反饋對我的成長來說非常重要，因為要是不知道現在的表現，我要如何為自己的

未來走向訂出計畫？」她繼續說道,「犯錯的時候有意見反饋我會很高興,因為這樣我才會記住,下次不要再犯。沒有犯錯就很難學到教訓,沒有同事指正你的錯誤,這些錯誤就會被忽略,沒有改正的機會。」

　　意見反饋是學習過程中的核心。比方說,要是沒有意見反饋,自信心會出什麼事呢?在某項研究裡,研究人員告訴受訪者他們的努力會跟數百名從事同樣作業的人做比較。而受訪者隨後的表現有的是得到讚美,有的是得到批評,也有的完全沒有得到任何意見反饋。那些沒有得到任何意見反饋的人跟得到批評的人一樣,在自信心上受到嚴重打擊。只有得到正面反饋的人在表現上會有所改進。[10] 對別人的表現隻字不提,是幫不了任何忙的 —— 包括執行者、領導者和組織。人們都渴望得到意見反饋,他們寧願知道自己的表現如何。完全沒有消息就跟壞消息一樣會有負面影響。事實上,人們寧願聽到壞消息也不想音訊全無。誠如艾迪的一位下屬所言:「人們要能得到意見反饋,才能把技能磨練得更好。我相信越清楚表現如何,對自己越好。它可以讓我知道,我還需要在哪些地方多下點工夫。」

　　學習過程中若少了意見反饋,就不算是學習 —— 要想知道你有沒有趨近自己的目標,有沒有妥善執行,只能靠意見反饋。意見反饋可能令人尷尬,甚至令人痛苦。雖然多數人都很明理,明白意見反饋是自我反省和成長的必要元素,但還是對接受意見反饋這種事有點勉強。因為他們想要讓自己看起來很棒甚過於想要變得很棒。研究人員不斷指出,專業技能的培養和精通都得靠建設性的意見反饋,甚至是批評性的意見反饋。[11]

　　在這一點上,華頓商學院教授亞當・格蘭特就建議「不要端出意

見反饋三明治」，這是一種傳統的意見反饋方式，就是在最上層和最底層各放一片讚美的吐司，中間夾上一片批評的肉。他認為數據告訴我們，「意見反饋三明治不像外表看起來那麼好吃」，他提出了幾個可以讓意見反饋更有建設性的建議：第一，解釋你為什麼要反饋這個意見。當人們相信你的本意是要幫助他們，而且你也表現出關切之意，他們就比較能接受批評。第二，因為負面的意見反饋會令人覺得低人一等，為了公平起見，建議最好也分享意見反饋對你的事業生涯曾經有過的助益。第三，先請問對方想不想聽你的意見，因為一旦他們決定要聽，對你的忠告就不會那麼防備了。[12] 用這樣的方式來架構意見反饋，將有助於把意見反饋轉化為指引，而這是多數人渴望得到的。[13]

　　意見反饋和引導對每一種自我改正系統來說都很重要，對領導者的成長和養成也是必要的。但是我們在研究裡發現，尋求意見反饋對領導者而言並不容易。在**領導統御實務要領量表**裡 —— 也就是我們的三百六十度領導統御評鑑工具 —— 領導者指出他們最不常做的事情就是「尋求意見反饋來了解自己的作為對他人的表現有何影響」。換言之，被領導者和團隊成員最感到不自在的行為，就是最能讓領導者知道自己表現如何的行為。如果你不願意真正了解自己的作為會如何影響周遭人士的行為和表現，能學到什麼呢？最簡單的答案就是：「什麼都學不到。」身為領導者的工作之一，就是不斷請教別人：「我做得怎麼樣？」如果你不問，他們就不可能告訴你。

　　對意見反饋敞開心房，尤其是負面反饋，才是最佳學習者的特質，也是所有領導者必須培養的一種習慣，特別是有抱負的領導者。嘉吉企業（Cargill）策略行銷和科技總監希拉蕊‧賀爾（Hilary Hall）

曾告訴我們，始終對意見反饋抱持開放心態，是她在個人最佳領導經驗裡學到的重要課題。「這是一個有點痛苦又有點尷尬的經驗，」她說道，「因為你得承認自己有一些地方並不討人喜歡，但這是自我反省和成長的必要元素。」她能理解為什麼「要成為一個領導者是需要練習的，而且要願意以雪亮的眼睛來檢視自己」。

當領導者一路上提供清楚的方向和意見反饋時，就是在鼓勵人們去探索內在，發揮潛力。跟目標和工作進展有關的資訊，都會強烈影響人們的學習和實踐能力，同理也適用於領導者本身。[14] 鼓勵比其他形式的意見反饋都來得迎合個人和正面積極，也比其他形式的意見反饋更有可能實現某些事情，譬如強化領導者和團隊成員之間的信任程度。在這層意義上，鼓勵算是一種最高形式的意見反饋。

迎合個人的肯定手法

對肯定最常見的抱怨之一，就是它太容易預料、太單調且制式化。一體通用的肯定方式，會讓人覺得沒誠意、勉強又輕率。官僚式和例行性的肯定以及多數獎勵機制，都無法令人們感到興奮，久而久之，甚至可能助長憤世嫉俗的情緒，損及信譽。再者，太籠統的鼓勵性言詞不太能產生效果，因為無法確定這些讚美到底是在指誰或哪件行動。

諾華製藥集團（Novartis）澳洲分公司的人資總監娜塔莉・麥克尼爾（Nathalie McNeil）認為迎合個人特色的肯定方式，才是最名副其實的一種肯定。這種名副其實來自於你確實認識對方，而且對他的關心是真誠的。「如果你對一些事情的肯定不夠具體，」她說道，

「就表示你根本沒在留意。好的領導者會很用心，他們了解自己人。如果你真的跟誰很熟，不會只肯定他做的事，也會用他個人喜歡的方式來肯定，因為對方在意很重要。」百勝餐飲集團是全球銷量最大的餐飲公司，他們要求每一次的肯定都必須迎合個人 —— 而且要附上親筆信。[15]

　　為了能夠傳達出妥當的肯定內容，領導者必須先了解每一個人的動機。路易斯·薩瓦萊塔回憶起在富國銀行共事過的一位經理，他對認識團隊裡的成員毫無興趣。路易斯解釋，也因為這樣，這位經理只能靠金錢作為鼓勵的手段，結果反而出現反效果，跟他當初自以為的結果完全相反。

　　多數團隊成員都用一種冷眼的態度，看待從經理那裡收到的任何金錢獎勵。我們會拿到附在薪資支票後面的紅利，沒有任何提示或註明它是哪裡來的，或者發放獎金背後的原因是什麼。管理階層對我們的工作成果從來不會立即肯定，令大家很不爽。意見反饋付之闕如，害多數成員無法確定自己的工作表現到底是好還是壞，工作士氣和生產力都跟著降低。

　　路易斯告訴我們，因為這位經理完全不想了解員工的目標或需求，「這種缺乏關懷的管理方式，造成滿意度和留任率下降」。

　　每當人們告訴我們「最富有意義的肯定經驗」時，總是說那是特別為他們個人設計和準備的，他們說那種感覺很特別。當你的肯定和獎勵很迎合個人時，你的用心和努力才算值得。這也是為什麼領導者一定要留意每個人的好惡。俄羅斯鐵路公司（Russian Railways）國際

合作處（International Cooperation Department）副處長阿列克謝‧阿斯塔菲夫（Alexey Astafev）觀察到，「要想鼓勵人們拿出最出色的表現，就必須肯定他們的成就，使他們覺得自己受到信任和重視。但肯定必須迎合個人、精準到位，並且讓大家都看得到。就算是很厚重的獎勵，要是你的方式不恰當 —— 或者給的方式不對 —— 很快就會被人遺忘，反而達不到你想挖掘對方潛能的目的。」矢志大幅改善金寶湯公司（Campbell Soup Company）成果表現的道格‧柯南特（Doug Conant），每天花一個小時掃視電子郵件和公司內部網絡來掌握第一手消息，了解哪些員工「正在發揮影響力」。他估計在他擔任執行長的十年任內，每天至少寫十張便條紙 —— 總計共三萬張 —— 給各階層的員工。他說，「我會確保這些紙條不是無意義的祝賀而已，而是真的在讚美對方所做出的貢獻。」[16]

認識你的團隊成員 史蒂芬妮‧索格（Stephanie Sorg）是美國職業足球大聯盟（Major League Soccer）聖荷西地震隊（San Jose Earthquakes）旗下女子開發團隊的教練之一，她體認到自己以前很多舉動「會在無意間讓人覺得有點無聊，而且老在重複。也因此我的球員感受不到我對她們的賞識或激勵。」她這樣告訴我們，「那時我的當務之急是點燃每個人心中的火苗，打造出一種健全的氛圍，鼓勵大家進步。」

史蒂芬妮先從多留意球員需求、少管點球技開始，花更多時間去認同她們所付出的努力，找每位球員談話，為她們的拚勁感到驕傲和滿意。她必須拉近跟球員們的距離，才能對她們做的事具體置評，並由衷表達她對她們的承諾以及利害與共。比方說，有一次訓練完之後，史蒂芬妮特別把其中一位球員拉到旁邊，誇讚她的優異表現：

　　我提到她顯然是全力以赴地投入這場練習，並指出她做出的戰略決策有幫到自己成功達陣。除了跟這位球員私下談過之外，每次團隊有出色的發揮，我也盡量暫停練習，點名哪位球員的表現特別精采。經過幾次的練習和比賽之後，我開始注意到，其中幾位球員看待我以及跟我互動的方式起了一些變化。我在提供意見反饋時，發現她們都會專心聆聽，甚至用眼神告訴我，她們懂我的意思，感激我的提點。

　　誠如史蒂芬妮分享的故事，要讓肯定這件事具有個人意義，就必須先熟識你的團隊成員。如果你要做出迎合個人的肯定，讓它顯得很特別，就別管組織關係圖和每個人所扮演的角色，先設法了解這個人。你必須知道對方真正的樣子、有什麼感受、在想什麼。你必須經常去走廊和廠房，定期跟小組碰面，不時動身探訪同事、主要供應商和顧客。真正去留意和用迎合個人的創意手法主動肯定別人，這樣能提升對方對你的信任。隨著職場的日益全球化和多樣化，這種關係也變得越來越重要。如果別人知道你真的在乎他們，他們也會在乎你。表現出你的在乎，是你消除文化差異的一種重要方法。

　　親近度是兩人能否交談的最佳預測器，所以如果你要找出可以激勵他們的東西、想要知道他們的好惡，以及他們最喜歡哪一種肯定方式，就必須先拉近彼此的距離。不過管理上的迷思總是說領導者不應該跟團隊成員走太近，不能在工作上交朋友。[17]我們先把這個迷思暫擱在旁。

　　研究人員曾花五年時間，觀察朋友組和熟人組（裡頭的人只是粗淺認識彼此）在引擎技術作業任務和決策任務上的表現。最後得出由朋友組成的小組，平均完成的專案數量比熟人組多三倍以上。至於決

策任務方面，朋友組比熟人組的成效則高出百分之二十。[18] 但其中有一個關鍵，朋友組成的團隊必須對小組目標有強烈的投入意願，如果沒有，就算是朋友同組合作也不會有較好的表現。這也正是為什麼我們稍早前曾說過，領導者一定要有清楚的標準，並打造出一個有共同目標和價值觀的環境。說到成果表現，對標準做出承諾及人與人之間的良好關係是如影隨形的。再者，聲稱自己跟上司關係友好的員工，對工作的滿意度會高出兩倍半，[19] 因為人們比較願意追隨一個清楚他們是誰、需要什麼的人。跟夥伴契合有激勵作用，會願意更賣力地工作，理由很簡單，因為不想讓認定的朋友失望。此外，當人們覺得在職場裡有交到朋友時，待在那家公司的時間也比較久。

獎勵誘因要有創意　說到肯定和讚美別人，你不能像一張壞掉的唱片老是重複同樣的話。一定要用有創意的方式來感謝別人的貢獻，這對領導者的成效評鑑以及員工對這個工作環境的感受都很重要。比方說，當下屬幾乎從來不相信他們可以得到具創意的肯定時，就剩下不到百分之八的人認同領導者是卓有成效的。相反的，當他們觀察到領導者幾乎總是用很有創意的方式肯定他們時，就有超過百分之八十二的人認為領導者領導有方。而這種領導作為的有無，也對下屬的工作投入度和工作動力造成兩倍半的影響差距。

　　媒體管理者唐娜・威爾森（Donna Wilson），在迎合個人的肯定方式上充分發揮了創意。KJRH是NBC在奧克拉荷馬州塔爾薩市（Tulsa, Oklahoma）的附屬電視台，唐娜身為該台的副總兼總經理，她認為如果從自己的薪水裡拿出三百塊美金，花在肯定員工這件事情上，可能感動不了太多人。於是改把這筆錢分給十五個人，請他們花

一個月的時間拿這些錢去鼓舞人心。[20]

　　唐娜相信這會非常有趣——的確是很有趣。有些人買油卡送給攝影師（減輕他們在加油站的油錢負擔），或買 iTune 卡給資訊科技人員（這樣一來，對方就可以挑自己喜歡的歌，而不是大家都在聽的歌），又或者請某人去吃午餐。有些人會送部門以外的人很不尋常的紀念品，「大魚」獎是其中一個例子——那是一隻很巨大的塑膠魚，每個月都會掛在「最佳表現員工」的辦公隔間上方，這點子很有創意也很有趣，而且是在當月結束之後還可以繼續施行的肯定手法。

　　誠如唐娜的經驗所強調，領導者不見得只能靠組織的制式獎勵系統，畢竟它提供的方法有限，而且升職和加薪這種獎勵也是難得才有的。千萬不要以為員工只對金錢獎勵有反應，雖然提高薪水和發紅利絕對有其價值，但員工還是需要金錢以外的賞識與獎勵。臨時起意、出乎意料之外的獎勵，往往比預測得到的正式獎勵更來得有意義。

　　如果獎勵很具體明確，而且是在適當行為發生後沒多久就給予，通常效果最好。領導者出外走動的最大好處之一是，可以親眼看到員工把事情做對，當場獎勵或者在下一次公開集會時表揚。「最具正面影響力且最常使用的肯定方式，就是當場肯定。」歐波頓信用貸款公司（Oportun）人資長索尼亞‧克拉克（Sonia Clark）這樣說道。「如果發生一件真的很棒的事，我會立刻誇獎，讓附近的人也聽到。」

　　比斯瓦吉特‧薩虎（Biswajit Sahoo）是沃爾瑪商場全球電子商務（Walmart Global eCommerce）的資料分析經理，他承認一開始很吝於讚美團隊的個人成員，以為這麼做可能會害對方自滿。他通常會等到任務作業完成後才提供正面的反饋。但在省思自己曾得到正面鼓勵的經驗之後，現在他只要一看到員工把事情做得很好，「就立刻『正面

反饋」，誇獎對方。我明白就算當下只是一個小小的正面評價，也比日後再給反饋要來得更有意義。我在每週例會上，把握機會肯定成員的優異表現。這也會鼓勵成員們開始公開地彼此肯定。」在很多組織裡，成果和肯定之間的時間差拉得太久，以至於失去意義。要是正面反饋是在幾個月後才釋出，也很難記得之前究竟做了什麼。

雖然金錢可以驅動人們做事，但無法要求他們拿出最出色的表現。[21] 如果你完全只靠組織的正式獎勵系統，選擇會變得相當少。事實上，人們對各種不同的私下肯定和獎勵都很有感覺，這也正是肯定要講究創意和迎合個人優勢的原因。我們見過人們用長頸鹿娃娃、彩虹條紋的斑馬海報、印有團隊照片的馬克杯、水晶蘋果、古董車乘坐體驗等來表達謝意，以及數百種富有想像力的感謝方式。我們也見過口頭和非口頭的肯定，有精心鋪陳的，也有點到為止的。心意的表現方式是沒有設限的。[22]

你一定要了解，出自真心的肯定，不一定要具體物品。模範領導者會充分利用各種內在獎勵 —— 奠基於工作本身的獎勵，包括成就感、表現創意的機會，以及工作的挑戰 —— 這些都跟個人的努力有直接關係。而這些獎勵可以提升工作滿意度、承諾度、留任意願和工作表現，遠比薪水和額外補貼來得更重要。[23]

這一切關乎的都是你有沒有那個心，技巧絕對比不上誠意。人們要是知道你有把他們的最大利益放在心上，就會很感激你，於是更在乎自己做得夠不夠好。當你用心關懷時，就算一個小動作也能得到很大的回響。

只要說「謝謝你」 會充分利用「謝謝你」這三個字的人實在不多，而

這可是最有力量、成本又最低廉的獎勵方式。蘇利文克倫威爾律師事務所（Sullivan and Cromwell）也有這樣的發現。這家事務所在美國歷史悠久且受人尊敬，可是多年來，它們從一流法學院招募來的頂尖夥伴，總是在第一年就離職。內部調查後才知原因：不是因為薪水、工時或工作本身的問題，而是這些年輕律師感受不到合夥人對他們的賞識。於是決定執行一個簡單的政策：每位合夥人無論何時提出要求，都必須說「請」和「謝謝你」。一年內，員工耗損率整個翻轉，蘇利文克倫威爾律師事務所被《美國律師》（*American Lawyer*）雜誌票選為法律工作者的最佳雇主。[24] 調查顯示，大多數人（百分之八十一）都指出，如果能有一位懂得賞識他們的經理，他們比較願意在工作上加倍努力。百分之七十的人說，如果他們的經理更常跟他們道謝，他們就會對自己以及所做的付出感到更自豪。[25]

　　TFE飯店在澳洲、紐西蘭和歐洲都是領先群倫的住宿供應商，執行長瑞秋・阿加曼（Rachel Argaman）就相當堅持一件事，她說「人們都想要在一個充滿鼓勵的工作環境裡工作，在那裡他們做的事情都能發揮影響力，而且受到肯定。」[26] 她相信領導者必須確保人們看得到他們所做出的改變。她說，有一個方法可以做到這一點，那就是直接告訴他們：「直接謝謝對方，可以讓對方知道領導者的感受是什麼，這是驅動表現的板機。」比方說，瑞秋會在每個人的年底紅包袋上寫幾句話，整個作業要花上四天的時間。她寫給每位員工的話都不一樣，說對方曾因哪件特別的事、透過什麼行動或作為發揮了影響力，最後寫道：「因此我要在這裡謝謝你」。曾有一位TFE夥伴描述她在極為艱困的處境下，從瑞秋那裡收到一張張「親筆寫的小字條」，支持她繼續走下去。「我會留在這裡，都是靠那些親筆字條」。

　　有幾個基本需求遠比個人的努力受到注意、肯定和賞識來得更重要。私下道賀被員工評定為最有力量的非金錢激勵因素。[27] 在工作中若常聽到感激的話語，會更容易出現非常成就。研究證實，肯定成果表現對員工投入度有高出兩倍多的影響。同樣的研究也發現，被強烈肯定的員工會更創新，平均每個月想出的點子數量比不被強烈肯定的員工多出兩倍。[28]

　　在我們的研究裡，認為自己的領導者在「讚美別人工作成果」的領導作為上可以拿到高於平均值的下屬，比把這類領導作為評為低於平均值的下屬更顯得自豪和積極，也更願意全力以赴追求組織的成功。研究人員還發現，高績效表現的團隊成員給彼此的正面佳評是負面批評的三倍，甚至六倍之多。績效表現中等的團隊正面佳評和負評則是二比一。至於績效表現低落的團隊負評則是正面佳評的三倍。[29]

　　花時間肯定別人的努力和貢獻是絕對值得的。但是人們往往會忘記伸出手、給個笑容或者只是一句簡單的「謝謝你」。人們會在經理或同事視他們為理所當然時，感到受挫或無人賞識。有時候他們忽略是因為截止期限的壓力，被要求一定要準時交件的壓力，害他們忘了表達感謝之意。但是你還是一定要撥出額外時間說聲謝謝，這一點很重要。奧莉薇亞・賴（Olivia Lai）回憶她在金百利用品製造商（Kimberly-Clark）管理顧客服務團隊時，旗下成員就非常在乎她口中的「謝謝你」和「我真的很感激你的協助」。「你會看到這些話帶動了他們臉上的笑容，」她說道，「這會帶給他們一股暖意，知道自己的工作是被別人接受和受到肯定。」奧莉薇亞了解到，對領導者而言，不只是要完成財務成果和交付年度目標而已，還要透過信任和人與人之間的連結打造出優勝團隊，這包括拍拍對方的肩、握個手、給

個笑容，以及說聲「謝謝你的努力」。

　　表達你的感謝還有另一個較私人的好處。加州大學戴維斯分校心理學教授羅伯特・埃蒙斯（Robert Emmons）發現，會表達感謝的人跟不會的人相比，前者的身體較健康、個性正面樂觀，而且善於處理壓力。此外，他們也比較有警覺、活力和彈性，願意支援別人，大方慷慨，能朝重要的目標邁進。[30] 百勝餐飲的共同創辦人及前任執行長大衛・諾瓦克（David Novak）也有類似看法，他曾說，通往成功的道路不是只有好吃的食物、出色的服務、創新的菜單和價值觀，還要靠肯定的力量。「關於肯定這件事，你一定要了解到一點，」他堅稱道，「那就是它對人是有益處的 —— **所有的人** —— 不管他們是誰，他們在做什麼，或者他們來自哪裡。」[31]

　　致謝和肯定的美好之處就在於，把它們做出來不是一件很難的事，你不必身在高層也能做到。它們幾乎花不了什麼成本，只要每天付出一點點就行了。你再也找不到比這更好的投資。

【行動 Tips】
肯定貢獻

　　模範領導者對自己和團隊成員都有正面的期許。他們期待人們拿出最出色的表現，創造自我實現的預言，就算是普通人也能做出非常行動，成就出非常成果。模範領導者的目標和標準要很明確，才能協助人們專注在必須做的事情上。他們會提供清楚的意見反饋和援助。也因為始終對前景保持正面態度，不吝於提供建言來激勵人心，所以總是能提振人們的精神，讓他們有動力繼續努力下去。

　　模範領導者會肯定和獎勵對願景及價值觀有貢獻的人。他們的致謝方式不會受到組織形式的限制，他們喜歡用自然流露的方式向人道謝，充分發揮創意。迎合個人的肯定方式，需要先弄清楚不同的人和不同的文化，適合什麼不同的方法。雖然肯定別人的努力一開始做可能有點不自在和尷尬，但你可以先從跟每個人打好關係做起。許多可以隨性表達謝意的小舉動，對大家來說都很受用，先把這些學起來，才知道如何使出最迎合個人的肯定方式。

　　要鼓舞人心，就必須對個人的傑出表現表示謝意，肯定

貢獻，這意謂你必須：

1. 對個人和團隊可以達到的成就，抱持高度的期許。

2. 清楚和定期傳達出你的正面期許。

3. 打造出一個可以放心接收和給予意見反饋的環境。

4. 找到最能夠發揮影響力的鼓勵方式。不要自以為很懂，多向別人請益，花點時間詢問和觀察。

5. 肯定的方式要有創意，要自然流露，而且要有趣。

6. 讓「謝謝你」很自然地變成你的日常行為。

▶12 頌揚價值觀與勝利成果

「生命苦短，要即時行樂，」查爾斯‧安貝朗（Charles Ambelang）說道，「你希望工作可以讓你跟別人建立關係，可以一起大笑，享受當下的笑點，而且謝謝他們把工作做好。」[1]查爾斯的正式職銜是聖塔克拉拉大學人力資源協理，但私底下，他其實是人資CEO——首席鼓勵長（chief encouragement officer）。

當初查爾斯剛接管人資工作團隊時，士氣低落、人心惶惶。整個團隊已經習慣對成功少有肯定，但若失敗後果嚴重的環境。誠如他的下屬所言，「人資團隊的主管，必須懂得賞識每個人及共同努力的成果。查爾斯總是鼓勵每一個人成為團隊裡卓有貢獻的成員，為大家深信不疑的價值觀和校園社區服務一起努力。」

查爾斯經常鼓勵部門員工，表達他對大家的信任，對日後的成功深具信心。他會臨時起意做一些很瘋狂的事來慶祝團隊的成就，譬如去雜貨店搬回成箱的冰棒和雪糕。當他帶著戰利品回來時，他會先清空手推郵車，裝滿冰品後，再用手機播放冰淇淋車的音樂，巡迴辦公室，讓每個人挑選自己最愛的口味。

查爾斯會幫團隊安排外出慶祝活動，譬如「人資電影夜」。只要最近有賣座片上映，他就會購買足量的電影票，讓員工可以邀家人或好友一同觀看，結束後大家還一塊用餐，分享觀後心得，以及如何把

它運用在自己的工作上。他也籌辦一年一度的「週五夜之旅」，讓員工和家人一起去看當地的小聯盟棒球賽。「用這種方法來結束一週的工作很有趣又很放鬆，讓員工可以花點時間更了解同事和家人。」另一位員工這樣告訴我們。查爾斯也會用很有人情味的方法對工作成果表示謝意。比方說，在「員工感恩日」當天，查爾斯親手寫了三十張字條給員工和實習生，還發送他親自為每人挑選的小玩具，表示他的重視。

這個工作團隊以前從來不敢言說或做正常管道以外的事情，如今搖身一變，成了一個可以合作且彼此支持的團隊。不管是個人還是整個團隊，都被授權和鼓勵大膽創新，發想新點子，也不吝於花時間去慶賀個人和團隊的成就。查爾斯接手後，團隊變得比以前更有凝聚力和合作精神。以下是其中一位員工對查爾斯這套方法的總結：

身為人資首席鼓勵長的查爾斯，讓我們知道每個人都對團隊的成功有貢獻。他不時會想出一些好玩又獨特的方法來吸引我們，讓我們把工作做到最完善。他總是有辦法讓工作變得值得投入，而且很好玩！

查爾斯的作為以及人資部門的經驗證實了我們的研究。當領導者公開尊崇表現出色的人、以行動證明同舟共濟精神足為楷模的人，以及把工作環境打造成一個令人想久留的地方時，績效表現就會跟著提升。這也是為什麼模範領導者會靠以下兩點來全力頌揚價值觀和勝利成果：

● 打造社群精神

● 親身參與

當領導者集合眾人共同慶功，表達他們感激之意的時候，就是在強化社群意識。親身參與則是在清楚表示，每個人都要矢志成就非常之事。

打造社群精神

有太多的組織把社交聚會當成一種很麻煩的作業。其實一點也不麻煩。人類是社交動物 —— 天生就喜歡跟別人打交道。[2] 人類本就喜歡一起做事，形成社群，用這種方法來證明他們之間的共同點。

當社交的連結很堅固而且數量很多時，就會產生更多的信任、互惠、資訊、流動、集體行動和歡樂 —— 連財富也順道增加。[3] 最近一些快速成長和成功的企業，都是社交連結需求下的最好明證。臉書、WhatsApp、QQ、WeChat、Qzone、Instagram、推特和Skype，是少數幾個擁有上億使用者的社群網站。[4] 研究人員發現，相較於社群網站的非使用者，「社群網站使用者的朋友和密友數量都相對較多」。[5] 社會資本跟有形資本和智慧資本一樣，都是成功和快樂的重要來源。

要利用這種需求去連結、社交和打造出社群意識，其中一個最好的方法，就是全員到齊式的公開頌揚。針對這種頌揚方式所做的研究解釋，它「是靠熱情和意義目的來注入生氣 —— 將人們凝聚起來，把我們跟共同的價值觀以及各種傳說結合一氣。典禮和儀式可以打造出社群，為每個人的靈魂注入企業精神。當一切順利時，這種場合會讓我們共同沉醉在美好的榮光裡。而當我們處於艱困時，這類典禮會

拉近我們彼此之間的距離，為我們點燃希望，使我們相信好日子就要降臨。」[6] 我們發現，指稱主管總是能找到方法來慶祝各種成就的下屬，相較於主管不常去找方法慶祝的下屬，兩者在自豪感、工作動力和承諾度上的差距非常大 —— 幾乎高達百分之二十五。領導者靠慶功打造團隊意識的方式，有助於社會支持（social support）的建立與維繫，是未來成長茁壯不可或缺的要素，尤其是處在壓力很大和一切都不確定的緊要關頭。

　　有時候公開頌揚是可以精心設計的，但大多時候，它們只是把日常的作為和事件，與組織的價值觀及團隊的成就連結起來。模範領導者很少會錯失這類良機，他們會讓團隊成員知道聚在這裡的意義和目的，以及他們要怎麼作為才能實現那些意義和目的。舉例來說，希捷科技（Seagate Technology）執行業務副總庫爾特・里查茲（Kurt Richarz），會利用每個月的業務電話例會來強調哪些人得到「起立鼓掌」獎。[7] 這個獎勵辦法很簡單：同事之間可以互相提名，在一張紙條上寫出對方的貢獻或成就，然後在每月的電話例會上秀出得獎者的照片和成就摘要。庫爾特也不忘回頭感謝提名者，感激大家願意在百忙之中抽空做這件事。這種充滿熱情且誠意十足的公開肯定方式，令得獎者和觀獎者備受重視，有助於建立一個正面積極的強大社群。這樣的舉措近年來變得尤其重要，因為十個美國人中有七人希望得到更多肯定，而有百分之八十三的人欣然承認，在肯定別人這件事情上可以做得更多。[8]

　　不管是尊崇個人、團體或組織成就，還是鼓勵團隊學習和建立關係，公開頌揚、儀式典禮和類似活動都給予領導者絕佳的機會，開門見山地宣導和強化，有助於實現共同價值觀及目標的行動與作為。模

範領導者都知道倡導公開頌揚的文化，對團結意識、留住人才和激勵員工很重要。再說，有誰會想在一個既不記得也不慶祝任何事的無聊地方工作？創意領導中心（Center for Creative Leadership）前任資深研究員大衛・坎貝爾（David Campbell）說得好：

> 一個漠視或阻礙組織性典禮、認為它們可笑或者「沒有成本效益」的領導者，也等於是在漠視歷史的節奏和我們的集體制約。〔公開頌揚〕就像是時間推移過程裡的標點符號，少了它們，等於沒有開始也沒有結束。生命成了永無止盡的星期三。[9]

公開頌揚成就　第十一章曾提到，個別的肯定可以提升對方的價值感，讓表現更上一層樓。公開頌揚也有同樣效果，而且對個人和組織的另一個長遠好處是，補足私下肯定做不到的效益。

公開頌揚給了我們一個機會，藉由實際案例證明什麼叫做「說到做到」。當聚光燈打在某些人身上，然後有人把他們的事蹟說出來時，他們就會成為行為上的楷模，代表組織希望大家會有什麼樣的作為，並具體證明這種作為有可能做到。對成就的公開頌揚也有助於被肯定者和旁觀者建立承諾。當你向眾人說：「再接再厲，非常感謝」時，就是在向更多人說：「這些人就跟你們一樣，都是我們支持和相信的楷模。你們也做得到，可以對我們的成功做出貢獻。」

數據顯示，領導者對致力於共同價值觀的人的肯定程度，跟當事人自覺組織重視他們工作和影響力的程度有很大的關聯。雷蒙・余（Raymond Yu）的經驗證實了這一點。雷蒙是直覺外科醫療設備公司（Intuitive Surgical）新品介紹工程團隊的經理，他的部門負責外科縫

合器。他覺得拿紅色釘書機當做獎勵，是一個創意又有趣的好點子，於是主動訂了一台紅色釘書機和一只陳列箱。接著雷蒙在週會上宣布，從今以後將會設立紅色釘書機獎，並說明它的意義。「我解釋這是用來促進表達和溝通價值觀的一種方法，目的是肯定那些將我們崇尚的價值觀示範出來的同事。」

他的上司和團隊都很喜歡這個點子，提議也可以向事業單位的其他部門開放這個獎。於是在每月的縫合器製造評審會議上——那是一個更大的公開論壇——雷蒙再度解釋何謂紅色釘書機獎：

紅色釘書機是一種機制，用來感謝和肯定同事，鼓勵任何符合共同價值觀的行為，促進彼此溝通。對授獎人來說，這就像在聲明「這些是我的價值觀，以及我對你的價值觀的看法。」紅色釘書機代表公開肯定你的貢獻。一個月後會將它致贈給另一個人，作為肯定。

這個獎不是管理階層命令你的價值觀必須來自於某種部門作業程序（DOP，department operating procedure）。它是為你們設置的，也是你們創造的。它在意的是你想要什麼、你重視什麼，以及你為什麼在這裡。

因此這個月，我要把紅色釘書機獎頒給桑尼‧拉努（Sunny Ranu），謝謝他在資料數據分析器上主動出擊、努力不懈，哪怕當時內部小組正朝另一個方向前進。這也顯示出他的擔當與膽識，一心只想做對公司最有利的事情，而不是當個旁觀者。他執意做對的事情，不會只被動接受別人決定好的事情。

桑尼上台領獎。他不只秀出親手打造的資料數據分析器，也謝謝

曾在這個祕密作業上協助過他的人。雷蒙說，在場觀眾「都對他剛才公開的事情驚訝萬分」。

紅色釘書機獎是個很有創意的獎項，它規避了現行組織獎勵體系的局限。根據雷蒙的說法，它對團隊成員的意義，更甚於公司裡任何一種金錢獎勵。「我頒完紅色釘書機獎之後，桑尼告訴群眾，得到這個獎對他來說意義重大，因為這是來自同事的肯定，而不是管理階層透過核可流程頒發下來的。這是最真實、最誠摯的一種獎勵方式。」

雷蒙形容的這種公開儀式可以作為一種集體提醒，讓大家知道為什麼他們要繼續待在這家公司，以及他們共有的價值觀和願景。領導者要能把頌揚成就變成組織生活中公開的事情，才能打造出社群意識。建立社群的過程能讓人們感受到不是孤軍奮鬥，而是歸屬於某種更偉大的願景之下，他們是在為共同志業一起奮鬥。公開頌揚可以用來強化團隊作業和信任之間的連結。

有些人不太願意公開肯定別人，擔心引起妒嫉或恨意。放下這些恐懼吧，所有獲勝團隊都有MVPs（最有價值的選手〔Most Valuable Players〕），通常都是隊友選出來的。公開頌揚是一個可以強化共同價值觀和肯定個人貢獻的大好契機。它讓你有機會向特定人士的出色表現致謝，同時也提醒每個人組織的主張是什麼，以及他們所做的工作和所提供的服務意義何在。

私下獎勵或許也能激勵對方，但對團隊的激勵效果有限。研究人員已經證實，人們往往察覺得到周遭人士的心情和態度，這就是所謂的「情緒感染」（emotional contagion），而且通常以他們沒有意識到的方式傳播。[10] 當人們看到其他人做出某種行為舉止時，大腦就會被激活，活像他們也在做同樣的行為舉止。觀看別人可以影響大腦，就

像是在鏡子裡直接映現。[11]

　　為了激盪出整個社群的活力，讓大家致力於共同志業，你必須公開頌揚成就。典禮儀式和公開頌揚是個良機，可以讓你打造出更健全的團體，也讓組織裡的成員們彼此認識和互相關心。此外誠如火箭燃料科技公司（Rocket Fuel）財務經理布萊恩・達爾頓（Brian Dalton）所觀察的，「它會訂出一個期望值，使得以後做其他事情都得符合或高過於這個期望值。」這也是為什麼他很懂「公開感謝某人把工作做得很好，就等於訂定出一個可以判定工作成果優劣的標準。你希望被讚美的人覺得自己的貢獻受到重視和肯定，但你也希望公開頌揚這些價值觀和勝利成果，可以讓其他人看見並加以學習模仿。」

提供社會性支持　工作上的支持關係對維繫個人和組織的活力很重要，而這種關係的特色就在於對別人的全然信任，以及全力支持他們的利益。[12] 不喜歡工作夥伴的人，絕對不會拿出自己最出色的表現，也不會待很久。一項針對朋友組和熟人組作業成果差異的研究調查發現，由熟人組成的工作團隊，成員們比較喜歡獨自工作，必要時才跟組裡的同仁說話。也因此他們不太願意尋求協助或者指正別人的錯誤。而由朋友組成的工作團隊，打從專案一啟動就會互相交談。他們會更嚴格地評估點子，要是有人偏離正軌，就會及時糾正，而且一路上不斷正面鼓勵自己的隊友。[13] 感受到同事之間的交流，將有助於責任的擔當、參與度的提升，以及對組織的承諾。

　　跟好朋友一起工作的員工，其投入度比自稱沒有友誼關係的人多出七倍。[14] 在美國和歐洲所做的縱向研究也透露出，會利用社會性支持的人，比不會利用社交網絡力量的人擁有更高的收入。在這個研究

基準期（baseline period）之後的兩年和九年，都出現這樣的結果。[15] 缺乏社會性支持的人經常會忽略合作的契機，不相信對方的能力或動機。全球受訪者達三百多萬名的多項研究也顯示出，社交孤立對一個人的健康所造成的影響，甚過於肥胖、吸菸和酗酒。[16]

我們的資料顯示，當領導者經常感激團隊成員並給予很多支持時，他們就會有一種歸屬感，並有強烈的團隊意識。而同樣這群人也自覺受到高度重視，堅信他們的工作有意義和影響力。這些情緒會讓人們願意去迎接組織的更多挑戰和要求，而這類領導作為也會讓下屬對領導者產生正面的評價。圖12.1顯示出這些關係。

費爾哈特・佐爾（Ferhat Zor）在土耳其博魯桑物流公司（Borusan Logistics）的績效管理專案經驗中貼切證實了這些發現。圖茲拉倉庫（Tuzla warehouse）經理都是在月會上審核各作業單位的績效表現，並強調各單位互相支援和協助的必要性。而當月會接近尾聲時，也會公開頌揚團隊的成就。這家公司曾在某項艱鉅的專案計畫完成後，決定向每位員工道賀，於是「臨時起意」舉辦驚喜派對。費爾哈特當時就觀察到「快樂和自豪的氛圍非常明顯」。他們拍了很多照片，後來都在網路和公司的時事通訊裡分享。費爾哈特說，「這是要讓大家知道，每個人都做出了重要的貢獻，他們的出色表現造就了公司的成功。」

各種知識領域的研究一再證明，這種社會性支持能增進生產力、心理的幸福感，甚至生理健康。[17] 社會性支持不僅能改善健康狀態，也能緩衝疾病的來襲，尤其處在高壓狀態下。這個發現不分年齡、性別或種族。比方說，就算調整過吸菸和重大病史這些因素，密友很少的人比經常有朋友可以聊天的人，早逝機率多出兩到三倍。[18]

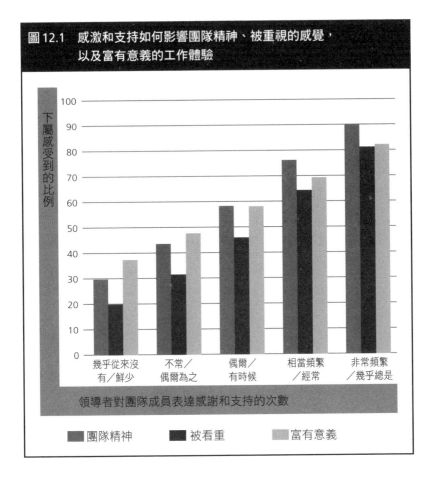

圖12.1　感激和支持如何影響團隊精神、被重視的感覺，以及富有意義的工作體驗

社會性支持對出色的表現至關重要。研究人員從棒球選手正式入主美國棒球名人堂（National Baseball Hall of Fame）的演說感言中找到證據。身為菁英級運動員，算是在高超球技領域得到最高的成就，可是有三分之二的人，在感言裡對精神支持和友誼的著墨，多過技術上的協助或實質幫助。[19]

在家裡、社區和運動場上真實上映的這些事情，在工作上自然也會有。研究人員發現，在工作環境裡有好朋友的員工，相較於沒有好

朋友的人,「更可能與顧客建立起良好的關係、能在更短時間內完成更多事情、從工作裡找到更多樂趣、所在的工作環境也較為安全、意外事件較少、能夠創新和分享點子,以及覺得自己有被充分告知資訊而且認為對方的意見很重要」。[20] 朋友不只有助於你的健康,也對事業有幫助。而這種關係的強化還有很長一段路要走,因為只有不到五分之一的人表示,目前工作的組織會提供他們培養友誼的機會。[21]

　　我們的研究檔案裡,有各種因穩固的人際關係而表現出色的個人最佳領導經驗案例。當人們自覺跟同事契合和友好時,才會更強烈地感受到幸福感,也更願意對組織全力以赴,在表現上更上一層樓。而當人們感覺到同事之間很疏離時,就不太可能成就出什麼事情。[22] 人們在親自參與作業任務時,若是覺得跟同事十分契合,就能成就出壯舉。

　　領導者很清楚,公開頌揚可以向大家證明他們在工作上並不孤單,有很多人關心,可以互相依賴。公開頌揚強化了一個事實,那就是人們需要彼此。要成就非常之事,一定要有一群有共同目標的人,在信任和合作的氛圍下一起工作才能辦到。領導者若是公開這些成就,便等於建立起一種文化,而浸淫在這種文化裡的人,知道他們的行動和決策絕不會被視為理所當然,他們會看見自己的貢獻被肯定、賞識和重視。「在我的經驗裡,公開頌揚 ── 」(瑞士)阿爾斯通運輸公司(Alstom)前任技術專案經理安德里亞・貝拉多(Andrea Berardo)解釋道,「對員工的自尊來說非常重要,是建立社群意識的關鍵因素,讓人們覺得自己是團隊裡的一份子。」除此之外,他還指出,「公開活動是一個重申共同價值觀和共同目標的完美場合。」

一起同樂　樂趣在工作上並非奢侈的事。每一個個人最佳領導經驗都是認真工作與樂趣的混合體。事實上，大部分的人都同意，團隊裡的人際互動若是少了歡樂，很難維繫住個人在拿出最佳表現時所需的幹勁和認真程度。當他們很喜歡一塊工作的夥伴時，就會覺得自己從事的工作還不錯。[23] 俄羅斯一家美式連鎖餐廳的共同創辦人兼總經理尚恩‧麥肯納（Shawn McKenna），曾跟我們分享他所學到的一個關鍵性領導課題：「你和團隊要一起同樂。」

同樣的，X周長科技平台公司（Perimeter X）行銷副總麥可‧索耶（Michael Sawyer）也以個人最佳領導經驗表示，他會在不太消耗團隊工作時間的情況下，讓他們找到樂趣。其中一個方法是，調整部門策畫會議的調性。「我們會在行銷部門裡設置出一塊不太正式的會議區，」麥可解釋道，「有沙發、電視，還有一些可以讓人站著開會的裝置，看起來就是一個較為親切友好的環境。這個空間就位在大家辦公空間的正中央，所以就算只有少數人進來開會，也能讓每個人知道當下的情況，想參與的話，隨時可以進來。我們也會在重大里程碑完成後找大家一起聚餐，鼓舞士氣之餘也順道獎勵工作進展。」

樂趣可以維繫組織生產力，創造出研究人員口中所謂的「主觀幸福感」（subjective well-being）。再者，它不盡然只有派對、遊戲、盛宴和笑聲而已。既是認證理財規畫師也是世代財富投資公司（Generation Wealth & Investments）負責人的韋恩‧譚姆（Wayne Tam）提到，他的某位前任經理總是能開心地解開複雜的電腦代碼，或者將業務流程轉化為功能規格。韋恩說這些作業其實很難，但是他的經理「就是能開心面對，除了協助我們提升技術，也教會我們用同樣態度來面對這些挑戰，讓我們知道如何在工作中找到樂趣。」韋恩

繼續說道：「因此我學到一件事，雖然人家是付錢來請你工作，但如果你喜歡自己的工作，從中得到樂趣，不是更好嗎？」

研究證實樂趣可以提升人們解決問題的能力，他們會變得更有創意和生產力，有助於降低人員流動率、提振工作士氣和提高獲利。舉例來說，卓越職場研究所（Great Place to Work Institute）每年都會請成千上萬名員工為自己的工作場所評分，其中包括「這是一個有趣的工作場所」。在卓越職場研究所為《財富》雜誌製作的百大最佳雇主名單中，在最佳組織裡工作的員工幾乎一面倒地說 —— 平均值達百分之八十一 —— 他們是在一個「很有趣」的環境裡工作。[24] 馬里蘭大學（University of Maryland）神經學家暨《大笑：科學的調查》（*Laughter: A Scientific Investigation*）作者羅伯特・普羅文（Robert Provine）就說：「歡笑聲不全然跟幽默有關，反而跟人際關係有關。事實上，歡笑聲對健康之所以有好處，可能源自於它所激發出來的社會性支持。」[25]

領導者會訂出基調。當他們在為組織、團隊成員、客戶甚至挑戰，公開示範自己的熱情與樂趣時，就是在向其他人傳遞出一個強烈訊息：大家也可以表現出歡樂的一面。因為領導者很清楚面對工作上的嚴格要求，人們需要個人幸福感才能堅守住對眼前工作的承諾。當領導者對執行中的作業任務表現出熱忱和興奮時，大家的情緒也會跟著高昂起來。誠如北極星無線科技公司（Polaris Wireless）電信營運總監珍妮特・奇克斯（Jeanette Chickles）分享的個人最佳領導經驗：

我喜歡在工作裡頭找到樂趣。既然你一輩子要花很多時間在工作上，你就應該好好享受它！你要認真和賣力地工作，但是你可以找到方

法為自己的成就慶功，當事情很煩人的時候，偷偷找點樂子。如果你的團隊樂在工作，覺得努力有受到肯定，在你最需要他們的時候會更加倍努力。

　　你鼓吹的事情和公開頌揚的事情必須是同樣一件事。如果不是，就會給人很假的印象──信度也會受損。任何公開頌揚都必須坦現你對基本價值觀的承諾，以及活出這些價值觀的人對工作的認真與敬業。精心構思但有欠誠懇的頌揚方式會變成娛樂大過於鼓勵，只有真誠才能讓頌揚變得有意義，也才會產生作用。

親身參與

　　我們對模範領導的討論是從以身作則開始，現在又回到原點。如果你想要別人相信某件事，並根據這樣的信念有所作為，你就必須親身參與，自己先樹立起榜樣。你必須身體力行你所宣揚的事情，如果你想要打造和維繫一種卓越傑出的文化，就必須親自頌揚任何有助於維繫這種文化的作為。

　　ALS工業公司（ALS Industrial）澳洲分部的法務經理穆什菲克‧拉赫爾（Mushfiq Rahman）注意到其中的差異，他說：「我會花時間在每一個人身上，親自謝謝他們的貢獻。他們很感激我在他們身上肯花時間，願意誠懇地了解他們的疑慮。」說到要在整個組織裡傳遞訊息，最清楚的傳遞方式，莫過於由領導者親自上場傳達。直接明白地讓大家知道你會一路為他們加油打氣，就是在傳遞一種正向的信號。當你像穆什菲克那樣樹立榜樣，便等於是在告訴大家，「在這裡，我

們會說謝謝，我們會表示感激，我們會一起同樂」，其他人就會以你為榜樣，於是整個組織發展出一種公開頌揚和肯定的文化，每個人都成了領導者，都在樹立榜樣，都會花時間去頌揚價值觀和勝利成果。當這一切發生時，組織就建立起了最佳工作場所的名號。

親自參與公開頌揚可以影響別人對你的領導評價，要是對這一點有疑慮，可以參考我們研究調查的發現。稱自己的領導者在肯定和公開頌揚上總是親身參與的下屬，在動機、自豪感和生產力等參與變數的自評分數上，都比其他同事高出百分之二十以上。如果跟認為領導者偶爾（或更少）才會親身參與的下屬相比，差距則大幅增加到百分之四十至五十。人們為什麼覺得受到領導者的重視 —— 還有他們如何評定領導者的可靠度和成效 —— 這些都跟領導者親自公開頌揚成就的參與度有直接關係。

如果是根據強大的價值觀所建立起來的強大文化，無論你在哪裡看到這種文化，都會發現無數個靠領導者活出價值觀所樹立起來的榜樣。貝絲・塔特（Beth Taute）在花旗銀行擔任財務分析師時，看到她的經理喬（Jo）如何親自表達謝意。喬會有一些小動作，譬如請團隊出去吃頓驚喜午餐，或者知道誰晚上有特別的安排，就請對方提早下班，也會准許家裡有小孩的成員，在生日之類的特殊節日晚點上班或提早下班。她會在每個人的辦公桌上，放一些別見意義或幽默的小禮物。根據貝絲的說法，喬的親身參與令整個團隊都「對喬非常死忠。她是一個很懂得鼓舞人心的老闆，所以員工為了確保專案可以如期完成，都願意賣力工作到很晚。」

因為喬都是親自下海參與，所以團隊會用能力和敬業態度，證明他們不會辜負她的信任。貝絲說，「喬跟這個多元化的團隊關係非常

好，她知道如何讓每個人在舒適圈以外的地方拿出表現，並持續致力於共同目標的追求。她把上班工作和加班變得很有趣，一點也不像是苦差事。」

在貝絲看來，對懷有抱負的模範領導者來說，這個經驗所帶給他們的課題是，你「必須參與眼前的事務，與它有所連結，而最好的肯定方式就是不斷肯定，不用等別人有所期待或預測才行動。」她繼續說道，「在工作上表現出色，受到經理的肯定，是團隊成員們最重視的事。」個人的付出和參與，可以為領導者贏得團隊的尊重及信任。而領導者就是靠此建立信譽和忠誠度，打造出敬業又有生產力的工作團隊。

表現出你的關心　除非人們知道你有多關心他們，否則根本不在乎你是否了解他們。換言之，他們必須相信你會確保他們安全有保障，感覺受到支持和重視；你希望他們成功，不斷學習和成長；你不會要求他們去做可能會受害的事情。要證明這一點，不需要靠先進科學。舉個例子，珍・賓格（Jane Binger）任職於史丹福大學盧西爾・帕卡德兒童醫院（Lucile Packard Children's Hospital），多年來負責領導力的開發和教育，她發現多數醫療和行政人員，只是想看到她和其他人在乎他們表現的動作。而這通常只需要親自寫張字條或者寫封電子郵件，在會議上或走廊裡給點意見，或者到他們的辦公室逗留一下。「他們想知道我很重視他們，覺得他們的工作表現很棒，不會把他們或他們的貢獻視為理所當然。而這些都不需要什麼了不起的舉動。」珍說道。我們從經驗中得知，領導者「有多讚美人們的工作表現」和下屬「有多自覺領導者和組織重視他們的工作」，這兩者之間有緊密

的正向關係。

　　讓別人看到你在乎他們，會讓他們覺得你有把他們的最佳利益放在心上。下屬對「領導者有多在乎其他工作同仁的最大利益」這個問題的回應，跟他們的團隊精神及自豪感程度有非常直接的關係，此外也跟他們對領導者成效的正面評價，以及向朋友推薦的程度有直接關聯。當澳洲麥格里銀行（Macquarie Bank）管理團隊決定關掉美國的貸款作業時，擔任銀行金融服務負責人的彼德・馬赫（Peter Maher）本來可以透過電子郵件或基層經理轉達，[26] 可是他知道若要展現他對這件事的重視，最好的方法就是站上第一線，坦然面對員工，尊重他們，以智慧來化解。

　　於是他特地飛到佛羅里達州，親自跟百來名員工告知這個消息。彼德談到了那次經驗，「重要的是你怎麼處理這件事，而不是你處理了什麼事。我刻意坐在一張椅子上，面對他們說出現況。」他承認「那其實是一場很痛苦的對話」，但是他認為他能拿出的最好辦法，就是「跟他們說真話」。「我只是告訴他們眼前的現況。有趣的是，事後有幾個人雖然對這個決定很失望，但還是感激我誠實以告。」研究顯示，被同事認為體貼的人，最有可能被徵詢意見以及被當成領導者，也因此較有出色的表現。[27] 另一方面，人們指稱當他們自覺工作上被冷漠對待時（譬如同事的態度粗魯），他們就會故意不認真工作或者降低工作品質。[28]

　　親自現身轉達壞消息，是證明你有多在乎這件事的一個重要方法。所以在日常工作裡，務必要經常出現在大家眼前。這不只是證明你很在乎，也讓你變得比較真實、誠懇、可以親近，也有人性。參加重要會議、拜訪顧客、參觀工廠或服務中心、順道拜訪實驗室、在社

團集會裡演講、參與組織活動（哪怕你不在它的節目名單裡）、到當地大學招募新人、主持圓桌會議、找分析師談話，或者只是在下屬的座位屏風前停下腳步打聲招呼——這些舉動都會讓大家看見你有多在意他們，你有多重視他們的工作和貢獻。到他們工作的地方也有助於你與現況保持聯繫，包括實質和象徵意義上的聯繫。這證明在你和團隊成員共同擁有的價值觀上，你是說到做到的。

傳播故事　靠親身參與來證明自己的在乎，無疑給領導者一個尋找和傳遞故事的機會，也幫價值觀貼上一張人性的面貌。第一人稱的例子總是比第三人稱的更具說服力，也更引人注目。「我親眼看到」和「有人跟我說過這件事」兩者之間有很大的差別。你必須經常留意好的工作表現，才能讓對方知道好的表現要繼續保持下去，而且也能把這件事情告訴大家。這樣一來，你才有「最第一手」的資料，說明如何實踐共同價值觀和抱負，以及它的意義。過程中，你打造出組織裡大家都能認同的楷模。你把這個作為放進一個真實的脈絡裡，價值觀不再只是硬梆梆的規定，它們變得栩栩如生。你透過故事，將人們應該要有的作為和決策方法，用最生動和最令人難忘的方式刻畫出來。

　　認知心理學家蓋瑞·克萊恩（Gary Klein）針對重大情境下的專業人士做研究，他結論故事是最有力量的方法，它既可發揮知識，也可以散播知識。[29] 其中原因在於故事就本質來說，是一種公開的溝通形式。說故事是不同世代及不同文化之間傳遞經驗的一種方法。艾默里大學心理學教授德魯·韋斯騰（Drew Westen）主張，「領導者告訴我們的故事很重要，如同小時候父母告訴我們的故事，因為這些故事會引領我們了解眼前的事、可能發生的事和應該出現的事，也讓我們

看到他們的世界觀和被他們奉為圭臬的價值觀。」[30] 再者，故事是為公開頌揚量身訂做的。事實上，你可以把故事想成是公開頌揚──對冒險和成就的頌揚、對勇氣和毅力的頌揚及對忠於價值觀和信念的頌揚。

領導者可以找到很多方法來永久保存重要的故事，譬如刊登在公司的時事通訊欄或年度報告裡，在公開的典禮上說出這則故事，或者製作影片放送到內部的聯播網，或讓它串流在社交媒體上。領導者會把聚光燈打在那位活出組織價值觀的人身上，因為這個人為組織裡的其他人提供了仿效的典範。

會拿別人的優異表現當故事題材鼓勵下屬的領導者，其下屬會覺得自己受到重視，並相信領導者會讓他們發揮一己之才。人們向同事推薦領導者的強度，跟領導者拿別人的故事鼓勵他們的數量有直接關係。在這種領導作為上被評為前百分之二十的領導者，得到下屬正面推薦的數量，比後百分之二十的領導者多四到五倍。弗雷瑟拉軟體公司（Flexera Software）地區業務經理達斯汀・舒菲爾（Dustin Schaefer）告訴我們，他的全球業務副總曾在一場全員到齊的電話會議上公開肯定他，把他取代主要競爭者的故事告訴大家，令他萬分驚訝。那位副總生動描述達斯汀如何與管理團隊共同合作，他們討論決定創造足夠的不確定因素，再加上當前的有效實作，終於使競爭對手半途出局。副總還繼續描述從這個經驗裡──也就是這個故事的寓意──所學到的課題，以及團隊如何利用這個成功經驗教會我們在市場上打贏更多場勝仗。「他把我的勝利，」達斯汀說道，「用某種方式做出連結，說它對公司來說是一場集體的勝仗。他把故事背後的其他人也整合進來，不然他們在故事裡原本是業務上的競爭對手。他

讓大家知道我們可以一起慶祝，彼此學習各自的成功經驗，從中成長。此外他也把我的成果跟公司的價值觀及成就連結起來。」

達斯汀的故事在同事間引起共鳴，電話會議過後，本來跟他不太熟的同事，現在也開始跟他拉近距離，請他就自己的經驗提供意見。達斯汀說：「我發現我們分享交流的資訊變多了，這有助於強化我們的默契和社群意識，朝共同目標邁進。」

說故事比透過PowerPoint簡報說明或行動裝置上的推文，更能有效地達到教導、動員和激勵等目的。傾聽和了解領導者口中的故事，會讓人們更能理解組織的價值觀和文化，效果勝過公司的政策宣導或員工手冊。故事說得好，可以有效地牽動人們的情緒，彼此拉近，訊息也更容易被接受。故事會讓聽眾以為自己身在其中，以令人信服的方法，讓他們學習到這個經驗裡的重要課題。透過公開頌揚的方式來強化故事，更能加深其中的連結。

把公開頌揚變成組織生活的一部分　你必須把公開頌揚的活動放進行事曆裡。這些預定活動可以讓你有機會集合人們，讓他們知道為什麼自己是更大願景裡的一部分，也是共同命運體的一部分。這些活動的能見度很高，你可以利用它們來確認共同價值觀、慶賀任何富含意義的工作進展，以及創造社群意識。

或許你已經把生日、假期和週年紀念日都寫在行事曆上了，但也應該在行事曆上，為團隊和組織的重要里程碑騰出空間。給它們一個日期、時間和地點，向大家宣揚這些里程碑的重要性。此外這也能打造出參與感。訂出公開頌揚活動的時間，並不等於排除臨時起意的活動，前者只是意謂有些活動意義特別重大，需要每個人都專注。

　　你在舉辦公開頌揚的活動之前，得先決定哪些組織價值觀、具有歷史意義的活動，或者異軍突起的成功經驗，重要到值得舉辦這樣一場特別的儀式、典禮或慶祝活動。也許你是想尊崇某個團體或團隊，因為他們這一年有了突破性的創新之舉，或者想要讚揚在顧客服務上成就不凡的員工，抑或感念員工家屬始終以來的支持。不管你想公開頌揚什麼，都必須把它弄得很正式，除了當眾宣布之外，還要告訴人們參加的資格。你最起碼一年要有一次全員都能參與的公開頌揚活動，吸引所有人的目光，讓他們看見組織裡的核心價值觀，但大家不一定都得出現在同一個地點。

　　領導者會盡可能地讓公開頌揚成為組織生活的一部分。想想看你的組織適用何種方式。以下幾個例子是南加州大學（University of Southern California）教授泰倫斯‧迪爾（Terrence Deal）和臨床社群心理學家M. K. 奇（M. K. Key），在合著的《企業頌揚》（*Corporate Celebration*）中提供的：[31]

- 週期式頌揚（例如季節性主題、重大里程碑和企業週年紀念）
- 公開肯定的儀式（例如為出色的工作表現公開鼓掌和致謝）
- 慶祝勝利成果（強調集體成就，譬如新產品或策略的發表，還有新辦公室、新工廠或新店的開張）
- 能起安慰作用和有助於坦然放下的儀式（例如丟了合約、裁員，或者有同事往生）
- 個人的轉變（譬如就職和離職）
- 職場上的利他行為（譬如有利於他人的善舉或提倡社會改革）
- 遊戲（例如比賽和運動、滑稽模仿或玩笑）

　　芝諾公關集團（Zeno Group）一年中有很多這類公開頌揚活動，譬如週五下班後的跟唱活動和其他非正式聚會。他們每年六月三十日——也就是芝諾會計年度終了時，都會舉辦一年一度的新年除夕派對。那一天，所有辦公室都會透過電話會議連線，他們會開香檳，在電腦螢幕前舉杯慶賀。執行長巴比‧西格爾（Barby Siegel）會透過電話會議公開發表演說，省思公司一年來的成就，也會談到未來的挑戰。然後各個辦公室再分別進行自己的慶祝活動。

　　當然公開頌揚不見得只能針對單一成就或單一個人。思科系統公司資深行銷作業經理賈斯汀‧布羅卡托（Justin Brocato）告訴我們，一年一度的頒獎盛宴對前東家造成的影響：

　　那是頌揚我們的成就和傳播社群意識的一種絕妙方法。重要人物都被鼓勵來參加這個活動，所以算是在公司以外及現有人際關係上，進一步拓展人脈的好機會。此外也是一個公開肯定團隊貢獻的絕佳公共場所，省思我們過去的成就。

　　現在再回想那個經驗，賈斯汀不免好奇，「要是管理階層只靠電子郵件來宣布和道賀勝出者，不知道會怎樣？」他的結論是，人們還是會感激管理階層的肯定，可是相較於上台領獎時所聽到的如雷掌聲和叫好聲，以及經理告訴大家為什麼這些成就值得肯定，電子郵件就顯得淒涼多了。「公開頌揚會更加令人難忘，」賈斯汀這樣覺得，「而且它對被頌揚的人和團隊的影響會更持久。人們會變得活力百倍，突然覺得自己對未來一年有了全新的承諾。」

　　不管他們是為了表彰個人、團體還是組織的成就，或者是為了鼓勵團隊學習和建立人際關係，公開頌揚、典禮儀式和類似活動都給了領導者絕佳的機會，明確傳達和強化有助於實現共同價值觀及目標的行動與作為。模範領導者知道提倡公開頌揚文化有助於提升團結意識，而這種團結的意識，對留住和激勵勞動力來說不可或缺。數據資料顯示，公開頌揚會相當程度地影響人們對組織和領導者的看法。人們越常指稱領導者會找方法來公開頌揚成就，就越自覺可以更有效地實現目標，也對領導者的整體成效給予更高的評價。

　　把人們集合起來公開頌揚組織的價值觀和勝利成果，這種機會其實很多。不管日子過得好或不好，集合眾人來感謝曾經付出有貢獻的人及致勝之舉，都是在向大家表示他們的努力發揮了作用，他們的活力、熱忱、福祉 —— 以及你的 —— 未來都會越來越好。

【行動Tips】
頌揚價值觀與勝利成果

　　共同頌揚可以強化「出色表現是來自於眾人的努力成果」的印象。用明顯公開方式頌揚成就，可以幫忙打造社群意識，傳承團隊精神。如果領導者是根據「在作為上奉行基本價值觀」及「在重要里程碑的建立上有所作為」的標準來頌揚，人們就會更重視這些準則，並保持住這個水準。

　　社交上的互動，會使個人對團隊所設定的標準更全力以赴，也對他們的福祉有深遠的影響。當人們被要求走出舒適圈時，同事的支持和鼓勵，有助於他們抵擋壓力帶來的弱化效應。千萬不要讓人們覺得你的組織是個「了無樂趣」的地方。

　　領導者會親身參與任何形式的頌揚與肯定，藉此樹立榜樣，向眾人示範鼓舞人心是每個人都該做的事。把曾付出額外努力、成就出巨大成果的人的故事說出來，等於提供領導者引介楷模學習仿效的好機會。故事可以把人們曾有過的經驗變成值得紀念的事，其意義甚至深遠到無法想像的地步，進而成為未來種種作為的標竿。透過頌揚文化拉近人們之間的關係，對信譽的建立和維持很有幫助，能降低領導者與團

隊成員之間涇渭分明的關係。在工作場所裡增添一些生氣和
感恩的氛圍是絕對必要的。

要鼓舞人心，就必須大力頌揚價值觀和勝利成果，打造
社群精神。這表示你得：

1. 尋找 —— 也要創造 —— 場合讓人們可以聚在一起公開頌
揚成就。

2. 用行動來證明你「有大家的支持」，讓他們覺得自己是
「團體的一份子」。

3. 把樂趣變成工作環境的一部分 —— 和大家一起歡笑，盡
情享受。

4. 盡可能親自參與各種肯定和頌揚活動。在艱難時期現
身，才能顯示出你是真心關懷。

5. 絕對不要錯失任何公開描述組織成員，如何在職責的召
喚下拿出頂尖表現的機會。

6. 將公開頌揚的活動放進行事曆裡，此外也不要錯失任何
臨時起意，把共同價值觀和勝利成果連結在一起的機會。

▶13 領導統御人人有責

我們在整本書裡談到了許多平凡人物的非常成就。他們分散全球各地，不分年齡，不分行業。他們來自形形色色的組織，有公營有民營，有政府機構和私人機構，有高科技有低科技，有小有大，有教育單位也有專業服務單位。你很可能從來沒聽說過他們，因為他們不是公眾人物，也不是名人或巨星。他們可能只是住在你家隔壁或者在你鄰座工作。他們就跟你一樣。

我們強調的是平凡人物所扮演的領導者，因為領導統御無關乎職位或頭銜，也非關組織的權勢或權威。它跟名人或財富無關，也跟你出生在什麼樣的家庭無關。你不必爬到組織的最高層，譬如執行長、總裁、將軍或首相。它也絕對跟成為某種英雄一點關係都沒有。領導統御關乎的是人際關係、信譽、熱情與信念，說到底，它關乎的是你的作為。

你不必仰望領導統御，也不必尋找領導統御。你只需要內省。你有那個潛力，帶領他人去他們從來沒到過的地方。但在你領導他人之前，你必須先相信你可以對別人發揮正面的影響力。你必須相信你的價值觀是值得尊敬的，你做的事情是重要的。你也必須相信你的話語可以啟發別人，你的作為可以感動人心。再者，你必須能夠說服別人相信他們一樣也能做到。在今天這個動盪不安的時代裡，世界需要更

多人相信自己可以發揮影響力，並願意在這個信念下有所作為。誠如eBay的產品經理納特拉‧伊耶爾（Natraj Iyer）所說：

> 我們通常以為領導統御是很酷很偉大的事情，但根據我的經驗，我認為真正的領導統御無處不在，而且出現在每一天每一刻。在日常生活裡，我們有很多機會可以抓住那一刻，成為我們可以做得到的那個領導者。我們當中的每一個人都可以選擇成為那樣的領導者。

在這非常的一刻，領導統御就在你身上，也與你如影隨形。問題是：你要怎麼付諸實現？

模範領導就在你身邊

長久以來，我們一直請教各個年齡層和各種背景的人，在他們這一生當中，誰稱得上是領導統御的楷模 —— 我們指的不是歷史留名的領導者，而是他們自身經歷到的領導者。我們拿一份有八種領導者類別的清單，請他們勾選出中意的領導楷模，[1] 包括了商業領袖、社群或宗教領袖、演藝人員或電影明星、家人、政治領袖、專業運動員、老師或教練、其他／沒有／不確定。在你閱讀表13.1的結果之前，請先想想你會選哪一個類別。

當人們回想自己的一生，挑出他們最重要的領導楷模時，有四成多的人挑選自己的家人，而不是其他人。對三十歲以下的人來說，位居第二名是老師或教練，而對三十歲以上的人來說，商業領袖居於第二，若再細問，他們所謂的「商業領袖」，其實是指直屬主管，他們

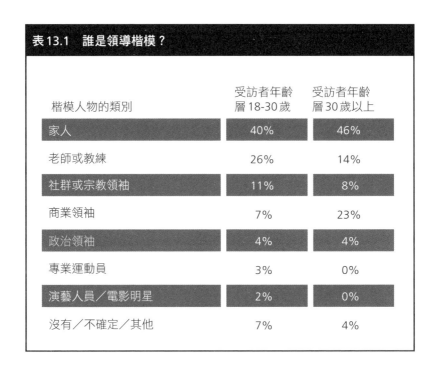

表13.1　誰是領導楷模？

楷模人物的類別	受訪者年齡層 18-30 歲	受訪者年齡層 30 歲以上
家人	40%	46%
老師或教練	26%	14%
社群或宗教領袖	11%	8%
商業領袖	7%	23%
政治領袖	4%	4%
專業運動員	3%	0%
演藝人員／電影明星	2%	0%
沒有／不確定／其他	7%	4%

就像職場上的老師或教練一樣。

你有注意到這份清單排名最前面的那幾個族群嗎？這些人都是誰？你大概有注意到他們都是你很熟識的人，他們也很熟悉你。你跟這些領導者之間的距離很近，他們是你最常接觸的人。原來領導統御的楷模就在你身邊。

這個發現有非常重要的意涵。身為父母、老師或教練的你，就是那個可以為年輕人立下領導典範的人。絕非嘻哈藝術家、電影明星、專業運動員或社群媒體上製造新聞的網紅，啟發他們有關領導統御的事。你才是那位他們最有可能奉為楷模的人，是由你來教導他們領導者會如何因應競爭環境、處理危機、面對失落，或者解決道德上的兩

難。那位領導者不是別人,是你。

　　數據資料也顯示如果你是一個組織裡的經理,那麼對你的直屬下屬而言,你就是最重要的領導者。你是他們的老師和教練,而且比組織裡的其他人更可能影響他們的去留意願、事業生涯、道德行為、表現能力、業績衝勁,以及對組織願景和價值觀的分享態度。

　　所以你無從逃避。你現在已經知道領導統御是無所謂頭銜或職位的,不管是在家裡、學校、社群或工作場所,你都必須為領導統御的品質負起責任,因為你四周的人都在觀察並接受你的領導。你要為你所示範的領導行為負責。不管你喜不喜歡,也不管有意還是無意,你都在樹立榜樣。你必須理智決定的是,你想要成為多優秀的領導者和行為楷模。無論你曉不曉得,人們都在盯著你看。無論你想不想要,你都正在影響他們。

　　每個人 —— 真的是指每一個人 —— 都有潛力成為別人的楷模,這表示領導統御必須是每個人的責任。而對你領導成效的恆久考驗,在於你能在別人身上開發出多少程度的領導能力,而不是只在自己身上開發。你有那個能耐去釋放出每個人的領導魂。

模範領導很重要

　　黛比・科爾曼(Debi Coleman)是受訪個人最佳領導經驗的首批領導者之一,當時她是蘋果電腦的全球製造副總。這次我們再訪問黛比,她已成為創投公司聰明森林(SmartForest)的經營合夥人。她對領導統御的看法跟多年前一樣,從來沒有變過:「我認為好的領導統御是好人才應得的。我管理的人都應該得到這世上最優秀的領導。」

　　黛比說出了所有模範領導者的心聲。他們在全球各地全力以赴地表現出最好的領導能力，因為他們堅信這是人們應得的。而且很可能正是你對領導者的期許，也是你的團隊成員對你的期許：要的都是最好的。毫無疑問的，你也是基於同樣理由才來讀這本書。

　　黛比對模範領導所做出的承諾是很重要的。你的承諾也一樣重要。重要的原因是，傑出的領導統御能打造出傑出的工作環境，而不怎麼樣的領導統御則打造出不怎麼樣的工作環境。你從自己的經驗就可以得知這一點。我們之所以知道，是因為我們不斷找到證據，證明領導統御對人們的參與度和表現有巨大的影響，你已經在每個章節看到這樣的數據資料。我們可以再多看一個研究調查，它也提出了同樣的佐證。

　　我們請數以千計的人，回想他們曾經共事過的最差勁和最棒的領導者，然後提出以下這個問題：你認為這些領導者用到你多少本領（技術、能力再加上時間和精神）？範圍從百分之一到百分之百。圖13.1顯示出最後的調查結果。

　　人們回想自己遇到最差勁的領導者時，被用到的本領大概在百分之二到百分之四十之間，平均值是百分之三十一。換言之，人們都說與最差勁的領導者共事時，他們的本領發揮不到三分之一。很多人會繼續努力工作，但是鮮少有人會在工作上使出所有的本領。離職面談也透露出類似的現象：人們不是要離開這家公司，而是想跟主管切斷關係。研究調查顯示，兩個人中就有一人會在事業生涯的某個時間點，為了遠離主管而選擇離職。[2]

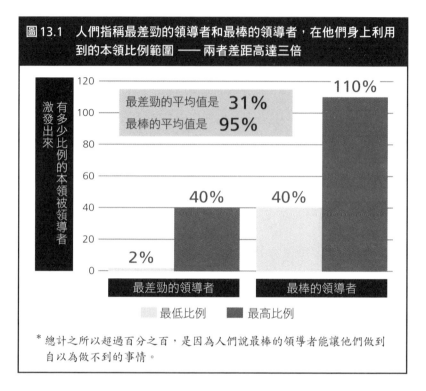

圖13.1　人們指稱最差勁的領導者和最棒的領導者，在他們身上利用到的本領比例範圍 —— 兩者差距高達三倍

激發出來　有多少比例的本領被領導者

最差勁的平均值是 **31%**
最棒的平均值是 **95%**

110%

40%　40%

2%

最差勁的領導者　　最棒的領導者

最低比例　　最高比例

* 總計之所以超過百分之百，是因為人們說最棒的領導者能讓他們做到自以為做不到的事情。

　　這種差勁的現象，恰好跟人們經歷最棒的領導者的情況完全相反。這些領導者最起碼可以激發出他們百分之四十的本領，而這個底線卻是最差勁的領導者的天花板。事實上，很多人都宣稱最棒的領導者能讓他們發揮出百分之百甚至更多的本領。但你也知道個人本領的發揮要超出百分之百以上，在數學上來說不可能。但是人們搖搖頭，「不，這位領導者真的讓我做到我以為自己做不到，或者根本不可能去做的事情。」所以最佳領導者對人們本領的平均利用率衝到了百分之九十五。

　　最差勁和最棒的領導者之間的表現差距非常大。最棒的領導者在人們身上所激發出的才能、活力和動機，比最差勁的領導者多三倍。

這個數據以及本書中提到的證據都證實**領導統御是有影響力的**。這個影響可以是負面也可以是正面,所以真的非常很重要。領導統御的影響所及包括人們的承諾度,他們願不願意努力、主動出擊和承擔責任、做出超越平常的表現。不好的領導者會抑制這些行為,而模範領導者則完全相反。在你的領導生涯裡,你想要發揮出什麼樣的影響力?選擇權在於你自己。

我們相信你一定會竭盡所能地想要成為最棒的領導者 —— 不只為你自己,也是為其他人和你所努力追求的成就著想。畢竟如果沒有這樣的抱負,怎麼可能想讀本書?你要如何學習才能在領導統御上做得比現在更好?

要學習領導統御,就要多練習

幾乎每一次我們發表演說或者開辦工作坊的時候,都會有人問:「領導者是與生俱來(born)還是靠後天培養(made)?」不管什麼時候被問,我們都笑著回答:「我們從沒見過哪個領導者不是從媽媽肚子裡生出來的(born),也從沒見過哪個會計師、藝術家、運動員、工程師、律師、醫生、作家或動物學家不是從媽媽肚子裡生出來的。我們都是被生出來的,這是不爭的事實。」

你可能會想,「嗯,這說法太牽強,給的答案太取巧。本來大家就都是從媽媽肚子裡生出來的。」但這也正是我們的意思啊。我們每一個人都是被生出來的,所以我們每一個人都有成為領導者的必要潛質 —— 包括你在內。你不應該問自己:「我是生來就能當領導者嗎?」要成為一個優秀的領導者,應該反問自己的是:「明天的我可

以成為一個比今天的我更好的領導者嗎？」而我們對這個問題的答案一向都是大聲說：「可以！」

所以我們就直話直說。領導統御不是只有少數人才具備的某種神祕特質，其他人都不會有。領導統御不是天生注定的，它不是一種基因，也不是一種特質。沒有確鑿的證據可以斷言領導統御只深植在少數人的DNA裡，而沒有這種DNA的人就注定對領導一無所知。

我們從全球各地數百萬人那裡蒐集到很多評估數據，所以可以大膽地告訴你，各行各業都有領導者，不分組織類型、不分地區、不分國家，有老有少，有男有女。硬是說領導統御學不來 —— 要嘛你天生就會，要嘛你天生就不會 —— 這種說法純屬迷思。放眼所及，我們到處都看得到領導潛力。誠如諾基亞科技公司（Nokia Technologies）OZO產品組合資深內容製作者伊恩・麥卡米（Ian McCamey）所言：「只要檢視過所有領導者的作為，就知道領導統御的概念是一種可以取得的技能，而不是神祕的力量。」

領導統御是一種可以觀察到的作業模式和行為，也是可以定義的一套技術和能力。任何技術都是可以學習、強化、磨練和增進的，只要你有那個動機和欲望，再加上不斷的練習、意見反饋、對楷模的仿效和教練指導。比方說，我們曾追蹤參與領導開發課程學員的進度，透過研究調查證實他們的進步是與時俱進的。[3] 他們學習是為了成為更好的領導者。

但這裡有個問題。領導統御可以學會，但不是每個人都想學，也不是所有學過領導統御的人都很精通。為什麼呢？因為要成為最佳的領導者，必須要有堅定信念，相信自己可以在學習中成長，對勝出有強烈的渴求，有決心不斷挑戰自我，願意承認別人的支持很重要，並

且要全心全意、有目的性地練習。更重要的是，最好的領導者都明白不管他們多優秀，永遠都可以更上一層樓，所以在學習如何做到這一點上，要抱持開放的心態。[4]

對唐恩‧沙克（Don Schalk）來說，這就是他的人生樂章。唐恩在事業生涯裡曾擔任過好幾家公司的執行長，現在則在艾爾弗尼亞大學（Alvernia Univesity，位在賓州雷丁市〔Reading, Pennsylvania〕）擔任教職。他跟我們分享個人最佳領導經驗，這個經驗足以證明最佳表現者都會很努力地讓自己更上一層樓。唐恩曾經是球技高超的棒球選手，他的大學教練兼人生導師迪克‧羅克威爾（Dick Rockwell）經常告訴他和隊友：「下午三點開始練球，五點結束，但如果你們就只是這樣練習，保證一定不會贏球，你們的球技也不會好。」訊息很清楚，要在球隊裡打球，不只需要每天兩個小時現身練球而已，要贏得球賽，球隊裡的每個人都得更努力，不是只有單單一個球員努力就夠了。這才是冠軍隊伍該有的態度，而這也適用於領導統御。如果你想成為楷模，你必須不斷苦練，付出更多努力，磨練你的技術。就像有句老話說：當天才不努力時，努力就可以擊敗天才。

佛州大學教授及著名的傑出表現研究權威安德斯‧艾瑞克森（K. Anders Ericsson）也提出類似論點：

除非多數人都承認，持久的訓練和不懈的努力才是達到專業表現的先決條件，否則他們只會繼續把自己上不了檯面的成就，錯怪到缺乏天分上，永遠發揮不了自己的潛力。[5]

安德斯和他的同事做了幾十年的研究，他們發現光靠天分就想有

頂尖表現是不可能的。不管是運動、音樂、醫療、電腦程式、數學或任何其他領域都一樣。天分不是那把幫卓越和成功解鎖的鑰匙。

　　就算智商高得驚人，也不代表會有最出色的表現。有些成果表現堪稱世界級的人真的聰明絕頂，但從多數的例子來看，極佳的表現者智商其實也很一般。同樣的，經驗比人家多並無法保證你的表現一定會高人一等，更別提最卓越的表現了。而且有個令人驚訝的不爭事實，那就是有些資歷較深的人，其專業表現反而比社會新鮮人差，極可能是因為被困在不再具有任何意義的舊模式裡。

　　要想盡其所能地成為最佳領導者，你必須具有學習熱忱才行。專業級的表現者和還可以的表現者之間的差異，就在於有沒有全心投入有目的性的練習。所謂有目的性的練習並不是要你什麼活動都參與，而是參與為提升表現而專門設計的活動。設計這兩個字是重點所在，意思是有方法和具體目標。再者，練習不是一次性的事件，只參與一、兩次特別設計過的學習活動，並不算數。它必須一而再、再而三地練習，直到它變成一種不假思索的動作，而這需要反覆練習好幾個小時。

　　有目的性的練習的另一個重要特性是，它可以得到意見反饋。不知道自己做得成效，就很難判定你離目標還有多遠，以及你的執行方法是否正確。雖然你可能完成一定程度後會回頭評估自己的表現，但你需要一個教練、導師或者第三方，幫忙評析你的表現。

　　此外我們最好實際一點，有目的性的練習並不十分有趣。能讓頂尖表現者在磨人的練習期間繼續堅持下去，並不是因為練習會帶來什麼樂趣，而是因為他們的知識可以不斷被提升，而且離頂尖表現的夢想越來越近。

最後還有一件事是無法逃避的，那就是練習很花時間。你可能很熟悉那句通俗的老話：想成為一個專家，那就花「一萬個小時去練習」，[6] 但真相是這並沒有具體的時數。你是必須花時間，但到底需要多少時間，這種事不用想太多。對有些人來，要成為領導藝術的大師，可能需要花超過一萬個小時，但對有些人來說，可能不用這麼多。不過對所有冠軍選手而言，精通這件事絕對是一輩子的追求。

你想要成為一個模範領導者，最有意義又最重要的一個方法，就是把領導統御的學習當成日常生活的一種習慣。學習領導統御並不是一件必須塞進忙亂的行事曆裡才能處理的事情，也不是一件週末或者每個月去某地休養時才會做的事，更不是行程很緊湊時可以臨時抽掉的活動。它必須是你不假思索、直覺會去做的事，就像你一天當中會優先處理的要務一樣。它就跟你每天要檢查電子郵件、發訊息給同事或者主持會議一樣，是例行性的工作。它是你認定個人成功的必備條件。就像運動鍛鍊一樣，必須每天做才能強健體魄，保持良好身材。對納比克斯公司（Rhumbix）銷售助理湯米‧巴爾達奇（Tommy Baldacci）來說，他是在明白日常練習的重要性時才頓悟：

我必須先學會如何當一個領導者，才能成為領導者。我必須決定我要成為領導者。一旦做了這個決定，就要讓它成為我每天清醒後思維裡的一部分，讓它開始吞蝕我。我所做的每個行動都是為了促成這個目標。這就跟想要成功所走的路是一樣的，你必須痛下決心，全力以赴地在領導統御上不斷練習。

對比與矛盾

在我們的研究調查裡，得知領導者為了拿出個人最出色的表現，都會以身作則、喚起共同願景、向舊習挑戰、促使他人行動和鼓舞人心。我們也發現到，最常落實這五種實務要領的領導者比不會利用的領導者，更有可能成就非常之事。

但是這裡有個你看不見的陷阱，就算你全都辦到，還是可能被炒魷魚。或許我們應該早點提醒你這件事，不過你可能早就知道了。畢竟我們不能拍胸脯保證這些領導實務要領對所有人都有效。我們的確知道它有效的機率非常高，但這世上沒有任何保證是鐵的保證、無效退錢式的保證。如果有誰敢站在你面前說他們有三、五或九種因素構成的理論，可以百分之百保證得到你想要的成果或報酬，那你最好抓緊錢包趕快逃。對領導統御來說，這世上沒有那種一夜致富或馬上瘦身的速成課程。

不過這裡還有另一個陷阱。任何領導統御上的實務練習都可能變得有破壞力。好事也可能變成壞事，問題就在於五大實務要領如果執行得太極端，可能會害你偏離正軌。

我們都知道找到自己的聲音和樹立榜樣，對信譽和成就來說極其重要。可是如果執念太深，一心只想被人當成楷模，就會變得過度強調自己的價值觀和做事方式，低估別人的看法，全面封殺他人的建言。你會因為害怕失去隱私或「被找到破綻」而將自己孤立起來。此外它也會害你變得只在乎外表形式甚過於內容本身。

具有前瞻性而且傳達出清楚的共同願景，是領導者有別於其他可靠人士的地方。但是如果一昧強調未來的單一願景，恐怕會蒙蔽你的

視線，讓你看不到其他可能及眼前的現實狀況，害你錯失視線以外的其他精采可能，或者死抱住一套已然陳舊、疲乏、過時的技術。又如果你過度煽動，可能會降服他人的意志，因為你的活力、熱忱和魅力強大到別人再也看不到自己，只會盲從地同意你的所有看法。

向舊習挑戰對提倡創新和循序漸進的改革來說非常必要，而主動出擊和勇於冒險更是有助於學習和持續進步的利器。但是如果過於極端，就可能造成不必要的騷動、混淆和多疑。例行程序也是很重要的，如果你鮮少暫停一下，給人們足夠時間和機會建立自信和提升能力，他們恐怕不會有動力去嘗試新的事物。純粹為了改變而做的改變，就像自滿一樣令人洩氣。

要在今天這個混亂不安的世界裡成就非常之事，同心協力和團隊合作非常重要。創新仰仗的是高度的信任，人們若想做出一番大事，就必須先對自己的生活有掌控權。但是過度倚賴合作和信任，恐怕只是反映出不想解決問題或不想提供負面反饋的逃避心理，真的出現狀況時，就利用它來規避責任。如果大家還沒做好萬全準備，你就下放權力和責任，對方一定負荷不了，而這也成了你方便推卸責任的一種方法。

我們都知道，人們受到鼓舞時會拿出更好的表現。個人的肯定和公開的頌揚可以提振士氣和聲勢，就算碰到艱難的挑戰，團隊也能繼續走下去。但在此同時，如果老是擔心誰該得到肯定以及什麼時候該公開頌揚，反而會害我們變得像是一群交際花，對真正的使命視而不見，不再有急迫感，因為這種活動實在太好玩了。你會變得太沉迷於各種光鮮的讚美和娛樂，以至於忘了它背後的真正目的。

但除了這些潛在問題之外，還潛伏著另一個更嚴重的問題，那就

是傲慢的誘惑。當領導者是很有意思的，你會很高興自己竟然變得這麼有影響力，而且有這麼多人為你說的每一句話喝采，這是多麼令人興奮的一件事。你會在許多不易察覺的地方，輕易地被權力和地位給誘惑。所有邪惡的領導者都是被傲慢這種毛病給傳染，變得自我膨脹，一昧追求自己的邪惡目的。你要怎麼防範這種毛病呢？

謙卑是傲慢的解藥。唯有當你承認自己只是個普通人，需要別人幫忙才不會變得自負。模範領導者深知自己「不能孤軍奮鬥」，所以會依照這個信念來行事。模範領導者不會像快速成功，但離開後卻害組織難以為繼的領導者那樣自滿和做作。他們總是對別人的想法充滿興趣，想去了解他們自己辦不到的事情。他們很有彈性，願意大膽實驗。他們感恩經驗所帶來的教訓，包括失敗在內。謙卑的領導者有自我解嘲的幽默，會把周遭人士所說的話聽進心裡，並誠懇大方地將功勞歸給他人，所以在成就表現上會越來越優。

英文裡的人（human）和謙卑（humble）這兩個字都起源於拉丁文 humus，意思是大地（earth）。所以人和謙卑都很接地氣，你的雙腳是穩穩地踏在土地上。當你職位越爬越高時，你的辦公樓層也會越來越高，離地面越來越遠，這很有趣，不是嗎？為什麼職位爬得越高，就越難站穩腳步呢？[7]

你必須有勇氣當一個普通人，也要有勇氣保持謙卑。[8] 因為要承認自己不見得總是對的，不可能預期得到每一種可能，無法預先勾勒出各種未來，無法解決每個問題，無法控制每個變數，不是一直都很親切和善，一樣會犯錯。換言之，你是個平凡人。向別人承認所有這些事情，是需要勇氣的，而向你自己承認，則需要更大的勇氣。如果你可以用謙卑的心來做這件事，就等於是邀請大家展開一場勇敢的對

話。當你放下自我防備向別人敞開心房時，你就是在邀請他們跟你一起打造你自己辦不到的事情。當你變得越來越謙虛和越來越不矯飾，別人也才有機會被看見和被留意。

從來沒有任何研究調查提過領導者必須完美。領導者不是聖人，只是普通人，就像其他人一樣有很多缺點和弱點。他們同樣會犯錯。如果要給所有懷有抱負的領導者一個最好的建言，那就是保持謙卑、不要裝腔作勢 —— 永遠抱持開放的態度去學習更多關乎自己以及周遭世界的事。

先領導自己

領導統御的工具是自己。要精通領導統御這門藝術，就得從掌握自己開始。工程師有電腦、畫家有畫布和畫筆、音樂家有樂器，而領導者只能仰仗自己。要盡你所能地成為最佳的領導者，就意謂你要盡其所能地成為最好的自己。因此領導潛能的開發，基本上就是自我的開發。

自我開發不是拿一堆新知識來填塞自己的腦袋或試驗最新的技術，而是把原本藏在你靈魂深處的東西導引出來。它是在釋放你的領導魂，所以先從內省開始。

你越認識自己，就越能弄懂日常接收到的難以理解和互相矛盾的訊息。你有很多事要做，要支持、要決定、要改變，在今天這個高度不確定的環境裡，你需要內在的指引來為你導航。

在第一章介紹過的布萊恩・艾林克曾告訴我們，要成為一個領導者，最最重要的一件事，就是要更了解自己。他是在第一資本的汽車

金融事業擔任顧客營運負責人時有了這樣的頓悟。為了更了解多元化大型團隊裡的所有成員，布萊恩設計了「點心聊天時間」，也就是讓來自不同地區的八到十位同仁在一個非正式場合裡聚會，聊聊他們工作以外最大的熱情是什麼。布萊恩聽到了一些引人入勝的個人故事，這些私下的聚會也讓他有機會開始說說自己的故事。

布萊恩回想自己早年的生活經驗，那時家裡很窮困，全家搬進旅行拖車裡，而這個經驗給了他一條通往模範領導的道路：

> 我想要成功的強烈動機是在拖車裡誕生的。當時是在K.O.A.露營場，我夜裡睡不著，我告訴自己還是可以有遠大的夢想，我要認真工作，努力學習，有一天一定要成就大事，好好照顧我的家人。我開始一點一滴地跟團隊裡的同事們分享我的故事，在他們面前慢慢坦誠自己。結果得到很正面的回響和支持。我發現原來每個人一生中都有過艱難的挑戰，就是那些時刻──那些艱難的時刻造就出現在的他們，也形塑出他們所代表的一切。

這些經驗幫助布萊恩了解到「領導統御來自於你的初心，那顆心很真誠、很脆弱，會讓你投入全部的自己」。

要投入全部的自己，得像布萊恩一樣先自我探索。它會要求你回頭審視自己的一生，理解是什麼經驗造就你，還有它們教會了你什麼價值觀。當你繼續往模範領導這條路邁進時，一定得和一些難以回答的問題角力：

- 我人生裡的巔峰時刻在何時，是什麼激勵我達到那個巔峰？

- 我的決策和行動會受到什麼價值觀左右？
- 我需要做什麼來提升自我的能力，帶領團隊或組織繼續前進？
- 我認為這個組織的未來十年方向在哪裡？
- 是什麼給了我勇氣在面對無法掌握的局面和逆境時，還能堅持下去？
- 我和團隊成員的關係有多牢固？我有多值得信賴？
- 我能做什麼才能讓自己和別人永遠懷抱希望？

雖然這不是一份很詳盡的清單，但所有模範領導者都曾跟這類問題角力過。這種個人式的追尋對領導者的培育很重要。在你領導別人之前，得先在自我探索的旅程中領導自己。研究調查發現，每天花時間 —— 就算只有十到十五分鐘 —— 省思你的經驗所學，就能提升你後續的表現。[9]

如果你想成為心目中的那種領導者，就必須先退一步，花時間省思自己的過去、現在與未來，找到熱情。

領導重在執行

但是了解自己和領導統御，跟領導本身這件事不一樣。決定成為模範領導者跟現在就當一個模範領導者是不同的。領導重在執行，你必須把領導行為變成一種日常習慣，你必須每天都付諸實行，才能學到更多。你需要每天落實你所學到的課題。

普西斯頓系統技術服務公司（Persistence Systems）資深業務總監瑟基・尼奇福羅夫（Sergey Nikiforov）深思過這個挑戰，他告訴我們

「我得從哪裡著手才能成為更好的領導者」這個問題,已經困擾他一段時間。瑟基本來以為他必須做些帶點雄心壯志的事,才能證明自己是領導者,但後來他恍然大悟:

> 我發現我每天都有機會發揮一點作用。我可以為別人提供更好的指導,我可以更專注地傾聽,我可以對大家的態度更正面一點,我可以更常說「謝謝你」,我可以……這個清單其實沒有盡頭。
>
> 一開始我有點嚇到,一天當中竟然有這麼多機會可以做一位更好的領導者。不過隨著這些想法逐一落實,我驚喜發現,原來只是特別留意且認真地看待自己的領導行為,就讓我進步很多。

瑟基說得很對。每天都有無以數計的機會可以做出改變。這種改變可能是從私下跟某位下屬的一場對話開始,或者是跟同事的一場會議開始。它也可能是在全家人的晚餐桌上發生,或者是你在未來生意的會議上發表了談話,抑或你正在跟一位朋友討論他與某位同儕的糾紛,又或者是因為你曾向某顧客、客戶或合夥人要求意見反饋。

領導統御是時刻都在發生的事。當你選擇去領導時,每天都會出現很多這樣的時刻。你每天都能選擇去做出改變,而這樣的每一刻,都是在為你未來的寶貴資產做準備。

記住人生成功的祕訣

最後一個我們想要傳授的領導課題是,領導者人生成功的祕訣。

當年我們在展開領導統御最佳實務要領時,很幸運地遇到那時

候的美國陸軍少將約翰・史坦福（John H. Stanford）。我們都知道他自幼貧困，小學六年級雖然沒能通過考試，但他還是繼續努力，最後靠ROTC獎學金從賓州大學畢業，他參加過韓戰和越戰，熬過多場戰役，他受勳無數，他的軍隊無比忠貞。波灣戰爭期間（Persian Gulf War），約翰負責指揮美國陸軍的軍事運輸管理司令部（Military Traffic Management Command）。從陸軍退伍後，他到喬治亞州富爾頓郡（Fulton County）擔任郡長，那時候亞特蘭大市（Atlanta）正準備舉辦一九九六年的夏季奧林匹克運動會。約翰後來當上西雅圖公立學校系統的督學長，在那裡為公立教育點燃了改革的火苗，最後因血癌過世。

我們都知道約翰的公職生涯令人嘆為觀止，而他生前回答我們一個訪談問題時，更大大影響了我們對領導統御的認識。當時我們問約翰他如何著手培養領導者，包括在大學院校、軍隊、政府機關、非營利組織或者私人組織裡。他回答：

每次有任何人問到這個問題，我都會告訴他們我有人生成功的祕訣。而這個成功的祕訣，就是心中有愛。心中有愛就會給你火苗去點燃其他人的熱情，看見別人的潛能，讓你更渴望去成就別人做不到的事情。心中沒有愛的人，感受不到那股讓他們勇往直前、帶領他人達成目標的動力。我不知道生命中還有什麼熱情或其他東西，會比「心中有愛」這種感覺更正面、更振奮人心。

「心中有愛」不是我們預料中的答案 —— 至少在我們剛開始研究領導統御時，根本沒料到會有這個答案。但在經過三十多年的研究調

查、歷經數千次的訪談和個案分析之後，我們才慢慢察覺到，很多領導者在談到自己的領導動機時，都會直率提到「愛」這個字。我們在第一章介紹過安娜·布萊伯恩，她告訴我們她在比弗布魯克斯珠寶公司的生涯故事，她從銷售員開始做起，後來當上執行長。「找到你所熱愛的事情。當你真正熱愛你所做的事時，就一定會做得很出色。」

在所有能支撐領導者繼續走下去的眾多因素裡，只有愛最持久不墜。你很難想像一位領導者可以不帶感情地每天起床，為了成就非常之事，日復一日地賣力打拚。成功領導者的最大祕訣就是「愛」：用愛來領導，愛這群工作夥伴，愛組織所提供的一切，愛這些靠產品和服務來為組織增光的人。

領導統御不是誰來帶頭的問題，而是有沒有心。

注解

1 ▶ 當領導者拿出最出色的表現時

1. 除非另有說明，否則所有引文不是來自個人專訪內容，就是來自受訪領導者親筆寫的個人最佳領導個案研究。這些領導者的當今職街和任職公司，可能和當年所寫個案研究內容或本書出版時的所載內容略有出入。有幾個例子是領導者要求我們不要用他們的真名，所以為了方便討論，我們會使用假名。但例子裡的所有細節，都是受訪者的確實經驗。
2. 感恩 Steve Coats 提供此案例，在深入訪談下做出詳述。
3. 感恩 Natalie Loeb 提供此案例，在深入訪談下做出詳述。
4. 欲知是什麼樣的迷思制止人們被培養成領導者，請參考 J. M. Kouzes 和 B. Z. Posner 的 *Learning Leadership: The Five Fundamentals of Becoming an Exemplary Leader*(San Francisco: The Leadership Challenge—A Wiley Brand, 2016).
5. 感恩 Valarie Willis 提供此案例。
6. 感恩 Valarie Willis 提供此案例。
7. 感恩 Joseph Hines 提供此案例。
8. 欲知研究方法和更多發現，可以參考 B.Z. Posner, "Bringing the Rigor of Research to the Art o Leadership: Evidence Behind The Five Practices of Exemplary Leadership and the LPI: Leadership Practices Inventory," http://www.leadershipchallenge.com/Research-section-Our-Authors-Research-Detail/bringing-the-rigor-of-research-to-the-art-of-leadership.aspx.
9. Posner, "Bringing the Rigor" and J.M. Kouzes and B.Z. Posner, *LPI: Leadership Practices Inventory,* 4th ed. (San Francisco: The Leadership Challenge-A Wiley Brand, 2012), http://www.leadershipchallenge.com/professionals-section-lpi.aspx.
10. R. Roi, *Leadership Practices, Corporate Culture, and Company Financial Performance: 2005 Study Results* (Palo Alto, CA: Crawford and Associates International, 2006), http://www.hr.com/en?s=IdYUsXbBU1qzkTZI&t=/documentManager/sfdoc.file.supply&fileID=1168032065880.
請參考 Posner, "Bringing the Rigor"，內有數百篇學術文章的一覽表，皆是有關五大實務要領如何影響參與度和績效表現。

2 ▶ 個人信譽是領導統御的基礎

1. 欲對領導統御乃人際關係、人們在領導者身上尋找的是什麼，以及領導者必須採取什麼行動來強化這層關係等主題深入探討，請參考 J.M. Kouzes and B.Z.

Posner, *Credibility: How Leader Gain and Lose It, Why People Demand It* (San Francisco: Jossey-Bass, 2011).

2. 欲知更多有關原始研究的資訊，請參考 B.Z. Posner and W.H. Schmidt, "Values and the American Manager: An Update," *California Management Review* 26, no. 3 (1984): 202-216; and B. Z. Posner and W. H. Schmidt, "Values and Expectations of Federal Service Executives," *Public Administration Review* 46, no. 5 (1986): 447-454.

3. H. Wang, K. S. Law, R. D. Hackett, D. Wang, and Z. X. Chan, "Leader-Member Exchange as a Mediator of the Relationship Between Transformational Leadership and Followers' Performance and Organizational Citizenship Behavior," *Academy of Management Journal* 48 (2005): 420–432. See also B. Artz, A. H. Goodall, and A. J. Oswald (December 29, 2016), "If Your Boss Could Do Your Job, You're More Likely to Be Happy at Work," *Harvard Business Review*, Reprint H03DTB, https://hbr.org/2016/12/if-your-boss-could-do-your-job-youre-more-likely-to-be-happy-at-work; and B. Artz, A. H. Goodall, and A. J. Oswald, "Boss Competence and Worker Well-being," *ILR Review*, May 16, 2016,http://journals.sagepub.com/doi/abs/10.1177/0019793916650451?ai=1gvoi&mi=3ricys&af=R.

4. S. J. Lopez, *Making Hope Happen: Create the Future You Want for Yourself and Others* (New York: Atria Books, 2013), 61. See also J. E. Bono and R. Ilies, "Charisma, Positive Emotions, and Mood Contagion," *The Leadership Quarterly* 17 (2006): 317–334.

5. Edelman, 2017 *Edelman Trust Barometer: Global Report*, http://www.edelman.com/trust2017/.

6. 信譽的經典研究可回溯到 C. I. Hovland, I. L. Janis, and H. H. Kelley, *Communication and Persuasion* (New Haven, CT: Yale University Press, 1953)，早期的衡量研究包括 J. C. McCroskey, "Scales for the Measurement of Ethos," *Speech Monographs* 33 (1966): 65–72; and D. K. Berlo, J. B. Lemert, and R. J. Mertz, "Dimensions for Evaluating the Acceptability of Message Sources," *Public Opinion Quarterly* 3 (1969): 563–576。R. Cialdini, *Influence: The Psychology of Persuasion* (New York: HarperCollins, 2007) 則提供了現代的觀點。

7. B. Z. Posner and J. M. Kouzes, "Relating Leadership and Credibility," *Psychological Reports* 63 (1988): 527–530.

8. P. J. Sweeney, V. Thompson, and H. Blanton, "Trust and Influence in Combat: An Interdependence Model," *Journal of Applied Social Psychology* 39, no. 1 (2009): 235–264.

9. F. F. Reichheld with T. Teal, *The Loyalty Effect: The Hidden Force Behind Growth, Profits, and Lasting Value* (Boston: Harvard Business School Press, 1996), 1.

10. F. F. Reichheld, *Loyalty Rules: How Today's Leaders Build Lasting Relationships* (Boston: Harvard Business School Press, 2001), 6. Also see J. Kaufman, R. Markey, S. D. Burton, and D. Azzarello, "Who's Responsible for Employee Engagement? Line Supervisors, Not HR, Must Lead the Charge," *Bain Brief* (2013), http://www.

bain.com/publications /articles/whos-responsible-for-employee-engagement.aspx.

3 ▶ 闡明價值觀

1. 此處援引自 A. Bryant, "Want to Know Me? Just Read My User Manual," *New York Times*, March 30, 2013.
2. G. Colvin, "Great Job! Or How Yum Brands Uses Recognition to Build Teams and Get Results," *Fortune*, August 13, 2013, 62–66.
3. F. Kiel, *Return on Character: The Real Reason Leaders and Their Companies Win* (Boston, MA: Harvard Business Press, 2015).
4. M. Rokeach, *The Nature of Human Values* (New York: Free Press, 1973), 5.
5. L. Legault, T. Al-Khindi, and M. Inzlicht, "Preserving Integrity in the Face of Performance Threat: Self-Affirmation Enhances Neurophysiological Responsiveness to Errors," *Psychological Science* 23, no. 12 (2012): 1455–1460.
6. B. Swain, *What Made Me Who I Am* (Franklin, TN: Post Hill Press, 2016).
7. B. Z. Posner and W. H. Schmidt, "Values Congruence and Differences Between the Interplay of Personal and Organizational Value Systems," *Journal of Business Ethics* 12 (1992): 171–177. See also B. Z. Posner, "Another Look at the Impact of Personal and Organizational Values Congruency," *Journal of Business Ethics* 97, no. 4 (2010): 535–541.
8. Posner, "Another Look."
9. S. Houle and K. Campbell , "What High-Quality Job Candidates Look for in a Company, *Gallup Business Journal*, January 4, 2016, http://www .gallup.com/ businessjournal/187964/high-quality-job-candidates-look-company.aspx.
10. N. Dvorak and B. Nelson, "Few Employees Believe in Their Company's Values," *Gallup Business Journal*, September 13, 2016, http://www.gallup .com/ businessjournal/195491/few-employees-believe-company-values. aspx.
11. 舉例來說，請參考 S. A. Sackmann, "Culture and Performance," in N. Ashkanasy, C. Wilderom, and M. Peterson (eds.), *The Handbook of Organizational Culture and Climate*, 2nd ed. (Thousand Oaks, CA: Sage Publications, 2011), 188–224; A. S. Boyce, L. R. G. Nieminen, M. A. Gillespie, A. M. Ryan, and D. R. Denison (2015), "Which Comes First, Organizational Culture or Performance? A Longitudinal Study of Causal Priority with Automobile Dealerships," *Journal of Organizational Behavior* 36, no. 3 (2015): 339–359; G. Caesens, G. Marique, D. Hanin, and F. Stinglhamber, "The Relationship Between Perceived Organizational Support and Proactive Behaviour Directed Towards the Organization," *European Journal of Work and Organizational Psychology* 25, no. 3 (2016): 398–411; and C. M. Gartenberg, A. Prat, and G. Serafeim, "Corporate Purpose and Financial Performance," Columbia Business School Research Paper No. 16–69, June 30, 2016. Available at SSRN: https://ssrn.com /abstract=2840005.
12. 此處援引自 A. Carr, "The Inside Story of Starbucks's Race Together Campaign, No

Foam," Fast Company, June 15, 2015, http://www .fastcompany.com/3046890/the-inside-story-of-starbuckss-race-together -campaign-no-foam.

13. 舉例來說，請參考 A. Rhoads and N. Shepherdson, *Built on Values: Creating an Enviable Culture that Outperforms the Competition* (San Francisco: Jossey-Bass, 2011); R. C. Roi, "Leadership, Corporate Culture and Financial Performance" (doctoral dissertation, University of San Francisco, 2006); S. Lee, S. J. Yoon, S. Kim, and J. W. Kang, "The Integrated Effects of Market-Oriented Culture and Marketing Strategy on Firm Performance, *Journal of Strategic Marketing* 14 (2006): 245–261; and T. M. Gunaraja1, D. Venkatramaraju, and G. Brindha, "Impact of Organizational Culture in Public Sectors," *International Journal of Science and Research* 4, no. 10 (2015): 400–402.

14. 舉例來說，請參考 B. Z. Posner, W. H. Schmidt, and J. M. Kouzes, "Shared Values Make a Difference: An Empirical Test of Corporate Culture," *Human Resource Management* 24, no. 3 (1985): 293–310; B. Z. Posner, W. A. Randolph, and W. H. Schmidt, "Managerial Values Across Functions: A Source of Organizational Problems," *Group & Organization Management* 12, no. 4 (1987): 373–385; B. Z. Posner and W. H. Schmidt, "Demographic Characteristics and Shared Values," *International Journal of Value-Based Management* 5, no. 1 (1992): 77–87; B. Z. Posner, "Person -Organization Values Congruence: No Support for Individual Differences as a Moderating Influence," *Human Relations* 45, no. 2 (1992): 351–361; and B. Z. Posner and R. I. Westwood, "A Cross-Cultural Investigation of the Shared Values Relationship," *International Journal of Value-Based Management* 11, no. 4 (1995): 1–10.

15. 感恩 Bo Cogbill 和 Jo Bell 分享這個例子。

16. T. Hsieh, "What You Should – and Shouldn't – Take from Us," *Inc.*, July– August 2014, 96.

17. B. Z. Posner, "Values and the American Manager: A Three-Decade Perspective," *Journal of Business Ethics* 91, no. 4 (2010): 457–465.

18. R. A. Stevenson, "Clarifying Behavioral Expectations Associated with Espoused Organizational Values" (doctoral dissertation, Fielding Institute, 1995).

4 ▶ 樹立榜樣

1. T. Yaffe and R. Kark, "Leading by Example: The Case of Leader OCB," *Journal of Applied Psychology* 96, no. 4 (July 2011): 806–826.

2. T. Simons, H. Leroy, V. Collewaert, and S. Masschelein, "How Leader Alignment of Words and Deeds Affects Followers: A Meta-Analysis of Behavioral Integrity Research," *Journal of Business Ethics* 132 (2014): 831–844; M. Palanski and F. J. Yammarino, "Impact of Behavioral Integrity on Follower Job Performance: A Three-Study Examination," *Leadership Quarterly* 22 (2011): 765–786; H. Leroy, M. Palanski, and T. Simons, "How Being True to the Self Helps Leadership Walk

the Talk: Authentic Leader and Leader Behavioral Integrity as Drivers of Follower Affective Organizational Commitment and Work Role Performance," *Journal of Business Ethics* 107 (2012): 255–264.

3. J. Michel, "Great Leadership Isn't About You," *Harvard Business Review*, August 22, 2014.

4. E. Schein, *Organizational Culture and Leadership*, 4th ed. (San Francisco: Jossey-Bass, 2010).

5. 感恩 Michael Bunting 分享此案例。

6. S. Zuboff, *In the Age of the Smart Machine: The Future of Work and Power* (New York: Basic Books, 1988).

7. K. Allen, *Hidden Agenda: A Proven Way to Win Business and Create a Following.* (Brookline, MA: Bibliomotion, 2012).

8. G. Hamel, "Moon Shots for Management," *Harvard Business Review*, February 2009, 91.

9. A. Newberg and M. R. Waldman, *Words Can Change Your Brain: 12 Conversation Strategies to Build Trust, Resolve Conflict, and Increase Intimacy* (New York: Penguin, 2012), 7.

10. D. Stone and S. Heen, *Thanks for the Feedback: The Science and Art of Receiving Feedback Well* (New York: Penguin, 2015).

11. F. Gino, "Research: We Drop People Who Give Us Critical Feedback," *Harvard Business Review*, September 16, 2016, https://hbr.org/2016/09/ research-we-drop-people-who-give-us-critical-feedback. 另請參考 P. Green, F. Gino, and B. Staats, "Shopping for Confirmation: How Threatening Feedback Leads People to Reshape Their Social Networks" (working paper, Harvard Business School, 2016).

12. 感恩 Michael Bunting 分享此案例。

13. R. W. Eichinger, M. M. Lombardo, and D. Ulrich, *100 Things You Need to Know: Best Practices for Managers and HR* (Minneapolis, MN: Lominger, 2004), 492.

14. 感恩 Missy Makanui 分享此案例。

15. 感恩 Sakshi Gambhir 分享此案例。

16. S. Callahan, *Putting Stories to Work: Mastering Business Storytelling* (Melbourne: Pepperberg Press, 2016). 欲知針對故事之所以令人信服的生理學方面調查，請參考 J. A. Barraza, V. Alexander, L. E. Beavin, E. T. Terris, and P. J. Zak, "The Heart of the Story: Peripheral Physiology During Narrative Exposure Predicts Charitable Giving, *Biological Psychology* 105 (2015): 138–143.

17. 此處援引自 D. Schawbel, "How to Use Storytelling as a Leadership Tool," *Forbes*, April 13, 2012, https://www.forbes.com/sites/ danschawbel/2012/08/13/how-to-use-storytelling-as-a-leadership -tool/2/?ss=business-renegades#e9708e3789e3. 欲知更多如何書寫、敘述和使用故事來傳遞重要組織課題的方法，請參考 P. Smith, *Lead with a Story: A Guide to Crafting Business Narratives that Captivate, Convince, and Inspire* (New York: AMACOM, 2012).

18. S. Denning, *The Springboard: How Storytelling Ignites Action in Knowledge-Era Organizations* (Boston: Butterworth-Heinemann, 2001), xiii. 欲知一些最好的說故事方法和故事使用方法，以便傳達願景和價值觀，請參考 S. Denning, *The Secret Language of Leadership: How Leaders Inspire Action Through Narrative* (San Francisco: Jossey-Bass, 2007).

19. 此處的舉例來說，可以參考 C. Wortmann, *What's Your Story? Using Stories to Ignite Performance and Be More Successful* (Chicago: Kaplan, 2006); H. Monarth, "The Irresistible Power of Storytelling as a Strategic Business Tool," *Harvard Business Review, March* 11, 2014, https://hbr.org/2014/03/ the-irresistible-power-of-storytelling-as-a-strategic-business-tool; P. J. Zak, "Why Your Brain Loves Good Storytelling," *Harvard Business Review*, October 28, 2014, https://hbr.org/2014/10/ why-your-brain-loves-good -storytelling; and S. R. Martin, "Stories About Values and Valuable Stories: A Field Experiment of the Power of Narratives to Shape Newcomers' Actions," *Academy of Management Journal* 59, no. 5 (2016): 1707–1724

20. 援引自 "Lou Gerstner on Corporate Reinvention and Values," *McKinsey Quarterly*, September 2014, http://www.mckinsey.com/global-themes/leadership/lou-gerstner-on-corporate-reinvention-and-values.

21. 如果你想要有一個詳細的藍圖，可供你依據共同的價值觀來創造和強化某種文化，請參考 A. Rhoades, *Built on Values: Creating a Culture That Outperforms the Competition* (San Francisco: Jossey-Bass, 2011).

5 ▶ 勾勒未來

1. D. Gilbert, *Stumbling on Happiness* (New York: Knopf, 2006), 5–6.

2. G. Klein, *The Sources of Power: How People Make Decisions* (Cambridge, MA: MIT Press, 1998).

3. A. M. Hayashi, "When to Trust Your Gut," *Harvard Business Review*, February 2001, 59–65.

4. E. Partridge, *A Short Etymological Dictionary of Modern English* (New York: Macmillan, 1977), 359, 742.

5. P. Schuster, *The Power of Your Past: The Art of Recalling, Recasting, and Reclaiming* (San Francisco: Berrett-Koehler, 2011).

6. 援引自 E. Florian, "The Best Advice I Ever Got," *Fortune*, February 6, 2012, 14.

7. 請參考 J. T. Seaman, Jr. and G. D. Smith, "Your Company's History as a Leadership Tool," *Harvard Business Review*, December 2012.

8. M. D. Watkins, T*he First 90 Days: Proven Strategies for Getting Up to Speed Faster and Smarter, Updated and Expanded* (Boston, MA: Harvard Business School Press, 2013).

9. C-M. Tan, *Search Inside Yourself: The Unexpected Path to Achieving Success, Happiness* (and World Peace) (New York: HarperCollins, 2014); and M. Bunting, *The Mindful Leader: 7 Practices for Transforming Your Leadership, Your*

Organisation, and Your Life (Hoboken, NJ: John Wiley & Sons, 2016).

10. G. Hamel, *Leading the Revolution* (Boston: Harvard Business School Press, 2000), 128.

11. E. Jaques, Requisite Organization: The CEO's Guide to Creative Structure and Leadership, 2nd rev. ed. (Arlington, VA: Cason Hall, 2006), 15–32.

12. 感恩 Terence Young and Tom Pearce 分享此案例。

13. 舉例來說，請參考 P. Thoms, *Driven by Time: Time Orientation and Leadership* (Westport, CT: Praeger Publishers, 2004); N. Halevy, Y. Berson, and A. D. Galinsky, "The Mainstream Is Not Electable: When Vision Triumphs Over Representativeness in Leader Emergence and Effectiveness," *Personality and Social Psychology Bulletin* 37, no. 7 (2011): 893–904; D. P. Moynihan, S. K. Pandey, and B. E. Wright, "Setting the Table: How Transformational Leadership Fosters Performance Information Use," *Journal of Public Administration Research and Theory* 22, no. 1 (2012): 143–164; W. Zhang, H. Wang, and C. L. Pearce, "Consideration for Future Consequences as an Antecedent of Transformational Leadership Behavior: The Moderating Effects of Perceived Dynamic Work Environment," *The Leadership Quarterly* 25, no. 2 (2013): 329–343; and S. Sokoll, "The Relationship Between GLOBE's Future Orientation Cultural Dimension and Servant Leadership Endorsement," *Emerging Leadership Journeys* 4, no. 1 (2011): 141–153.

14. D. S. Yeager, M. D. Henderson, D. Paunesku, G. M. Walton, S. D'Mello, B. J. Spitzer, and A. L. Duckworth, "Boring but Important: A Self-Transcendent Purpose for Learning Fosters Academic Self-Regulation," *Journal of Personal and Social Psychology* 107, no. 4 (2014): 559–580.

15. B. D. Rosso, K. H. Dekas, A. Wrzesniewski, "On the Meaning of Work: A Theoretical Integration and Review," *Research in Organizational Behavior* 30 (2010): 91–127. Also: R. F. Baumeister, K. D. Vohs, J. Aaker, and E. N. Garbinsky, "Some Key Differences Between a Happy Life and a Meaningful Life," Journal of Positive Psychology 8, no. 6 (2013): 505–516; and E. E. Smith and J. L. Aaker, "Millennial Searchers," *The New York Times Sunday Review*, November 30, 2013, http://www.nytimes. com/2013/12/01/opinion/sunday/millennial-searchers.html?_r=0.

16. Deloitte, "Culture of Purpose: A Business Imperative. 2013 Core Beliefs and Culture Survey," http://www2.deloitte.com/content/dam/Deloitte /us/Documents/about-deloitte/us-leadership-2013-core-beliefs-culture -survey-051613.pdf.

17. J. M. Kouzes and B. Z. Posner, "To Lead, Create a Shared Vision," *Harvard Business Review*, January 2009, 20–21.

18. J. Selby, *Listening with Empathy: Creating Genuine Connections with Customers and Colleagues* (Charlottesville, VA: Hampton Roads, 2007); D. Patnaik, *Wired to Care: How Companies Prosper When They Create Widespread Empathy* (Upper Saddle River, NJ: FT Press, 2009).

19. B. L. Kaye and S. Jordan-Evans, Love 'em or Lose 'em: Getting Good People to

Stay, 5th ed. (San Francisco: Berrett-Koehler, 2014).

20. 舉例來說，請參考 S. E. Humphrey, J. D. Nahrgang, and F. P. Morgeson, "Integrating Motivational, Social, and Contextual Design Features: A Meta-Analytic Summary and Theoretical Extension of the Work Design Literature," *Journal of Applied Psychology*, 90, no. 5 (2007): 1332–1356; D. Ulrich and W. Ulrich, *The Why of Work: How Great Leaders Build Abundant Organizations That Win* (New York: McGraw-Hill, 2010); D. Pontefract, *The Purpose Effect: Building Meaning in Yourself, Your Role, and Your Organization* (Boise, ID: Elevate Publishing, 2016); and Universum, "Millennials: Understanding a Misunderstood Generation," 2015, http://universumglobal.com/millennials.

21. C. M. Christensen, J. Allworth, and K. Dillon, *How Will You Measure Your Life* (New York: HarperBusiness, 2012).

22. P. J. Palmer, Let Your Life Speak (San Francisco: Jossey-Bass, 2000); D. Zohar and I. Marshall, *Spiritual Capital* (San Francisco: Berrett-Koehler, 2004); R. Barrett, *Building a Values-Driven Organization* (Burlington, MA: Butterworth-Heinemann, 2006); D. Pink, *Drive: The Surprising Truth About What Motivates Us* (New York: Riverhead Books, 2009); and R. J. Leider, *The Power of Purpose: Find Meaning, Live Longer, Better* (Oakland, CA: Berrett-Koehler, 2015).

23. Deloitte, "Culture of Purpose: A Business Imperative–2013 Core Beliefs and Culture Survey," http://www2.deloitte.com/content/dam/Deloitte /us/Documents/ about-deloitte/us-leadership-2013-core-beliefs-culture-survey-051613.pdf.

24. J. J. Deal and A. Levenson, What Millennials Want from Work: How to Maximize Engagement in Today's Workforce (New York: McGraw-Hill, 2016).

25. 援引自 B. Wolfe, "Can Higher Purpose Help Your Team Survive and Thrive?" *Greater Good*, March 10, 2015, http://greatergood.berkeley.edu/article/item/can_ higher_purpose_help_your_team_survive_and _thrive.

26. S. Coats, "Leadership on the River," August 1, 2016, http://i-lead.com/ uncategorized/2036/.

27. N. Doshi and L. McGregor, *Primed to Perform: How to Build the Highest Performing Cultures Through the Science of Total Motivation* (New York: HarperBusiness, 2015), xiii.

28. S. L. Lopez, *Making Hope Happen: Create the Future You Want for Yourself and Others* (New York: Atria Books, 2013).

6▸爭取他人支持

1. 感恩 Michael Bunting 分享此案例。

2. Simon Sinek 也用類似的說法，談到如何透過「為什麼」這種發問方式來激勵人們，請參考 S. Sinek, *Start with Why: How Great Leaders Inspire Everyone to Take Action* (New York: Portfolio, 2010).

3. R. M. Spence, *It's Not What You Sell, It's What You Stand For: Why Every*

Extraordinary Business Is Driven by Purpose (New York: Portfolio, 2010); D. Ulrich and W. Ulrich, *The Why of Work: How Great Leaders Build Abundant Organizations That Win* (New York: McGraw-Hill, 2010); B. D. Rosso, K. H. Dekas, and A. Wrzesniewski, "On the Meaning of Work: A Theoretical Integration and Review," *Research in Organizational Behavior* 31 (2011): 91–127; D. Ariely, *Payoff: The Hidden Logic That Shapes Our Motivations* (New York: Simon & Schuster, 2016); and A. M. Carton, " 'I'm Not Mopping the Floors—I'm Putting a Man on the Moon': How NASA Leaders Enhanced the Meaningfulness of Work by Changing the Meaning of Work," *Administrative Science Quarterly* (forthcoming).

4. 2016 Workforce Purpose Index, "Purpose at Work: The Largest Global Study on the Role of Purpose in the Workforce," https://cdn.imperative.com/media/public/Global_Purpose_Index_2016.pdf.

5. R. F. Baumeister, K. D. Vohs, J. L. Aaker, and E. N. Garbinsky, "Some Key Differences Between a Happy Life and a Meaningful Life," *Journal of Positive Psychology* 8, no. 6 (2013), 505–516.

6. E. E. Smith and J. L. Aaker, "Millennial Searchers," *New York Times*, November 30, 2013, http://nyti.ms/1dHVKid; and 2016 Workforce Purpose Index, "Purpose at Work."

7. J. Newton and J. Davis, "Three Secrets of Organizational Success," Strategy+Business, Issue 76 (Autumn 2014).

8. D. Hall, *Jump Start Your Business Brain: Win More, Lose Less, and Make More Money with Your New Products, Services, Sales and Advertising* (Cincinnati: Clerisy Books, 2005), 126.

9. 自豪感屬於很棒的工作場所的五大維度之一，這個變量的分數如果很高，就會讓一家公司進入美國《財富》雜誌百大最佳雇主的排行榜裡。 (M. Burchell and J. Robin, *The Great Workplace: How to Build It, How to Keep It, and Why It Matters* [San Francisco: Jossey-Bass, 2011], 127–154). 除此之外，自豪感也被認定是一種首要的內在動機 (e.g., J. Tracy, *Take Pride: Why the Deadliest Sin Holds the Secret to Human Success* [New York: Houghton Mifflin Harcourt, 2016]).

10. " 'I Have a Dream' Leads Top 100 Speeches of the Century," press release from the University of Wisconsin, December 15, 1999, http://www .americanrhetoric.com/top100speechesall.html. See also S. E. Lucas and M. J. Medhurst, *Words of a Century: The Top 100 American Speeches, 1900–1999* (New York: Oxford University Press, 2008).

11. amazon.com: https://www.amazon.com/Have-Dream-Americas-Greatest-Speeches/dp/B005BYUSA2/ref=sr_1_3?s=dm usic&ie=UTF8&qid=1488093384&sr=1-3-mp3-albums-bar-strip-0&keywords=i+have+a+dream 可以下載 "I Have a Dream" 演說的聲音版。

12. A. M. Carton, "People Remember What You Say When You Paint a Picture," *Harvard Business Review*, June 12, 2015, https://hbr.org/2015/06/ employees-perform-better-

when-they-can-literally-see-what-youre-saying.

13. A. M. Carton, C. Murphy, and J. R. Clark. "A (Blurry) Vision of the Future: How Leader Rhetoric About Ultimate Goals Influences Performance," *Academy of Management Journal* 57, no. 6 (2014): 1544–1570.

14. J. Geary, *I Is an Other: The Secret Life of Metaphor and How It Shapes the Way We See the World* (New York: HarperCollins, 2011), 5.

15. V. Lieberman, S. M. Samuels, and L. Ross, "The Name of the Game: Predictive Power of Reputations Versus Situational Labels in Determining Prisoner's Dilemma Game Moves," *Personality and Social Psychology Bulletin* 30 (2004): 1175–1185. See also Y. Benkler, "The Unselfish Gene," *Harvard Business Review*, July–August 2011, 78.

16. C. Heath and D. Heath, *Made to Stick: Why Some Ideas Survive and Others Die* (New York: Random House, 2007).

17. 感恩 Tom Pearce and Renee Harness 分享此案例。

18. D. T. Hsu, B. J. Sanford, K. K. Meyers, T. M. Love, K. E. Hazlett, H. Wang, L. Ni, S. J. Walker, B. J. Mickey, S. T. Korycinski, R. A. Koeppe, J. K. Crocker, S. A. Langenecker, and J-K. Zubieta, "Response of the μ-Opioid System to Social Rejection and Acceptance," *Molecular Psychiatry* 18 (2013): 1211–1217; also see D. Goleman, *Social Intelligence: The New Science of Human Relationships* (New York: Bantam, 2006).

19. B. L. Fredrickson, *Positivity: Groundbreaking Research Reveals How to Embrace the Hidden Strengths of Positive Emotions, Overcome Negativity, and Thrive* (New York: Crown, 2008).

20. H. S. Friedman, L. M. Prince, R. E. Riggio, and M. R. DiMatteo, "Understanding and Assessing Nonverbal Expressiveness: The Affective Communication Test," *Journal of Personality and Social Psychology* 39, no. 2 (1980): 333–351; J. Conger, *Winning 'em Over: A New Model for Management in the Age of Persuasion* (New York: Simon & Schuster, 1998); D. Goleman, R. Boyatzis, and A. McKee, *Primal Leadership: Realizing the Power of Emotional Intelligence* (Boston: Harvard Business School Press, 2002); J. Conger, "Charismatic Leadership" in M. G. Rumsey (ed.) *The Oxford Handbook of Leadership* (New York: Oxford University Press, 2013), 376–391; and, G. A. Sparks, "Charismatic Leadership: Findings of an Exploratory Investigation of the Techniques of Influence," *Journal of Behavioral Studies in Business* 7 (2014): 1–11.

21. J. L. McGaugh, Memory and Emotion (New York: Columbia University Press, 2003), 90. 另請參考 R. Maxwell and R. Dickman, *The Elements of Persuasion: Use Storytelling to Pitch Better Ideas, Sell Faster, & Win More Business* (New York: HarperCollins, 2007), 特別是 "Sticky Stories: Memory, Emotions and Markets," 122–150.

22. McGaugh, *Memory and Emotion*, 93.

23. McGaugh, *Memory and Emotion*.

24. D. A. Small, G. Loewenstein, and P. Slovic. "Sympathy and Callousness: The Impact of Deliberative Thought on Donations to Identifiable and Statistical Victims," *Organizational Behavior and Human Decision Processes* 102 (2007): 143–153.

25. 感恩 John Wang 分享此案例，欲知更多資訊，請參考 J. Udell, "An Unforgettable Lesson," http://blog.jonudell .net/2010/10/27/an-unforgettable-lesson/.

26. C. Heath and D. Heath, *Switch: How to Change Things When Change Is Hard* (New York: Broadway Books, 2010), 101–123.

27. 欲知更多有關內向個性和領導統御這方面的內容，請參考 S. Cain, *Quiet: The Power of Introverts in a World That Can't Stop Talking* (New York: Broadway Books, 2013).

7 ▶ 尋找機會

1. R. M. Kanter, *The Change Masters: Innovation for Productivity in the American Corporation* (New York: Simon & Schuster, 1983).

2. W. Berger, *A More Beautiful Question* (New York: Bloomsbury, 2014).

3. J. M. Crant and T. S. Bateman, "Charismatic Leadership Viewed from Above: The Impact of Proactive Personality," *Journal of Organizational Behavior* 21, no. 1 (2000): 63–75, and M. Spitzmuller, H-P. Sin, M. Howe, and S. Fatimah, "Investigating the Uniqueness and Usefulness of Proactive Personality in Organizational Research: A Meta-Analytic Review," *Human Performance* 28, no. 4 (2015): 351–379.

4. T. S. Bateman and J. M. Crant, "The Proactive Component of Organizational Behavior: Measures and Correlates," *Journal of Organizational Behavior* 14 (1993): 103–118; T-Y. Kim, A. H. Y. Hon, and J. M. Crant, "Proactive Personality, Employee Creativity, and Newcomer Outcomes: A Longitudinal Study," *Journal of Business and Psychology* 24, no. 1 (2009): 93–103; N. Li, J. Liang, and J. M. Crant, "The Role of Proactive Personality in Job Satisfaction and Organizational Citizenship Behavior: A Relational Perspective," *Journal of Applied Psychology* 95, no. 2 (2010): 395–404.

5. 欲知例子，請參考 J. A. Thompson, "Proactive Personality and Job Performance: A Social Capital Perspective," *Journal of Applied Psychology* 90, no. 5 (2005): 1011–1017. See also S. E. Seibert and M. L. Braimer, "What Do Proactive People Do? A Longitudinal Model Linking Proactive Personality and Career Success," *Personnel Psychology* 54 (2001): 845–875; D. J. Brown, R. T. Cober, K. Kane, P. E. Levy, and J. Shalhoop, "Proactive Personality and the Successful Job Search: A Field Investigation of College Graduates," *Journal of Applied Psychology* 91, no. 3 (2006): 717–726; C-H. Wu, Y. Want, and W. H. Mobley, "Understanding Leaders' Proactivity from a Goal-Process View and Multisource Ratings," in W. H. Mobley, M. Li, and Y. Wang (eds.), *Advances in Global Leadership*, Vol. 7 (Bingley, UK: Emerald Group Publishing, 2012); and V. P. Prabhu, S. J. McGuire, E. A. Drost, and

K. K. Kwong, "Proactive Personality and Entrepreneurial Intent: Is Entrepreneurial Self-Efficacy a Mediator or Moderator?," *International Journal of Entrepreneurial Behavior and Research* 18, no. 5 (2012): 559–586.

6. B. Z. Posner and J. W. Harder, "The Proactive Personality, Leadership, Gender and National Culture" (paper presented to the Western Academy of Management Conference, Santa Fe, New Mexico, April 2002).

7. H. Schultz and D. J. Yang, Pour Your Heart into It (New York: Hachette, 1999), 205–210.

8. Angela Duckworth, *Grit: The Power of Passion and Perseverance* (New York: Scribner, 2016)

9. Victor Frankl 搬出絕佳的例子，證明人們處理挑戰的方式其實是由內產生的。請參考 V. E. Frankl, *Man's Search for Meaning: An Introduction to Logotherapy* (New York: Touchstone, 1984; originally published in 1946).

10. 欲知例子，請參考 D. Ariely, Predictably Irrational: The Hidden Forces That Shape Our Decisions (New York: HarperCollins, 2009); "LSE: When Performance-Related Pay Backfires," Financial, June 25, 2009; and F. Ederer and G. Manso, "Is Pay for Performance Detrimental to Innovation? Management Science 59, no. 7 (2013): 1496–1513.

11. E. L. Deci with R. Flaste, Why We Do What We Do: Understanding Self -Motivation (New York: Penguin, 1995). See also K. W. Thomas, Intrinsic Motivation at Work: What Really Drives Employee Engagement, 2nd ed. (San Francisco: Berrett-Koehler, 2009) and D. Pink, Drive: The Surprising Truth About What Motivates You (New York: Riverhead Press, 2011).

12. A. Blum, Annapurna: A Woman's Place (Berkeley, CA: Counterpoint Press, 2015), 3.

13. P. LaBarre, "How to Make It to the Top," Fast Company, September 1998, 72.

14. 欲知例子詳情，請參考 J. Ettlie, *Managing Innovation*, 2nd ed. (Abingdon, UK: Taylor & Francis, 2006); S. Johnson, *Where Good Ideas Come From: The Natural History of Innovation* (New York: Riverhead, 2010); E. Ries, *The Lean Startup: How Constant Innovation Creates Radically Successful Businesses* (New York: Penguin Group, 2011); T. Davila, M. J. Epstein, and R. Shelton, *Making Innovation Work: How to Manage It, Measure It, and Profit from It*, updated ed. (Upper Saddle River, NJ: FT Press, 2012); S. Kelman, "Innovation in Government Can Come from Anywhere," FCW blog, September 20, 2016, https://fcw.com/blogs/lectern/2016/09/kelman-micro-innovation-pianos.aspx; and I. Asimov, "How Do People Get New Ideas?" *MIT Technology Review*, October 20, 2014, https://www.technologyreview.com/s/531911/isaac-asimov-asks-how-do-people-get-new-ideas/.

15. IBM, *Expanding the Innovation Horizons: The Global CEO Study 2006* (Somers, NY: IBM Global Services, 2006).

16. 感恩 Justin Ludwig 提供此案例。

17. D. Nicolini, M. Korica, and K. Ruddle, "Staying in the Know," *Sloan Management*

Review 56, no. 4 (Summer 2015): 57–65.

18. G. Berns, *Iconoclast: A Neuroscientist Reveals How to Think Differently* (Cambridge, MA: Harvard Business School Press, 2008).

19. M. M. Capozzi, R. Dye, and A. Howe, "Sparking Creativity y in Teams: An Executive's Guide," *McKinsey Quarterly*, April 2011.

20. R. Katz, "The Influence of Group Longevity: High Performance Research Teams," *Wharton Magazine* 6, no. 3 (1982): 28–34; and R. Katz and T. J. Allen, "Investigating the Not Invented Here (NIH) Syndrome: A Look at the Performance, Tenure, and Communication Patterns of 50 R&D Project Groups," in M. L. Tushman and W. L. Moore (eds.), *Readings in the Management of Innovation*, 2nd ed. (Cambridge, MA: Ballinger, 1988), 293–309.

21. Katz, "The Influence of Group Longevity," 31.

22. A. W. Brooks, F. Gino, and M. E. Schweitzer, "Smart People Ask for (My) Advice: Seeking Advice Boosts Perceptions of Competence," *Management Science* 61, no. 6 (June 2015): 1421–1435.

23. Z. Achi and J. G. Berger, "Delighting in the Possible," *McKinsey Quarterly*, March 2016, 5.

8 ▶ 實驗與冒險

1. K. E. Weick, "Small Wins: Redefining the Scale of Social Problems," *American Psychologist* 39, no. 1 (1984): 43.

2. L. A. Barroso, "The Roofshot Manifesto," July 13, 2016, https://rework .withgoogle.com/blog/the-roofshot-manifesto/?utm_source= newsletter&utm_ medium=email&utm_campaign=august_newsletter.

3. P. Sims, L*ittle Bets: How Breakthrough Ideas Emerge from Small Discoveries* (New York: Free Press, 2011), 141–152.

4. K. M. Eisenstadt and B. N. Tabrizi, "Accelerating Adaptive Processes: Product Innovation in the Global Computer Industry," *Administrative Science Quarterly* 40 (1995): 84–110; and E. Williams and A. R. Shaffer, "The Defense Innovation Initiative: The Importance of Capability Prototyping," *Joint Force Quarterly* (2015, 2nd Quarterly): 34–43.

5. B. J. Lucas and L. Nordgren, "People Underestimate the Value of Persistence for Creative Performance," *Journal of Personality and Social Psychology* 109, no. 2 (2015): 232–243.

6. T. A. Amabile and S. J. Kramer, "The Power of Small Wins," *Harvard Business Review*, May 2011, 73; see also their book *The Progress Principle: Using Small Wins to Ignite Joy, Engagement, and Creativity at Work* (Boston: Harvard Business Review Press, 2011).

7. Amabile and Kramer, "Power of Small Wins," 75.

8. 請自行參考 S. R. Maddi, *Hardiness: Turning Stressful Circumstances into Resilient*

Growth (New York: Springer, 2013)

9. 請參考以下資料 P. T. Bartone, "Resilience Under Military Operational Stress: Can Leaders Influence Hardiness?" *Military Psychology* 18 (2006): S141–S148; P. T. Bartone, R. R. Roland, J. J. Picano, and T. J. Williams, "Psychological Hardiness Predicts Success in US Army Special Forces Candidates," *International Journal of Selection and Assessment* 16, no. 1 (2008): 78–81; R. A. Bruce and R. F. Sinclair, "Exploring the Psychological Hardiness of Entrepreneurs," *Frontiers of Entrepreneurship Research* 29, no. 6 (2009): 5; P. T. Bartone, "Social and Organizational Influences on Psychological Hardiness: How Leaders Can Increase Stress Resilience," *Security Informatics* 1 (2012): 1–10; B. Hasanvand, M. Khaledian, and A. R. Merati, "The Relationship Between Psychological Hardiness and Attachment Styles with the University Student's Creativity," *European Journal of Experimental Biology* 3, no. 3 (2013): 656–660; and A. M. Sandvik, A. L. Hansena, S. W. Hystada, B. H. Johnsena, and P. T. Barton, "Psychopathy, Anxiety, and Resiliency – Psychological Hardiness as a Mediator of the Psychopathy-Anxiety Relationship in a Prison Setting," *Personality and Individual Differences* 72 (2015): 30–34.

10. 感恩 Sharada Ramakrishnan 分享此案例。

11. B. L. Frederickson, Positivity: *Groundbreaking Research Reveals How to Embrace the Hidden Strengths of Positive Emotions Over Negativity, and Thrive* (New York: Crown, 2009); A. Sood, *The Mayo Clinic Guide to Stress-Free Living* (Boston: Da Capo Press, 2013); and K. S. Cameron and G. M. Spreitzer (eds.), *The Oxford Handbook of Positive Organizational Scholarship* (New York: Oxford University Press, 2013).

12. J. M. Kouzes and B. Z. Posner, *Turning Adversity into Opportunity* (San Francisco, CA: The Leadership Challenge – A Wiley Brand, 2014).

13. D. Bayles and T. Orland, *Art and Fear: Observations on the Perils (and Rewards) of Artmaking* (Eugene, OR: Image Continuum Press, 2001).

14. P. M. Madsen, "Failing to Learn? The Effects of Failure and Success on Organizational Learning in the Global Orbital Launch Vehicle Industry, *Academy of Management Journal* 53, no. 3 (2010): 451–476. 組織學習這方面的研究也得出類似結論，譬如 R. Khannal, I. Guler, and A. Nerkar, "Fail Often, Fail Big, and Fail Fast? Learning from Small Failures and R&D Performance in the Pharmaceutical Industry," *Academy of Management Journal* 59, no. 2 (2016): 436–459.

15. L. M. Brown and B. Z. Posner, "Exploring the Relationship Between Learning and Leadership," *Leadership & Organization Development Journal*, May 2001, 274–280. 另請參考 J. M. Kouzes and B. Z. Posner, *The Truth About Leadership: The No-Fads, Heart-of-the-Matter Facts You Need to Know* (San Francisco: Jossey-Bass, 2010), 119–135

16. R. W. Eichinger, M. M. Lombardo, and D. Ulrich, *100 Things You Need to Know:*

Best Practices for Managers and HR (Minneapolis, MN: Lominger, 2004), 492.

17. A. G. Lafley, "I Think of Failure as a Gift," *Harvard Business Review*, April 2011, 89.

18. J. K. Rowling, *Very Good Lives: The Fringe Benefits of Failure and the Importance of Imagination* (New York: Little, Brown and Company, 2015), 34.

19. G. Manso, "Experimentation and the Returns to Entrepreneurship," *Review of Financial Studies* 29, no. 9 (2016): 2319–2340.

20. P. J. Schoemaker and R. E. Cunther, "The Wisdom of Deliberate Mistakes," *Harvard Business Review*, June 2006, 108–115. *Harvard Business Review* devoted the entire April 2011 issue to a discussion of failure and its role in business, http://hbr.org/archive-toc/BR1104?conversationId=1855599.

21. C. S. Dweck, *Mindset: The New Psychology of Success* (New York: Random House, 2006), 6–7. Also see C. Dweck, "Carol Dweck Revisits the 'Growth Mindset,' " *Education Week*, September 22, 2016, http://www.edweek.org/ ew/articles/2015/09/23/carol-dweck-revisits-the-growth-mindset.html.

22. A. Bandura and R. E. Wood, "Effects of Perceived Controllability and Performance Standards on Self-Regulation of Complex Decision Making," *Journal of Personality and Social Psychology* 56 (1989): 805–814. Also see Dweck, *Mindset*.

23. A. Ericsson and R. Pool, *Peak: Secrets from the New Science of Expertise* (New York: Houghton Mifflin Harcourt, 2016).

24. 這個調查是於二〇一五年六月十八日，在田納西州納什維爾（Nashvile）第八屆領導統御挑戰論壇（the 8th Annual The Leadership Challenge Forum）上進行的。

25. A. Carmeli, D. Brueller, and J. E. Dutton, "Learning Behaviours in the Workplace: The Role of High-Quality Interpersonal Relationships and Psychological Safety," *Systems Research and Behavioral Science Systems Research* 26 (2009): 81–98.

26. 援引自 A. Bryant, "Make Sure the Compass Points True North," *New York Times*, October 27, 2013, Business Section, 2.

27. R. Friedman, *The Best Place to Work: The Art and Science of Creating an Extraordinary Workplace* (New York: Penguin, 2014).

28. A. Edmondson, "Learning from Mistakes is Easier Said Than Done: Group and Organizational Influences on the Detection and Correction of Human Error," *Journal of Applied Behavioral Science* 32 no. 1 (1996): 5–28. Also see A. Edmondson and S. S. Reynolds, *Building the Future: Big Teaming for Audacious Innovation* (Oakland, CA: Berrett-Koehler, 2016)

29. *Aon Hewitt Top Companies for Leaders: Research Highlights* 2015 (n.d.). Retrieved from http://www.aon.com/human-capital-consulting/thoughtleadership/leadership/aon-hewitt-top-companies-for-leaders-study-background-research-initiatives.jsp.

30. M. J. Guber, B. D. Gelman, and C. Ranganath, "States of Curiosity Modulate Hippocampus-Dependent Learning via the Dopaminergic Circuit," *Neuron* 84, no. 2 (2014): 486–496.

31. B. Grazer and C. Fishman, *A Curious Mind: The Secret to a Bigger Life* (New York: Simon & Schuster, 2015), xii.

32. Grazer and Fishman, *Curious Mind*, 260.

33. M. Warrell, Stop Playing Safe (Melbourne: John Wiley & Sons, 2013), 232.

34. 雖然這個例子來自於我們的訪談內容，但你還是可以從以下著作了解更多的看法 P. Williams with J. Denney, *Leadership Excellence: The Seven Sides of Leadership for the 21st Century* (Uhrichsville, OH: Barbour Books, 2012).

35. A. L. Duckworth, C. Peterson, M. D. Matthews, and D. R. Kelly, "Grit: Perseverance and Passion for Long-Term Goals," *Journal of Personality and Social Psychology* 92, no. 6 (2007): 1087–1101.

36. A. Duckworth, *Grit: The Power of Passion and Perseverance* (New York: Simon & Schuster, 2016).

37. M. E. P. Seligman, "Building Resilience," *Harvard Business Review*, April 2011, 101–106 [p. 102]. For a more complete discussion of this subject, see M. E. P. Seligman, *Flourish: A Visionary New Understanding of Happiness and Well-Being* (New York: Free Press, 2011).

38. S. R. Maddi and D. M. Khoshaba, *Resilience at Work: How to Succeed No Matter What Life Throws at You* (New York: MJF Books, 2005); M. E. P. Seligman, *Learned Optimism: How to Change Your Mind and Your Life* (New York: Random House, 2006); J. D. Margolis and P. G. Stoltz, "How to Bounce Back from Adversity," *Harvard Business Review*, January–February 2010, 86–92; and A. Graham, K. Cuthbert, and K. Sloan, *Lemonade: The Leader's Guide to Resilience at Work* (n.p.: Veritae Press, 2012)

9 ▶ 促進合作

1. 不管是 cooperate 還是 collaborate，我們認為是一樣的意思，合作在字典上的定義也相當類似。在線上的 the *Merriam-Webster Unabridged* 字典裡，cooperate 的第一個定義是 "To act or work with another or others to a common end: operate jointly." (http://unabridged.merriam-webster.com/unabridged/cooperate) 至於 collaborate 的第一個定義則是 "To work jointly with others or together especially in an intellectual endeavor" (http://unabridged.merriam-webster.com/unabridged/collaborate).

2. K. T. Dirks, "Trust in Leadership and Team Performance: Evidence from NCAA Basketball," *Journal of Applied Psychology* 85, no. 6 (2000): 1004–1012; J. A. Colquitt and S. C. Salam, "Foster Trust Through Ability, Benevolence, and Integrity," in J. Locke (ed.), *Handbook of Principles of Organizational Behavior: Indispensable Knowledge for Evidence -Based Management* (2nd ed.) (Hoboken, NJ: John Wiley & Sons, 2009), 389–404; R. S. Sloyman and J. D. Ludema, "That's Not How I See It: How Trust in the Organization, Leadership, Process, and Outcome Influence Individual Responses to Organizational Change," *Organizational Change*

and Development 18 (2010): 233–276; M. Mach, S. Dolan, and S. Tzafrir, "The Differential Effect of Team Members' Trust on Team Performance: The Mediation Role of Team Cohesion," *Journal of Occupational and Organizational Psychology* 83, no. 3 (2010): 771–794; R. F. Hurley, *The Decision to Trust: How Leaders Create High-Trust Organizations* (San Francisco: Jossey-Bass, 2012); and S. Brown, D. Gray, J. McHardy, and K. Taylor, "Employee Trust and Workplace Performance," *Journal of Economic Behavior & Organization* 116 (2015): 361–378.

3. K. M. Newman, "Why Cynicism Can Hold You Back," Greater Good, June 11, 2015, http://greatergood.berkeley.edu/article/item/why_cynicism_can_hold_you_back. Also see G. D. Grace and T. Schill, "Social Support and Coping Style Differences in Subjects High and Low in Interpersonal Trust," *Psychological Reports* 59 (1986): 584–586; M. B. Gurtman, "Trust, Distrust, and Interpersonal Problems: A Circumplex Analysis," *Journal of Personality and Social Psychology* 62 (1992): 989–1002; and O. Stavrova and D. Ehlebracht, "Cynical Beliefs About Human Nature and Income: Longitudinal and Cross-Cultural Analyses," *Journal of Personality and Social Psychology* 110, no. 1 (2016): 116–132.

4. B. A. De-Jong, K. T. Dirks, and N. Gillespie, "Trust and Team Performance: A Meta-analysis of Main Effects, Moderators, and Covariates," *Journal of Applied Psychology* 101, no. 8 (2016): 1134–1150.

5. K. Twaronite, "A Global Survey on the Ambiguous State of Employee Trust," *Harvard Business Review*, July 22, 2016.

6. A. Atkins, *Building Workplace Trust* (Boston and San Francisco: Interaction Associates, 2014) and O. Faleye and E. A. Trahan, "Labor-Friendly Corporate Practices: Is What Is Good for Employees Good for Stakeholders?" *Journal of Business Ethics* 101, no. 1 (2011): 1–27.

7. B. B. Kimmel, "Leaders Wake Up! Trust Is a Hard Asset," June 6, 2016, http://www.trustacrossamerica.com/blog/?cat=400; B. B. Kimmel, "The State of Trust in Corporate America: 2016 Report," http://www .trustacrossamerica.com/blog/?p=3282.

8. L. P. Willcocks and S. Cullen, *The Power of Relationships: The Outsourcing Enterprise*, 2. Logica in association with the London School of Economics, London, UK. https://www.researchgate.net/publication/270573256_The_ Outsourcing_ Enterprise_The_Power_of_Relationships.

9. M. Burchell and J. Robin, *No Excuses: How You Can Turn Any Workplace into a Great One* (San Francisco: Jossey-Bass, 2013), 5.

10. Edelman, 2017 Edelman Trust Barometer: Global Report, http://www .edelman. com/trust2017/.

11. W. R. Boss, "Trust and Managerial Problem Solving Revisited," *Group & Organization Studies* 3, no. 3 (1978): 331–342.

12. Boss, "Trust and Managerial Problem Solving Revisited," 338.

13. K. Thomas, "Get It On! What It Means to Lead the Way" (keynote presentation at the 9th Annual The Leadership Challenge Forum, Nashville, TN, June 16, 2016).

14. P. Zak, *Trust Factor: The Science of Creating High-Performance Organizations* (New York: AMACOM, 2017); F. Fukuyama, *Trust: The Social Virtues and the Creation of Prosperity* (New York: Free Press, 1996); and Y. Benkler, "The Unselfish Gene," *Harvard Business Review*, July– August 2011, 77–85.

15. P. S. Shockley-Zalabak, S. Morreale, and M. Hackman, *Building the High-Trust Organization: Strategies for Supporting Five Key Dimensions of Trust* (San Francisco: Jossey-Bass, 2010).

16. J. Zenger and J. Folkman, "What Great Listeners Actually Do," *Harvard Business Review*, July 14, 2016.

17. 同上。

18. 感恩 Kelly Ann McKnight 分享此案例。

19. M. Mortensen and T. Neeley, "Reflected Knowledge and Trust in Global Collaboration," *Management Science* 58, no. 12 (December 2012): 2207– 2224; E. J. Wilson III, "Empathy Is Still Lacking in the Leaders Who Need It Most," *Harvard Business Review,* September 21, 2015, https://hbr .org/2015/09/empathy-is-still-lacking-in-the-leaders-who-need-it-most; and S. Sinek, *Leaders Eat Last: Why Some Teams Pull Together and Others Don't* (New York: Penguin, 2014).

20. 此處援引自 G. Colvin, *Humans Are Underrated: What High Achievers Know That Machines Never Will* (New York: Portfolio/Penguin, 2015), 73.

21. R. S. Wellins and E. Sinar, "The Hard Science Behind Soft Skills," *Chief Learning Officer*, May 2016; W. A. Gentry, T. J. Weber, and G. Sadri, *Empathy in the Workplace: A Tool for Effective Leadership* (Greensboro, NC: Center for Creative Leadership, 2007), http://insights.ccl.org/wp-content/uploads/2015/04/EmpathyInTheWorkplace.pdf; and G. Whitelaw, *The Zen Leader: 10 Ways to Go from Barely Managing to Leading Fearlessly* (Pompton Plains, NJ: Career Press, 2012).

22. R. Krznaric, *Empathy: Why It Matters, and How to Get It*(New York: Perigee Random House, 2015).

23. T. Rath, *Vital Friends: The People You Can't Afford to Live Without* (New York: Gallup Press, 2006).

24. D. E. Zand, "Trust and Managerial Problem Solving," *Administrative Science Quarterly* 117, no. 2 (1972), and J. W. Driscoll, "Trust and Participation in Organizational Decision Making as Predictors of Satisfaction," *Academy of Management Journal* 21, no. 1 (1978): 44–56.

25. P. Lee, N. Gillespie, L. Mann, and A. Wearing, "Leadership and Trust: Their Effect on Knowledge Sharing and Team Performance," *Management Learning* 41, no. 4 (2010): 473–491.

26. C. A. O'Reilly and K. H. Roberts, "Information Filtration in Organizations: Three Experiments," *Organizational Behavior and Human Performance* 11 (1974);

P. J. Sweeney, "Do Soldiers Reevaluate Trust in Their Leaders Prior to Combat Operations?," *Military Psychology* 22, suppl 1 (2010): S70–S88; and O. Özer, Y. Zheng, and Y. Ren, "Trust, Trustworthiness, and Information Sharing in Supply Chains Bridging China and the United States," *Management Science* 60, no. 10 (2014): 2435–2460.

27. R. Axelrod, *The Evolution of Cooperation: Revised Edition* (New York: Basic Books, 2006).

28. 同上 , 20, 190.

29. R. B. Cialdini, "Harnessing the Science of Persuasion," *Harvard Business Review*, October 2001, 72–79; J. K. Butler Jr., "Behaviors, Trust, and Goal Achievement in a Win-Win Negotiating Role Play," *Group & Organization Management* 20, no. 4 (1995): 486–501; R. B. *Cialdini, Influence: Science and Practice*, 5th ed. (Boston: Pearson/Allyn & Bacon, 2009), 19–51; and A. *Grant, Give and Take: Why Helping Others Drives Our Success* (New York: Penguin Group 2013).

30. R. Putnam, *Bowling Alone: The Collapse and Revival of American Community* (New York: Touchstone by Simon & Schuster, 2001), 134.

31. H. Ibarra and Mt. T. Hansen, "Are You a Collaborative Leader?" *Harvard Business Review*, July–August 2011, 69–74; "Secrets of Greatness: Teamwork!" *Fortune*, June 12, 2006, 64–152; A. M. Brandenburger and B. J. Nalebuff, *Co-Opetition: A Revolution Mindset That Combines Competition and Cooperation: The Game Theory Strategy That's Changing the Game of Business* (New York: Currency, 1997); P. Hallinger and R. H. Heck, "Leadership for Learning: Does Collaborative Leadership Make a Difference in School Improvement?" *Educational Management Administration & Leadership* 38, no. 6 (2010): 654–678; W. C. Kim and R. Mauborgne, *Blue Ocean Strategy, Expanded Edition: How to Create Uncontested Market Space and Make the Competition Irrelevant* (Boston: Harvard Business School Publishing, 2015); and D. Tjosvold and M. M. Tjosvold, *Building the Team Organization: How to Open Minds, Resolve Conflict, and Ensure Cooperation* (New York: Palgrave Macmillan 2015).

32. 感恩 Michael Janis 和 Andrea Berardo 分享此案例。

33. A. Grant, Give and Take.

34. M. D. Johnson, J. R. Hollenbeck, S. E. Humphrey, D. R. Ilgen, D. Jundt, and C. J. Meyer, "Cutthroat Cooperation: Asymmetrical Adaptation to Changes in Team Reward Structures," *Academy of Management Journal* 49, no. 1 (2006): 103–119.

35. M. Mortesen and T. Neeley, "Reflected Knowledge" and A. Van de Ven, A. L. Delbecq, and R. J. Koenig, "Determinants of Coordination Modes Within Organizations," *American Sociological Review* 41, no. 2 (1976): 322–338.

36. D. Cohen and L. Prusak, *In Good Company: How Social Capital Makes Organizations Work* (Boston: Harvard Business School Press, 2001), 20; and B. J. Jones, *Social Capital in America: Counting Buried Treasure* (New York: Routledge, 2011).

37. D. Brooks, *The Social Animal: Hidden Sources of Love, Character, and Achievement* (New York: Random House, 2011).

10 ▸ 強化他人的分量

1. R. M. Kanter, *The Change Masters: Innovation for Productivity in the American Corporation* (New York: Simon & Schuster, 1983); R. B. Cialdini, *Influence: The Psychology of Persuasion*, rev. ed. (New York: William Morrow, 2006); and J. A. Simpson, A. K. Farrell, M. M. Orina, and A. J. Rothman, "Power and Social Influence in Relationships," in M. Mikulincer and P. R. Shaver (eds.), *APA Handbook of Personality and Social Psychology: Volume 3 Interpersonal Relations* (Washington, DC: American Psychological Association, 2015), 393–420.

2. A. Bandura, *Self-Efficacy: The Exercise of Control* (New York: Freeman, 1997); C. M. Shea and J. M. Howell, "Charismatic Leadership and Task Feedback: A Laboratory Study of Their Effects on Self-Efficacy and Task Performance," *Leadership Quarterly* 10, no. 3 (1999): 375–396; M. J. McCormick, J. Tanguma, and A. S. Lopez-Forment, "Extending Self-Efficacy Theory to Leadership: A Review and Empirical Test," *Journal of Leadership Education* 1, no. 2 (2002): 34–49; D. L. Feltz, S. F. Short, and P. J. Sullivan, *Self-Efficacy in Sport* (Champaign, IL: Human Kinetics, 2007); J. Hagel and J. S. Brown, "Do You Have a Growth Mindset?" *Harvard Business School Blog,* November 23, 2010, http://blogs. hbr .org/bigshift/2010/11/do-you-have-a-growth-mindset.html; F. C. Lunenburg, "Self-Efficacy in the Workplace: Implications for Motivation and Performance," *International Journal of Management, Business, and Administration* 14, no. 1 (2011): 1–6; and J. E. Maddux, "Self-Efficacy: The Power of Believing You Can," in S. J. Lopez, and C. B. Synder (eds.), *The Oxford Handbook of Positive Psychology*, 2nd ed. (New York: Oxford University Press, 2011), 335–344.

3. M. R. Delgado, "Reward-Related Responses in the Human Striatum," *Annals of the New York Academy of Science* 1104 (2007): 70–88; D. S. Fareri, L. N. Martin, and M. R. Delgado, "Reward-Related Processing in the Human Brain: Developmental Considerations," *Development & Psychopathology* 20, no. 4 (2008): 1191–1211; M. R. Delgado, M. M. Carson, and E. A. Phelps, "Regulating the Expectation of Reward," *Nature Neuroscience* 11, no. 8 (2008): 880–881; M. R. Delgado and J. G. Dilmore, "Social and Emotional Influences on Decision-Making and the Brian," *Minnesota Journal of Law, Science & Technology* 9, no. 2 (2008): 899–912; and B. W. Balleine, M. R. Delgado, and O. Hikosaka, "The Role of Dorsal Striatum in Reward and Decision-Making, *Journal of Neuroscience* 27 (2007): 8159–8160.

4. 感恩 Nicole Matouk 分享此案例。

5. A. Wrzeniewski, and J. Dutton, "Crafting a Job: Revisioning Employees as Active Crafters of Their Work," *Academy of Management Review* 26, no. 2 (2001): 179–201; and M. S. Christian, A. S. Garza, and J. E. Slaugher, "Work Engagement:

A Quantitative Review and Test of Its Relations with Task and Conceptual Performance," *Personnel Psychology* 64 (2011): 89–136.

6. D. Coviello, A. Guglielmo, and G. Spagnolo, "The Effect of Discretion on Procurement Performance," *Management Science* (2017), available online at http://pubsonline.informs.org/doi/abs/10.1287/mnsc.2016.2628.

7. M. G. Mayhew, N. M. Ashkanasay, T. Bramble, and J. Gardner, "A Study of the Antecedents and Consequences of Psychological Ownership in Organizational Settings," *The Journal of Social Psychology* 147, no. 5 (2007): 477–500; H. Peng and J. Pierce, "Job- and Organization-Based Psychological Ownership: Relationship and Outcomes," *Journal of Managerial Psychology* 30, no. 2 (2015): 151–168; and R. B. Bullock, "The Development of Job-Based Psychological Ownership," (unpublished doctoral dissertation, Seattle Pacific University, 2015).

8. 進化心理學證明在生態系統裡，合作可以協助物種生存下去而不是逐漸滅絕，群體終究會根除掉不良或無效的行為，請參考 R. Wright, *The Moral Animal: Why We Are the Way We Are: The New Science of Evolutionary Psychology* (New York: Vintage, 1995) and A. Fields, *Altruistically Inclined? The Behavioral Sciences, Evolutionary Theory, and the Origins of Reciprocity* (Ann Arbor, MI: University of Michigan Press, 2004).

9. M. Csikszentmilhalyi, *Finding Flow: The Psychology of Engagement with Everyday Life* (New York: Basic Books, 1997), 30; also see M. Csikszentmihalyi, *Finding Flow: The Power of Optimal Experience* (New York: HarperCollins, 2008).

10. M. Burchell and J. Robin, *The Great Workplace: How to Build It, How to Keep It, and Why It Matters* (San Francisco: Jossey-Bass, 2011), 66.

11. L. J. Bassi and M. E. Van Buren, "The 1998 ASTD State of the Industry Report," *Training & Development*, January 1998: 21+; B. Sugrue and R. J. Rivera, *2005 State of the Industry Report* (Alexandria, VA: ASTD Press, 2005); and E. Rizkalla, "Not Investing in Employee Training Is Risky Business," *The Huffington Post*, August 30, 2014, http://www.huffingtonpost.com/emad-rizkalla/not-investing-in -employee_b_5545222.html.

12. "Employee Training Is Worth the Investment," May 11, 2016, https://www.go2hr.ca/articles/employee-training-worth-investment.

13. N. Merchant, *The New How: Creating Business Solutions Through Collaborative Strategy* (San Francisco: O'Reilly Media, 2010), 63.

14. A. Bryant, *The Corner Office: Indispensable and Unexpected Lessons from CEOs on How to Lead and Succeed* (New York: Times Books, 2011).

15. 感恩 Beth High 分享此案例。

16. R. E. Wood and A. Bandura, "Impact of Conceptions of Ability on Self -Regulatory Mechanisms and Complex Decision Making," *Journal of Personality and Social Psychology* 56 (1989): 407–415.

17. A. Bandura and R. E. Wood, "Effects of Perceived Controllability and Performance

Standards on Self-Regulation of Complex Decision Making," *Journal of Personality and Social Psychology* 56 (1989): 805–814.

18. A. M. Saks, "Longitudinal Field Investigation of the Moderating and Mediating Effects of Self-Efficacy on the Relationship Between Training and Newcomer Adjustment," *Journal of Applied Psychology* 80 (1995): 211–225.

19. H. Sari, S. Ekici, F. Soyer, and E. Eskiller, "Does Self-Confidence Link to Motivation? A Study in Field Hockey Athletes," *Journal of Human Sport & Exercise* 10, no. 1 (2015): 24–35.

20. J. M. Kouzes and B. Z. Posner, *Learning Leadership: The Five Fundamentals of Becoming an Exemplary Leader* (San Francisco: The Leadership Challenge—A Wiley Brand, 2016).

21. P. Leone, "Take Your ROI to Level 6," *Training Industry Quarterly*, Spring 2008, 14–18, http://www.cedma-europe.org/newsletter%20articles/ TrainingOutsourcing/ Take%20Your%20ROI%20to%20Level%206%20 (Apr%2008).pdf.

22. M. Soden, "Leadership in the Moment—Lessons from Elite Rugby" (presentation at the 6th Annual The Leadership Challenge Forum, Scottsdale, AZ, July 26, 2013).

23. F. Colon and D. Clifford, "Measuring Enabling Others to Act: The Travelers Coaching Questionnaire" (presentation at the 8th Annual The Leadership Challenge Forum San Francisco, CA: June 18, 2015).

24. F. Hesselbein, "Bright Future," *Leader to Leader,* no. 60 (Spring 20110: 4.

11 ▶ 肯定貢獻

1. S. Madon, J. Willard, M. Guyll, and K. C. Scherr, "Self-Fulfilling Prophecies: Mechanisms, Power, and Links to Social Problems," *Social and Personality Psychology Compass* 5, no. 8 (2011): 578–590; D. Eden, "Self-Fulfilling Prophecy and the Pygmalion Effect in Management," in R. W. Griffin (ed.), *Oxford Bibliographies in Management* (New York: Oxford University Press, 2014); and D. Eden, "Self-Fulfilling Prophecy: The Pygmalion Effect," in S. G. Rogelberg (ed.), *Encyclopedia of Industrial and Organizational Psychology*, 2nd ed. (Thousand Oaks, CA: SAGE Publications, 2016), 711–712.

2. D. S. Yeager, V. Purdie-Vaughns, J. Garcia, N. Apfel, P. Brzustoski, A. Master, W. T. Hessert, M. E. Williams, and G. L. Cohen, "Breaking the Cycle of Mistrust: Wide Interventions to Provide Critical Feedback Across the Racial Divide," *Journal of Experimental Psychology* 143, no. 2 (2014): 804–824.

3. D. Whitney and A. Trosten-Bloom, *The Power of Appreciative Inquiry: A Practical Guide to Positive Change*, 2nd ed. (San Francisco: Berrett-Koehler, 2010); M. E. Seligman, *Flourish: A Visionary New Understanding of Happiness and Well-Being* (New York: Free Press, 2011); and A. Gostick and C. Elton, *All In: How the Best Managers Create a Culture of Belief and Drive Big Results* (New York: Free Press, 2012).

4. 感恩 Tom Pearce 分享此個案。

5. H. G. Halvorson, *Succeed: How We Can Reach Our Goals* (New York: Hudson Street Press, 2010).

6. 感恩 Cris Wedekind 分享此個案。

7. M. Csikszentmihalyi, *Finding Flow: The Psychology of Engagement with Everyday Life* (New York: Basic Books, 1997), 23.

8. J. E. Sawyer, W. R. Latham, R. D. Pritchard, and W. R. Bennett Jr., "Analysis of Work Group Productivity in an Applied Setting: Application of a Time Series Panel Design," *Personnel Psychology* 52 (1999): 927–967; A. Gostick and C. Elton, *Managing with Carrots: Using Recognition to Attract and Retain the Best People* (Layton, UT: Gibbs Smith, 2001); and A. Fishbach and S. R. Finkelstein, "How Feedback Influences Persistence, Disengagement, and Change in Goal Pursuit," in H. Aarts and A. J. Elliot (eds.), *Goal-Directed Behavior* (New York: Psychology Press, 2012), 203–230.

9. J. Shriar, "The State of Employee Engagement in 2016," November 1, 2016, https://www.officevibe.com/blog/employee-engagement-2016.

10. P. A. McCarty, "Effects of Feedback on the Self-Confidence of Men and Women," *Academy of Management Journal* 20 (1986): 840–847. See also Halvorson, *Succeed*, and Fishbach and Finkelstein, "How Feedback Influences."

11. K. A. Ericsson, M. J. Prietula, and E. T. Cokely, "The Making of an Expert," *Harvard Business Review*, July-August 2007, 114–121.

12. A. Grant, "Stop Serving the Feedback Sandwich," https://medium.com/@AdamMGrant/stop-serving-the-feedback-sandwich-bc1202686f4e#. fa0jxbczp.

13. K. Scott, First Round Review, "Radical Candor: The Surprising Secret to Being a Good Boss," http://firstround.com/review/radical-candor-the-surprising-secret-to-being-a-good-boss/, accessed June 13, 2016.

14. J. M. Kouzes and B. Z. Posner, *The Truth About Leadership: The No-Fads, Heart-of-the-Matter Facts You Need to Know* (San Francisco: Jossey-Bass, 2010), especially Truth Nine.

15. G. Colvin, "Great Job! Or How YUM Brands Uses Recognition to Build Teams and Get Results," *Fortune*, August 12, 2013, 62–66.

16. D. Conant, "This 1 Thing Is the Key to Leadership Success," August 4, 2016, www.linkedin.com/pulse/1-thing-key-leadership-success-douglasconant.

17. J. M. Kouzes and B. Z. Posner, *A Leader's Legacy* (San Francisco: Jossey-Bass, 2006), especially Chapter 7, "Leaders Should Want to Be Liked," 56–61.

18. J. A. Ross, "Does Friendship Improve Job Performance?" *Harvard Business Review*, March–April 1977, 8–9; K. A. Jehn and P. P. Shah, "Interpersonal Relationships and Task Performance: An Examination of Mediating Processes in Friendship and Acquaintance Groups," *Journal of Personality and Social Psychology* 72, no. 4 (1997): 775–790; and, D. H. Francis and W. R. Sandberg, "Friendship within

Entrepreneurial Teams and Its Association with Team and Venture Performance," *Entrepreneurship: Theory and Practice* 25, no. 2 (Winter 2000): 5–15.

19. T. Rath, *Vital Friends: The People You Cannot Afford to Live Without* (New York: Gallup Press, 2006).

20. 感恩 Steve Coats 分享此個案。

21. J. Pfeffer and R. I. Sutton, *Hard Facts, Dangerous Half-Truths, and Total Nonsense: Profiting from Evidence-Based Management* (Boston: Harvard Business School Publishing, 2006).

22. E. Harvey, *180 Ways to Walk the Recognition Talk* (Dallas: Walk the Talk Company, 2000); B. Nelson, *1501 Ways to Reward Employees* (New York: Workman, 2012); L. Yerkes, *Fun Works: Creative Places Where People Love to Work* (San Francisco: Berrett-Koehler, 2007); C. Ventrice, *Make Their Day! Employee Recognition That Works*, 2nd ed. (San Francisco: Berrett-Koehler, 2009); J. W. Umlas, *Grateful Leadership: Using the Power of Acknowledgment to Engage All Your People and Achieve Superior Results* (New York: McGraw -Hill, 2013); and B. Kaye and S. Jordan-Evans, *Love'em or Lose 'em: Getting Good People to Stay*, 5th ed. (San Francisco: Berrett-Koehler, 2014).

23. K. Thomas, *Intrinsic Motivation at Work: What Really Drives Employee Engagement*, 2nd ed. (San Francisco: Berrett-Koehler, 2009); A. B. Thompson, "The Intangible Things Employees Want from Employers," *Harvard Business Review*, December 3, 2015, https://hbr.org/2015/12/ the-intangible-things-employees-want-from-employers; T. Smith, "5 Things People Who Love Their Jobs Have in Common," *Fast Company*, November 3, 2015, https://www.fastcompany. com/3052985/5-things-people-who-love-their-jobs-have-in-common; and J. Stringer, "7 Common Misconceptions Employers Have About Employees," National Business Research Institute, https://www.nbrii.com/employee-survey -white-papers/7-common-misconceptions-employers-have-about-their -employees/.

24. L. K. Thaler and R. Koval, *The Power of Small: Why Little Things Make All the Difference* (New York: Broadway Books, 2009), 36–37.

25. 感恩 Michael Bunting 分享此個案。

26. J. Kaplan, *The Gratitude Diaries: How a Year Looking at the Bright Side Can Transform Your Life* (New York: Penguin Publishing Group, 2016).

27. A. M. Grant and F. Gino, "A Little Thanks Goes a Long Way: Explaining Why Gratitude Expressions Motivate Prosocial Behavior," *Journal of Personality and Social Psychology* 98, no. 6 (June 2010): 946–955.

28. *The ROI of Effective Recognition*, O. C. Tanner Institute, 2014, www.octanner. com/content/dam/oc-tanner/documents/white-papers/O.C.-Tanner_Effective-Recognition-White-Paper.pdf. See also C. Chen, and Y. Chen, P. Hsu, and E. J. Podolski, "Be Nice to Your Innovators: Employee Treatment and Corporate Innovation Performance," *Journal of Corporate Finance*, June 7, 2016. Available

at SSRN: https://ssrn.com/ abstract=2461021 or http://dx.doi.org/10.2139/ ssrn.2461021.

29. M. Losada and E. Heaphy, "The Role of Positivity and Connectivity in the Performance of Business Teams: A Nonlinear Dynamics Model," *American Behavioral Scientist* 47, no. 6 (2004): 740–765. Also see T. Rath and D. O. Clifton, *How Full Is Your Bucket? Positive Strategies for Work and Life* (New York: Gallup Press, 2004), and B. Fredrickson, *Positivity: To-Notch Research Reveals the 3-to-1 Ratio That Will Change Your Life* (New York: Three Rivers Press, 2009).

30. R. A. Emmons, *Thanks! How Practicing Gratitude Makes You Happier* (New York: Houghton Mifflin Harcourt, 2008). 此外也請參考 N. Lesowitz, *Living Life as a Thank You: The Transformative Power of Daily Gratitude* (New York: Metro Books, 2009).

31. D. Novak, *O Great One! A Little Story About the Awesome Power of Recognition* (New York: Penguin, 2016), xiii.

12 ▶ 頌揚價值觀與勝利成果

1. 感恩 Cheryl Johnson 提供此案例。

2. 請參考 D. Brooks, *The Social Animal: The Hidden Sources of Love, Character, and Achievement* (New York: Random House, 2011).

3. W. Baker, *Achieving Success Through Social Capital: Tapping the Hidden Resources in Your Personal and Business Networks* (San Francisco: Jossey-Bass, 2000); R. Putnam, *Bowling Alone: The Collapse and Revival of American Community* (New York: Touchstone, 2001); and W. Bolander, C. B. Satornino, D. E. Hughes, and G. R. Ferris, "Social Networks Within Sales Organizations: Their Development and Importance for Salesperson Performance," *Journal of Marketing* 79, no. 6 (2015): 1–16.

4. Source: "List of Social Networking Websites," *Wikipedia*, http://en.wikipedia .org/ wiki/List_of_social_networking_websites.

5. K. N. Hampton, L. S. Goulet, L. Rainie, and K. Purcell, "Social Networking Sites and Our Lives," *Pew Internet & American Life Project*, June 16, 2011, http:// pewinternet.org/Reports/2011/Technology-and-social-networks. aspx.

6. T. Deal and M. K. Key, *Corporate Celebration: Play, Purpose, and Profit at Work* (San Francisco: Berrett-Koehler, 1998), 5.

7. 感恩 Alex Jukl 分享此案例。

8. 被 D. Novak, "What I've Learned After 20 Years on the Job," May 20, 2016, http:// www.cnbc.com/2016/05/20/yum-chair-what-ive-learned-after-20-years-on-the-job-commentary.html. 引用過。

9. D. Campbell, *If I'm in Charge Here, Why Is Everybody Laughing?* (Greensboro, NC: Center for Creative Leadership, 1984), 64.

10. C. von Scheve and M. Salmela, *Collective Emotions: Perspectives from Psychology,*

Philosophy, and Sociology (Oxford, UK: Oxford University Press, 2014).

11. A. Olsson and E. A. Phelps, "Social Learning of Fear," *Nature Neuroscience* 10, no. 9 (2007): 1095–1102.

12. J. S. Mulbert, "Social Networks, Social Circles, and Job Satisfaction," *Work & Occupations* 18, no. 4 (1991): 415–430; K. J. Fenlason and T. A. Beehr, "Social Support and Occupational Stress: Effects of Talking to Others," *Journal of Organizational Behavior* 15, no. 2 (1994): 157–175; H. A. Tindle, Y. Chang, L. H. Kuller, J. E. Manson, J. G. Robinson, M. C. Rosal, G. J. Siegle, and K. A. Matthews, "Optimism, Cynical Hostility, and Incident Coronary Heart Disease and Mortality in the Women's Health Initiative," *Circulation* 120, no. 8 (2009): 656–662; and, V. Dagenais-Desmarais, J. Forest, S. Girouard, and L. Crevier-Braud, "The Importance of NeedSupportive Relationships for Motivation and Psychological Health at Work," in N. Weinstein (ed.), *Human Motivation and Interpersonal Relationships: Theory, Research, and Applications* (New York: Springer Science+Business Media, 2014), 263–297.

13. R. Friedman, T*he Best Place to Work: The Art and Science of Creating an Extraordinary Workplace* (New York: Penguin Random House, 2014).

14. Gallup, S*tate of the American Workplace* 2014, www.gallup.com/ services/178514/ state-american-workplace.aspx.

15. O. Stavrova and D. Ehlebracht, "Cynical Beliefs About Human Nature and Income: Longitudinal and Cross-Cultural Analyses," *Journal of Personality and Social Psychology* 110, no. 1: 116–132.

16. J. Holt-Lunstad, T. B. Smith, M. Baker, T. Harris, and D. Stephenson, "Loneliness and Social Isolation as Risk Factors for Mortality: A Meta-Analytic Review," *Perspectives on Psychological Science* 10, no. 2 (March 2015): 227–237.

17. S. Achor, *The Happiness Advantage: The Seven Principles of Positive Psychology that Fuel Success and Performance at Work* (New York: Crown, 2010).

18. J. Holt-Lunstad, T. B. Smith, and J. B. Layton, "Social Relationships and Mortality Risk: A Meta-Analytic Review," *PLoS Medicine* 7, no. 7 (2010), and D. Umberson and J. K. Montez, "Social Relationships and Health: A Flashpoint for Health Policy," *Journal of Health and Social Behavior* 51, no. 1 (2010 suppl): S54–S66.

19. R. D. Cotton, Y. Shen, and R. Livne-Tarandach, "On Becoming Extraordinary: The Content and Structure of the Developmental Networks of Major League Baseball Hall of Famers," *Academy of Management Journal* 54, no. 1 (2011): 15–46.

20. T. Rath, *Vital Friends: The People You Can't Afford to Live Without* (New York: Gallup Press, 2006), 52. See also T. Rath and J. Harter, *Well Being: The Five Essential Elements* (New York: Gallup Press, 2010) and R. Wagner and J. K. Harter, *12: The Elements of Great Managing* (New York: Simon & Schuster, 2006).

21. Rath, *Vital Friends*, 51.

22. R. F. Baumeister and M. R. Leary, "The Need to Belong: Desire for Interpersonal

Attachment as a Fundamental Human Motivation," *Psychological Bulletin* 117 (1995): 497–529; D. G. Myers, "The Funds, Friends, and Faith of Happy People," *American Psychologist* 55, no. 1 (2000): 56–67; S. Crabtree, "Getting Personal in the Workplace: Are Negative Relationships Squelching Productivity in Your Company?" *Gallup Management Journal*, June 10, 2004, http://www.gallup.com/businessjournal/11956/getting-personal-workplace.aspx; J. Baek-Kyoo and S. Park, "Career Satisfaction, Organizational Commitment, and Turnover Intention," *Leadership & Organization Development Journal*, 31 (2010), 482–500; and, O. Zeynep, "Managing Emotions in the Workplace: Its Mediating Effect on the Relationship Between Organizational Trust and Occupational Stress, *International Business Research* 6 (2013): 81–88.

23. M. Csikszentmihalyi, *Finding Flow: The Psychology of Engagement with Everyday Life* (New York: Basic Books, 1998); D. Gilbert, *Stumbling on Happiness* (New York: Knopf, 2006); Rath, *Vital Friends*; and S. Achor, *Happiness Advantage: The Seven Principles that Fuel Success and Performance at Work* (New York: Crown Business, 2010).

24. A. Gostick and S. Christopher, *The Levity Effect: Why It Pays to Lighten Up* (Hoboken, NJ: John Wiley & Sons, 2008).

25. R. Provine, *Laughter: A Scientific Investigation* (New York: Penguin, 2001).

26. 感恩 Michael Bunting 分享此案例。

27. C. L. Porath, A. Gerbasi, and S. L. Schorch, "The Effects of Civility on Advice, Leadership, and Performance," *Journal of Applied Psychology* 100, no. 5 (2015); also see C. L. Porath and A. Gerbasi, "Does Civility Pay?" *Organizational Dynamics* 44 (2015): 281–286.

28. D. Keltner, "Managing Yourself: Don't Let Power Corrupt You," *Harvard Business Review*, October 2016.

29. G. Klein, *The Power of Intuition: How to Use Your Gut Feelings to Make Better Decisions at Work* (New York: Crown Business, 2004), and G. Klein, *Seeing What Others Don't: The Remarkable Ways We Gain Insights* (New York: Penguin, 2013).

30. D. Westen, *The Political Brain: The Role of Emotion in Deciding the Fate of the Nation* (New York: Public Affairs, 2008), 28.

31. Deal and Key, *Corporate Celebration*, 28.

13 ▸ 領導統御人人有責

1. 非營利組織公共聯盟（Public Allies）曾於一九九八年，針對十八歲到二十三歲的受訪者做過這種調查。我們改造了這個研究調查，過去二十年來在年齡層更廣的受訪者身上進行調查。

2. J. Harter and A. Adkins, "What Great Managers Do to Engage Employees," *Harvard Business Review*, April 2015.

3. B. Z. Posner, "A Longitudinal Study Examining Changes in Students' Leadership

Behavior," *Journal of College Student Development*, 50, no. 5 (2009): 551–563.

4. 欲深入討論如何學習領導，請參考 J. M. Kouzes and B. Z. Posner, *Learning Leadership: The Five Fundamentals of Becoming an Exemplary Leader* (San Francisco: The Leadership Challenge—A Wiley Brand, 2016).

5. K. A. Ericsson, "The Influence of Experience and Deliberate Practice on the Development of Superior Expert Performance," in K. A. Ericsson, N. Charness, P. J. Feltovich, and R. R. Hoffman (eds.), *The Cambridge Handbook of Expertise and Expert Performance* (New York: Cambridge University Press, 2006), 699.

6. Ericsson (2006) first published this research and Malcolm Gladwell popularized the 10,000 hours rule (M. Gladwell, *Outliers: The Story of Success* [New York: Little Brown, 2008]). See also G. Colvin, *Talent Is Overrated: What Really Separates World-Class Performers from Everybody Else* (New York: Portfolio, 2008).

7. J. Collins, *Good to Great: Why Some Companies Make the Leap . . . and Others Don't* (New York: HarperBusiness, 2001), 17–40; A. L. Delbecq, "The Spiritual Challenges of Power: Humility and Love as Offsets to Leadership Hubris," *Journal of Management, Spirituality & Religion* 3, no. 1–2 (2006): 141–154; F. Kofman, *Conscious Business: How to Build Value Through Values* (Boulder, CO: Sounds True, 2006); H. M. Kraemer, *From Values to Action: The Four Principles of Value-Based Leadership* (San Francisco: Jossey-Bass, 2011), 59–76; B. P. Owens and D. R. Hackman, "How Does Leader Humility Influence Team Performance? Exploring the Mechanisms of Contagion and Collective Promotion Focus," *Academy of Management Journal* 59, no. 3 (2016): 1088–1111; A. Y. Ou, D. A. Waldman, and S. J. Peterson, "Do Humble CEOs Matter? An Examination of CEO Humility and Firm Outcomes," *Journal of Management* 42 (2015); and A. Y. Ou, A. S. Tsui, A. J. Kinicki, D. A. Waldman, Z. Xiao, and L. J. Song, "Humble Chief Executive Officers Connections to Top Management Team Integration and Middle Managers' Responses," *Administrative Science Quarterly* 59, no. 1 (2014): 34–72.

8. J. M. Kouzes and B. Z. Posner, *A Leader's Legacy* (San Francisco: Jossey-Bass, 2006).

9. G. Di Stefano, F. Gino, G. P. Pisano, and B. R. Staats, "Making Experience Count: The Role of Reflection in Individual Learning," June 14, 2016, *Harvard Business School NOM Unit Working Paper* No. 14-093; Harvard Business School Technology and Operations Management Unit Working Paper No. 14-093; HEC Paris Research Paper No. SPE-2016–1181. Available at SSRN: http://www.hbs.edu/faculty/ Publication%20Files/14-093_defe8327-eeb6-40c3-aafe-26194181cfd2. pdf, and E. J. McNulty, "Ritual Questions Help Inform Effective Leaders," *Strategy+Business*, August 22, 2016, http://www.strategy-business.com /blog/Ritual-Questions-Help-Inform-Effective-Leaders?gko=6c369.

謝辭

　　你不可能孤軍奮鬥。沒有別人的付出、貢獻和支持，成就不了任何大事。這是我們第一天探索模範領導就學會的課題，也是我們每出一個新的版本就又重新學到的課題。而這個課題除了適用於領導統御，也適用於寫作。雖然書封上出現的是我們兩個人的名字，但若是少了大家的技術專長、專業整合、中肯建議、無條件的支持、熱情的付出和慷慨的鼓勵，這本書根本無法出版。

　　我們摯愛的家人是寫書時最忠實的夥伴。他們陪我們度過心情的高潮與低谷，熬過午夜漫長的筆耕與迫在眉睫的截止期限，一起挫折也一起狂喜。他們始終是我們的捍衛者、啦啦隊、教練和導師。若是沒有他們，我們絕對辦不到。對Tae Kouze、Jackie Schmidt-Posner，還有Nick Lopez, Amanda Posner以及Darryl Collins，我們永遠感謝你們。我們愛你們。

　　我們也感謝研究調查裡的所有共事者 —— 包括那些參與我們課程、工作坊和研討會的學員，協助我們完成調查的人，以及好心與我們分享個案研究的人。他們都是這本書的核心與靈魂，他們的故事和實例將各種數字和實務要領化為現實。他們的人數超過百位以上，內文和注解都會提到他們的名字。

　　我們很感激John Wiley & Sons出版團隊的專業與全力以赴。他們的不斷挑戰使我們超越極限，做到原本做不到的事，處理新的議題和

面對新的讀者。我們尤其想要謝謝我們的策畫編輯 Leslie Stephen，是她讓我們的作品有了清楚的焦點，她挑戰我們的思維，在我們陷於僵局時，主動幫我們打破桎梏。她的高超技藝和專業素養無人能出其右。我們在 Wiley 出版社的編輯 Jeanenne Ray、副總編 Shannon Vargo，以及編輯助理 Heather Brosius 都功不可沒，在他們的引導下，這本書才能從概念一路走到生產製造。他們的建言和忠告給了我們很大的幫助，讓我們得以兼顧讀者的各種需求和顧慮。謝謝資深製作經理 Garly Hounsome 和資深製作編輯 Dawn Kilgoret，以高超的製作技術在過程中一路守護著這本書。但如果沒有行銷團隊，這些書只能被塞在倉庫的箱子裡不見天日，所以我們要對行銷經理 Michael Friedberg 和內容行銷經理 Laura Goldsberry 大聲致謝，謝謝他們的創意、熱忱和專注。我們也要特別感謝 Wiley 出版社職場學習解決方案（Workplace Learning Solutions）的團隊（領導挑戰總監 William Hull、品牌經理 Marisa Kelley、銷售協調員 Mandy Johnson 和平台專員 Josh Carter），謝謝他們始終的支持，也謝謝他們讓職場故事和數據資料放進這本書中。

　　我們非常感謝全球各地數百萬名的讀者，謝謝他們閱讀我們的書和使用我們的工具。我們幾乎每個禮拜都會聽到人們說他們如何運用這些點子 —— 不只運用在自己的工作職場上，也在家裡活用，並跟他們的家人、社群和會眾一起使用。你們給了我們理由和勇氣，讓我們能繼續盡一己之力，釋放出每一個人身上的領導魂，是你們讓非常成就變得可能。

關於作者

　　詹姆士・庫塞基（Jim M. Kouzes）和貝瑞・波斯納（Barry Z. Posner）合作超過三十年，他們一起研究領導統御、調查領導統御、開辦領導統御發展研討會，也以各種身分擔任領導者。《模範領導》全球銷量已超過兩千五百萬冊，有二十二種語言譯本，也贏得許多獎項，包括美國書評編輯選出的評論家選書獎（Critics' Choice Award）、詹姆斯・漢彌頓醫院行政管理人員年度最佳書籍獎（the James A. Hamilton Hospital Administrators' Book of the Year Award），商業雜誌《高速企業》將它列為年度最佳商業書籍（Best Business Book of the Year），並持續名列在史上百大最佳商業書籍（The 100 Best Business Books of All Time）裡。

　　詹姆士和貝瑞多年來共同合著了十幾本得獎的領導類書籍，包括《Learning Leadership: The Five Fundamentals of Becoming an Exemplary Leader》、《The Truth About Leardership: The No-Fads, Heart-of-the-Matter Facts You Need to Know》、《Credibility: How Leaders Gain and Lose It, Why People Demand It》、《Encouraging the Heart: A Leader's Guide to Rewarding and Recognizing Others》、《A Leader's Legacy》、《The Student Leadership Challenge》、《Extraordinary Leadership in Australia and New Zealand: The Five Practices That Create

Great Workplace》（與麥可・邦廷〔Michael Bunting〕合著），以及《Making Extraordinary Things Happen in Asia: Applying The Five Practices of Exemplary Leadership》。

　　他們也開發出受到高度讚譽的「領導統御實務要領量表」（Leadership Practices Inventory®，簡稱LPI），它是一種可用來評估領導行為的全方位問卷，也是當今最被廣為運用的領導評估工具之一。目前也有「學生版LPI」（The Student LPI）。有超過八百多篇的研究調查、博士論文和學術報告，都使用他們的模範領導五大實務要領架構。

　　人才發展協會（The Association for Talent Development）的最高獎項職場學習表現傑出貢獻獎（Distinguished Contribution to Workplace Learning and Performance），詹姆士和貝瑞曾獲此殊榮。除此之外，他們也被國際管理協會（International Management Council）名列為年度管理/領導教育家（Management/Leadership Educators of the Year）；被《領導卓越》（*Leadership Excellence*）雜誌名列在百大思想領導家（Top 100 Thought Leaders）的前二十名之列；（根據《領導教練》〔*Coaching for Leadership*〕報導）也被列名為全美排名前五十的頂尖教練；全美信任組織（Trust Across America）將他們列為企業行為最受信任百大思想家（Top 100 Thought Leaders in Trustworthy Business Behavior）；被《HR》雜誌列為最具影響力的國際思想家之一（Most Influential International Thinkers）；被《Inc.》雜誌列名在「改變領導方式的前五十位領導創新者」（Today's Top 50 Leadership Innovators Changing How We Lead）的名單裡；更是全球排名前三十的領導大師（Global Gurus Top 30 Leadership Gurus）。

詹姆士和貝瑞是演說常客，各自為全球各地的企業及目的性組織，開辦過無以數計的領導開發課程，其中包括：亞伯達省衛生服務處（Alberta Health Services）、蘋果電腦公司（Apple）、應用材料公司（Applied Material）、澳洲管理學會（Australia Institute of Management）、澳洲郵政（Australia Post）、貝恩資本投資公司（Bain Capital）、美國銀行（Bank of America）、博士公司（Bose）、嘉信理財集團（Charles Schwab）、雪弗龍公司（Chevron）、思科系統（Cisco Systems）、高樂氏生活用品公司（Clorox）、非營利組織加拿大諮商會（Conference Board of Canada）、消費者能源公司（Consumers Energy）、陶氏化學公司（Dow Chemical）、美商藝電公司（Electronic Arts）、聯邦快遞（FedEx）、基因泰克公司（Genentech）、谷歌（Google）、健寶園（Gymboree）、惠普公司（HP）、IBM、嬌生公司（Johnson and Johnson）、凱澤家族基金會健康計畫和醫療院所（Kaiser Foundation Health Plans and Hospitals）、韓國管理學會（Korean Management Association）、英特爾公司（Intel）、里昂比恩零售公司（L.L. Bean）、勞倫斯利弗摩國家實驗室（Lawrence Livermore National Labs）、洛克希德馬丁航太製造公司（Lockheed Martin）、露西爾帕克德兒童醫院（Lucile Packard Children's Hospital）、默克公司（Merck）、孟山都製藥化工公司（Monsanto）、網路器械公司（NetApp）、全美互助保險公司（Nationwide Insurance）、諾格軍工生產商（Northrop Grumman）、諾華生技製藥公司（Novartis）、輝達半導體公司（Nvidia）、甲骨文科技軟體公司（Oracle）、PayPal第三方支付服務商、馬來西亞國家石油公司（Petronas）、皮克斯動畫工作室（Pixar）、羅氏

生科公司（Roche Bioscience）、澳洲電信（Telstra）、西門子公司
（Siemens）、史密森尼學會（Smithsonian）、聖裘德兒童研究醫院
（St. Jude Children's Research Hospital）、德克薩斯醫療中心（Texas
Medical Center）、3M公司、美國教師退休基金會（TIAA-CREF）、
日本豐田汽車公司（Toyota）、美國聯合勸募公益組織（United
Way）、奧蘭多環球影城度假村（Universal Orlando）、聯合服務汽
車協會（USAA）、威訊無線行動網路公司（Verizon）、威世卡公司
（Visa）、渥達豐跨國電信公司（Vodafone）、華特迪士尼公司（Walt
Disney Company）、西部礦業資源公司（Western Mining Corporation）
和西太平洋銀行（Westpac）。他們曾在七十多所大專院校演說。

＊　　＊　　＊

詹姆士・庫塞基是聖塔克拉拉大學李維商學院院長的執行研究
員，在全球各地以領導統御為題發表演說。他是一位在領導統御領域
被受尊重的學者，也是經驗豐富的領導高層。《華爾街日報》將他列
名為美國十二位最佳教育主管之一。二〇一〇年，詹姆士得到教學
系統協會（Instructional Systems Association）的思想領袖獎（Thought
Leadership Award），那是培訓產業同業公會所頒發的最崇高獎項。
他被全美信任組織列名為二〇一〇年到二〇一七年企業行為最受信任
百大思想家，也是二〇一五年終生成就獎得主之一，更於二〇一七
年被全球大師組織（Global Gurus）評選為排名前三十的領導大師。
二〇〇六年，詹姆士獲頒金槌獎（Golden Gavel），此乃國際演講協
會（Toastmasters International）的最高榮譽獎項。詹姆士從一九八八
年到二〇〇〇年，都在湯姆彼得斯公司（Tom Peters Company）擔任

總經理、執行長以及董事長。而在這之前負責聖塔克拉大學的高端人才發展中心（Executive Development Center）（一九八一年到一九八八年）。一九七二年到一九八〇年，詹姆士曾在聖荷西州立大學（San Jose State University）創辦人力服務開發聯合中心（Joint Center for Human Service Development），並曾任職德州大學（University of Texas）社工學院（School of Social Work）。他的培訓事業始於一九六九年，當時他在「向貧困宣戰」（the War on Poverty）的活動裡，為社區行動機構（Community Action Agency）的員工和志工開辦了多場研討會。他從密西根州立大學畢業後（政治科學榮譽學士學位）就擔任和平工作團（Peace Corps）的志工（一九六七年到一九六九年）。詹姆士的電子郵件是 jim@kouzes.com

貝瑞・波斯納是聖塔克拉拉大學李維商學院阿克蒂捐贈教席（Accolti Endowed）的領導統御學教授，此外也擔任該學院的院長長達十二年。他是香港科技大學（Hong Kong University of Science and Technology）、薩邦奇大學（Sabanci University）（位在土耳其的伊斯坦堡）和西澳大學（University of Western Australia）著名的客座教授。在聖塔克拉拉，他曾獲頒校長的傑出教員獎（Distinguished Faculty Award）、該學院的卓越教員獎（Extraordinary Faculty Award），以及其他教學和學術獎項。身為國際知名學者和教育家的貝瑞，曾執筆和合著過百篇以上的研究論文以及從業人員專業論文。目前他服務於《領導統御和組織開發期刊》（*Leadership & Organizatinal Development Journal*）和《僕人式領導國際期刊》（*International Journal of Servant-Leadership*）的編輯顧問委員會，曾

獲頒《管理探索期刊》（*Journal of Management Inquiry*）的傑出學者終身成就獎（Outstanding Scholar Award for Career Achievement）。

　　貝瑞有聖塔芭芭拉加州大學政治科學榮譽學士學位、俄亥俄州立大學（The Ohio State University）公共行政管理碩士學位和阿姆赫斯特（Amherst）麻州大學（University of Massachusetts）組織行為及行政管理理論博士學位。曾在全球各公、民營機構擔任諮商顧問的貝瑞，也和以社群為主的組織以及專業組織策略合作。他曾擔任以下幾家組織的董事會董事：提升家庭服務組織（Uplift Family Services）、全球女性領導網絡組織（Global Women's Leadership Network）、美國建築師學會（American Institute of Architects，簡稱 AIA）、矽谷創作組織（SV Creates）、聖塔芭芭拉郡大哥哥大姐姐兒童福利院（Big Brothers/Big Sisters of Santa Clara County）、非營利卓越中心（Center for Excellence in Nonprofits）、矽谷和蒙特利灣青年成就組織（Junior Achievement of Silicon Valley and Monterey Bay）、公共聯盟非營利組織（Public Allies）、聖荷西演劇院（San Jose Repertory Theater）、ΣΦE 兄弟會（Sitgma Phi Epsilon Fraternity），以及一些上市公司和新創公司。貝瑞的電子郵件信箱是 bposner@scu.edu.